模拟电子技术实验

主 编 曹 晖 钟化兰

副主编 徐 征 袁世英 张红丽 石 杰

西南交通大学出版社

·成 都·

内容简介

本书是根据高等院校工科专业模拟电子技术实验课程的要求，结合工程教育专业认证，遵循以学生为中心，为培养学生的实验操作能力和综合设计能力而编写的。

全书共分 5 章：第 1 章是模拟电子技术实验基础知识，介绍了模拟电子技术实验常用的方法和技术；第 2 章是模拟电子技术基础型实验项目；第 3 章是提高型实验项目；第 4 章是综合设计型实验项目；第 5 章是 Multisim14 仿真实验项目，介绍了 7 个模拟电子电路实验，使学生学会并掌握 Multisim14 在模拟电子技术仿真中的应用。

本书内容丰富，层次分明，可作为高等院校工科各专业模拟电子技术实验教材使用。

图书在版编目（CIP）数据

模拟电子技术实验 / 曹晖，钟化兰主编. —成都：西南交通大学出版社，2021.8
ISBN 978-7-5643-8067-0

Ⅰ. ①模… Ⅱ. ①曹… ②钟… Ⅲ. ①模拟电路－电子技术－实验－高等学校－教材 Ⅳ. ①TN710-33

中国版本图书馆 CIP 数据核字（2021）第 117103 号

Moni Dianzi Jishu Shiyan
模拟电子技术实验

主编　曹　晖　钟化兰

责任编辑　赵永铭
封面设计　曹天擎

出版发行　西南交通大学出版社
（四川省成都市金牛区二环路北一段 111 号
西南交通大学创新大厦 21 楼）
邮政编码　610031
发行部电话　028-87600564　028-87600533
网址　http://www.xnjdcbs.com
印刷　四川森林印务有限责任公司

成品尺寸　185 mm×260 mm
印张　13.75
字数　319 千
版次　2021 年 8 月第 1 版
印次　2021 年 8 月第 1 次
定价　39.80 元
书号　ISBN 978-7-5643-8067-0

课件咨询电话：028-81435775
图书如有印装质量问题　本社负责退换

P/前 言
reface

本书严格按照教育部工科电工课程指导委员会关于模拟电子技术课程实验教学的要求，结合当前高校参与工程教育专业认证，明确工科专业毕业生达到行业认可的既定质量标准要求。本书以新的模拟电子技术实验教学大纲为基础编写实验教学的整个过程。新大纲要求从实验预习、实验操作、实验报告等方面，对学生的实验教学进行全程量化。在构建实验项目时，完全按照这几个方面完成，特别是实验预习，进行了量化处理。同时强调工程应用培养中的仿真过程锻炼，要求学生在预习过程中掌握仿真，为以后的工程应用打好基础。

本书共分 5 章。第 1 章是模拟电子技术实验基础知识，介绍了模拟电子技术实验常用的方法和技术；第 2 章是模拟电子技术基础型实验项目；第 3 章是提高型实验项目；第 4 章是综合设计型实验项目；第 5 章是 Multisim14 仿真实验项目，介绍了 7 个模拟电子电路实验，使学生学会并掌握 Multisim14 在模拟电子技术仿真中的应用。

本教材的编写，力求达到如下特点：

（1）内容丰富，层次分明。设计的实验项目，适合不同层次、不同条件的实践教学需要。

（2）与实验课程教学改革紧密结合。综合设计型实验适合于开放性实验的要求，符合培养学生动手能力、工程实践能力和创新能力的教改目标。

（3）结合工程教育专业认证要求专业课程体系设置，严格按照新的大纲的要求编写。

本书由曹晖、钟化兰担任主编，负责全书的组织和定稿，徐征、袁世英、张红丽、石杰担任副主编，协助编撰工作。曹晖负责编写第 1 章，第 2 章的实验 1、实验 2、实验 3；第 3 章的实验 1、实验 2，第 5 章的实验 1、实验 2。钟化兰负责编写第 2 章的实验 4、实验 5、实验 6；第 5 章的实验 3、实验 4。徐征负责编写第 3 章的实验 3、实验 4、实验 5、实验 6。袁世英负责编写第 2 章的实验 7、实验 8、实验 9、实验 10、实验 11。张红丽负责编写第 4 章的实验 1、实验 2、实验 3、实验 4。石杰负责编写第 4 章的实验 5、实验 6、实验 7、实验 8。樊辉娜（江西机电职业技术学院）负责编写第 5 章的实验 5、实验 6、实验 7。江西科技师范大学的殷志坚教授审阅了全书，提出了很多宝贵的意见和建议。学校的相关部门负责同志、西南交大出版社对本书编写工作给予了许多支持和帮助，在此表示衷心的感谢。

本书在编写构思和选材过程中参考了国内外诸多的文献资料，在此向文献资料的作者表示最衷心的感谢。

由于编者学识能力有限，书中难免存在疏漏之处，敬请读者批评指正。

编 者

2021 年 5 月

Contents / 目录

第 1 章　模拟电子技术实验基础知识

1.1　模拟电子技术实验须知

1.1.1　电子电路实验的意义、目的要求

模拟电子技术是一门工程性和实践性很强的课程，而模拟电子技术实验是该课程的重要教学环节之一。模拟电子技术实验就是按教学、生产和科研的具体要求对所设计的电子电路进行安装、调试与测试的过程。在实验过程中，既能验证理论的正确性和实用性，又能从中发现理论的近似性和局限性。在实验过程中，往往可以发现新问题，产生新的设想，既促使电子电路和应用技术的进一步发展，又培养了学生的创新意识和创造能力。

目前，电子技术的发展日新月异，新器件、新电路相继产生并迅速转化为生产力。要认识和掌握应用种类繁多的新器件和新电路，最为有效的途径就是进行实验。通过实验，可以分析器件和电路的工作原理，完成性能指标的检测，可以验证和扩展器件、电路的性能或功能的使用范围；可以设计并制作出各种实用电路、实用产品。可见，熟练掌握模拟电子技术实验技术，对从事电子技术工作的人员来说是至关重要的。

通过模拟电子技术实验可以巩固和加深电子技术的基础理论和基本概念，使学生受到必要的基本实验技能的训练，学会识别和选择所需的元器件，设计、安装和调试实验电路，分析实验结果，从而提高实际动手能力、分析问题和解决问题的能力。使学生达到下述要求：

（1）看懂基本电子电路图，具有分析电路的能力；具有合理选用元器件并构成小系统电路的能力。

（2）掌握查阅和利用技术资料解决实际问题的方法；具有分析和排除基本电子电路一般故障的能力。

（3）正确使用常用电子仪器，如示波器、信号发生器、数字万用表、稳压电源等；掌握常用电子测量仪器的选择、仪器说明书的使用和仪器的使用方法；掌握各种电信号的基本测试方法。

（4）能够根据实验任务拟定实验方案，独立完成实验，写出严谨的、有理论分析的、实事求是的、文字通顺和字迹端正的实验报告。

（5）具有严肃、认真的工作习惯和实事求是的科学态度；初步具有正确处理实验数据、分析误差的能力。

（6）掌握实验室的安全用电常识。

1.1.2　模拟电子技术实验环节

模拟电子技术实验分三个层次进行：

（1）验证性实验。它主要是以电子元器件特性参数和基本单元电路为主。根据实验目的、实验电路，运用仪器设备，按照较详细的实验步骤，通过实验操作来验证模拟电子技术的有关理论，从而进一步巩固学生的基本知识和基本理论。

（2）提高性实验。它主要根据给定的实验由学生自行选择测试仪器，拟定实验步骤，完成规定的电路性能指标测试任务，从而进一步掌握电路的工作原理。

（3）综合性和设计性实验。学生根据给定的实验题目、内容和要求，自行设计实验电路，选择合适的电子元器件来组装实验电路，拟定出调整测试方案，最后达到设计要求。通过这个过程，培养学生综合运用所学知识解决实际问题的独立工作能力。

为了达到上述模拟电子技术实验的预期目的和实验效果，可以通过课内实验与课外实践相结合，利用课外学习 EWB、Multisim14 虚拟仿真设计软件的使用，并进行仿真实验练习，提高学生综合应用能力。课内必须做好实验前的预习、进行实验和实验报告等几个主要环节。

1.1.2.1　实验预习

实验能否顺利进行并收到预期的效果，很大程度上取决于实验前的预习和准备工作是否充分。因此每次实验前，必须详细阅读实验教材，明确本次实验的目的与任务，掌握必要的实验理论和方法，了解实验内容和实验设备的使用方法。

对不同类型实验在实验前应具有不同的预习要求，具体的预习报告的要求如下：

1. 验证性实验

（1）首先搞清实验目的，熟悉所用仪器设备，根据《模拟电子技术》所学的理论知识，弄清电路的工作原理及各元器件的作用。根据器件手册查出所用器件的外部引脚排列、主要参数等。

（2）认真预习实验内容、实验步骤和测试方法，设计实验数据记录表格等。

（3）回答有关的思考题。

2. 提高性实验

（1）在搞清实验目的、实验内容及要求的基础上，列出本次实验所需仪器、仪表等设备。

（2）拟定详细的实验步骤，包括调试步骤和测试步骤，设计实验数据记录表格等。

3. 综合设计性实验

（1）根据教师对本次实验提出的要求，结合自己学习的实际情况，认真选择实验方案。

（2）根据方案要求，设计或选用实验电路和测试电路。设计电路时，计算要正确，步骤要清楚，画出的电路图要整洁，元器件符号要标准化，参数要符合系列化标准值。

（3）本次实验所用元器件、仪器、仪表和详细清单，在实验前一天交实验室。

（4）确定详细的实验步骤，包括实验电路的调试步骤和测试步骤。

（5）设计实验数据记录表。

1.1.2.2 实验过程

正确的操作程序和良好的工作方法是实验顺利进行的保证。因此，实验时要求做到：

（1）按编号固定各自的实验台进行实验。进入实验室后，认真检查本次实验使用元器件的型号、规格和数量是否符合要求，检查所用电子仪器设备的状况，若发现故障应报告指导教师及时排除，以免耽误上课时间。

（2）认真听取指导教师对实验的介绍。

（3）根据实验电路的结构特点，采用合理的接线步骤。一般按“先串联后并联”“先接主电路后接辅助电路”的顺序进行，以避免遗漏和重复。接线完毕，要养成自查的习惯。

（4）实验电路接好后，检查无误方可接入电源（注意：接入电源前要调整好电源，使其大小和极性满足实验要求）。要养成实验前“先接实验电路后接通电源”，实验完毕后，“先断开电源后拆实验电路”的操作习惯。

（5）电路接通后，不要急于测定数据，要按实验预习时所预期的实验结果，概略地观察全部现象以及各仪表的读数变化范围。然后开始逐项实验，测量时要有选择地读取几组数据（为便于检查实验数据的正确性，实验时应带计算器）。读取数据时，要尽可能在仪器仪表的同一量程内读数，减少由于仪器仪表量程不同而引起的误差。

（6）如实验中要求绘制曲线，至少要读取 10 组数据，而且在曲线的弯曲部分应多读几组数据，这样画出的曲线就比较平滑准确。

（7）测量数据经自审无误后交指导教师复核，经检查正确后才拆掉电路，以免因数据错误需要重新接线测量，而花费不必要的时间。

（8）实验结束后，应做好仪器设备和导线的整理以及实验台面的清洁工作，做到善始善终。

1.1.2.3 实验报告

实验报告是实验工作的全面总结，写报告的过程，就是对电路的设计方法和实验方法加以总结，对实验数据加以处理，对所观察的现象、所出现的问题以及采取的解决方法加以分析、总结的过程。实验报告要求文理通顺、简明扼要、字迹端正、图表清晰、结论正确、分析合理。

对于工科学生来说，撰写实验报告是一种基本技能训练，通过写实验报告，能够深化对基础理论的认识，提高对基础理论的应用能力；提高记录、处理实验数据，分析与判断实验结果的能力；培养严谨的学风和实事求是的科学态度；锻炼科技文章的写作能力等。因此，撰写实验报告是实验工作不可缺少的一个重要环节，不可忽视。具体要求如下：

（1）在预习报告的基础上，对实验的原始数据进行整理，用适当的表格列出测量值和理论值，按要求绘制好波形图、曲线图等。

（2）运用实验原理和掌握的理论知识对实验结果进行必要的分析和说明，从而得出正确的结论。

（3）对实验中存在的一些问题进行讨论，并回答思考题。

1.1.3　实验电路安装与调试技术

1.1.3.1　实验电路安装

目前，实验室广泛应用插件实验板（面包板）进行实验电路安装调试。因此必须掌握实验电路的安装方法。

1. 插件实验电路板的使用方法

一般插件板如图 1.1.1 所示。每块插件电路板中央有一凹槽，是为直接插入集成电路器件而设置的。凹槽两边各有小孔，每列小孔的 5 个小孔相互连通，插件电路板的上、下各有一排相互连通的小孔，一般可作为电源线或地线插孔用（注意不同型号的插件电路板上、下两排的插孔连通方式是不同的，使用时应先用万用表判别其连通方式）。

目前，插件电路板有好多种规格。但不管哪一种，其结构和使用方法大致相同，即每列 5 个插孔内均用一块磷铜片相连。这种结构造成相邻两列插孔之间分布电容大。因此，插件电路板一般不适用于高频电路实验中。

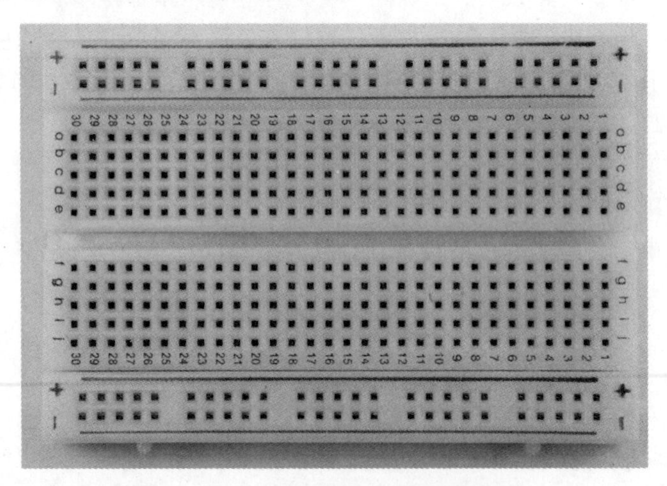

图 1.1.1　SYB-400 型插件板实物图

使用插件电路板时要注意清洁。切勿将焊锡或其他异物掉入插孔内，用毕要用防护罩包好，以免灰尘进入插孔造成接触不良。

2. 集成电路的安装

为防止集成电路受损，在插件电路板上插入或拔出时要非常细心。插入时应使器件的方向一致，缺口朝左，使所有引脚均对准插件电路板上的小孔，均匀用力按下，拔出时，最好用专用拔钳，夹住集成块两头，垂直往上拔起，或用小起对撬，以免其受力不均匀使引脚弯曲或断裂。

3. 电路的安装

采用插件电路板安装实验电路板时，元器件的安装方式可根据实验电路的复杂程度灵活掌握。但安装电路时均应注意以下几点：

（1）通常实验板左端为输入、右端为输出。应按输入级、中间级、输出级的顺序进行安装。

（2）同一块实验板上的同类元器件应采用同一安装方式，距实验板表面的高度应大体一致。若采用立式安装，元器件型号或标称值应朝同一方向，而卧式安装的元器件型号或标称值应朝向上方，集成电路的定位标志方向应一致。

（3）凡具有屏蔽罩的磁性器件，如中频变压器等，其屏蔽罩应接到电路的公共地端。

（4）元器件的引线一般不宜剪得过短，以利于重复利用。

1.1.3.2 布线的一般原则

元器件之间的连接均由导线完成。所以，合理布线的基础是合理地布件。布件不合理，一般布线也难于合理。

一般布线原则如下：

（1）应按电路原理图中元器件图形符号的排列顺序进行布件，多级实验电路要成一直线布局，不能将电路布置成“L”或“π”字形。如受实验板面积限制，只能布成上述形状，则必须采取屏蔽措施。

（2）布线前，要弄清管脚或集成电路各引出端的功能和作用。尽量使电源线和地线靠近实验电路板的周边，以起一定的屏蔽作用。

（3）信号电流强的与弱的引线要分开；输出与输入信号引线要分开，还要考虑输入、输出引线各自与相邻引线之间的相互影响，输入线应防止邻近引线对它产生干扰（可用隔离导线或同轴电缆线），而输出线应防止它对邻近导线产生干扰；一般应避免两条或多条引线互相平行；所有引线应尽可能地并避免形成圈套状或在空间形成网状；在集成电路上方不得有导线（或元件）跨越。

（4）所用导线的直径应和插件电路板的插孔粗细相配合，太粗会损坏插孔内的簧片，太细易接触不良；所用导线最好分色，以区分不同的用途，即正电源、负电源、地、输入与输出用不同颜色导线加以区分，如习惯上正电源用红色导线、地线用黑色导线等。

（5）布线应有步骤地进行，一般应先接电源线、地线等固定电平连接线，然后按信号传输方向依次接线并尽可能使连线贴近实验面板。

1.1.3.3 电路调试和故障的排除

1. 电路的调试

电路安装完毕后，必须经过调试才能正常工作。通常采用以下两种调试电路的方法。第一种是采用边安装边调试的方法。把一个总电路按框图上的功能分成若干单元电路分别进行安装和调试，在完成各单元电路调试的基础上逐步扩大安装和调试的范围，最后完成整机调试。对于新设计的电路，此方法既便于调试，又能及时发现和解决问题，该方法适合于课程设计中采用。第二种方法是整个电路安装完毕后，实行一次性调试。这种方法适合于定型产品。

调试时应注意做好调试记录，准确记录各部分的测试数据和波形，以便于分析和运行时参考。一般调试步骤如下：

（1）通电前检查。

电路安装完毕后，首先应检查电路各部分的接线是否正确，检查电源、地线、信号线、元器件的引脚之间有无短路，器件有无接错。

（2）通电检查。

接入电路所要求的电源电压，观察电路中各部分器件有无异常现象。如果出现异常现象，应立即关断电源，待排除故障后方可重新通电。

（3）单元电路调试。

在调试单元电路时应明确本部分的调试要求，按调试要求测试性能指标和观察波形。调试顺序按信号的流向进行，这样可以把前面调试过的输出信号作为后一级的输入信号，为最后的整机统调创造条件。电路调试包括静态和动态调试，通过调试掌握必要的数据、波形、现象，然后对电路进行分析、判断、排除故障，完成调试要求。

（4）整机统调。

各单元电路调试完成后就为整机调试打下了基础。整机统调时应观察各单元电路连接后各级之间的信号关系，主要观察动态结果，检查电路的性能和参数，分析测量的数据和波形是否符合设计要求，对发现的故障和问题及时采取处理措施。

2. 电路故障的排除

电路故障的排除可以按下述 8 种方法进行。

（1）信号寻迹法。寻找电路故障时，一般可以按信号的流程逐级进行。在电路的输入端加入适当的信号，用示波器或电压表等仪器逐级检查信号在电路内各部分传输的情况，根据电路的工作原理分析电路的功能是否正常，如果有问题，应及时处理。调试电路时也可以从输出级向输入级倒推进行，从电路最后一级的输入端加入信号，观察输出端信号是否正常，然后逐级将适当信号加入前面一级电路输入端，继续进行检查。这里所指的“适当信号”是指频率、电压幅值等参数应满足电路要求，这样才能使调试顺利进行。

（2）对分法。把有故障的电路分为两部分，先检查这两部分中究竟是哪部分有故障，然后再对有故障的部分对分检测，一直到找出故障为止。采用“对分法”可减少调试工作量。

（3）分割调试法。对于一些有反馈的环形电路，如振荡电路、稳压电路，它们各级的工作情况互相有牵连，这时可采取分割环路的方法，将反馈环去掉，然后逐级检查，可更快地查出故障部分。对自激振荡现象也可以用此法检查。

（4）电容器旁路法。如遇电路发生自激振荡或寄生调幅等故障，检查时可用一只容量较大的电容器并联到故障电路的输入或输出端，观察对故障现象的影响，从而分析故障的部位。在放大电路中，若旁路电容失效或开路，将使负反馈加强，输出量下降，此时用适当的电容并联在旁路电容两端，就可以看到输出幅度恢复正常，也就可以断定是旁路电容的问题。这种检查可能要多处试验才有结果。这时要细心分析引起故障的原因，这种方法也用来检查电源滤波和去耦电路的故障。

（5）对比法。将有问题的电路状态、参数与相同的正常电路进行逐项对比。此方法可以较快从异常的参数中分析出故障。

（6）替代法。把已调试好的相同的单元电路代替有故障或有疑问的单元电路（注意共地）。这样可以很快判断故障部位。有时，元器件的故障不很明显，如电容漏电、电阻变质、晶体管和集成电路性能下降等。这时用相同规格的优质元器件逐一替代实验，就可以具体地判断故障点，加快查找故障点的速度，提高调试效率。

（7）静态测试法。故障部位找到后，要确定是哪一个或哪几个元件有问题，最常用的是静态测试法和动态测试法。静态测试法是用万用表测试电阻值、电容漏电、电路是否断路或短路，晶体管和集成电路各引脚电压是否正常等。这种测试是在电路不加信号时进行的，所以叫静态测试。通过这种测试可发现元器件的故障。

（8）动态测试法。当静态测试法还不能发现故障原因时，可以采用动态测试法。测试时在电路的输入端加上适当的信号再测试元器件的工作情况，观察电路的工作状况，分析、判断故障原因。

1.1.4 实验安全措施及注意事项

1.1.4.1 实验安全措施

为了人身与设备安全，保证实验顺利进行，进入实验室后要遵守实验室的规章制度和实验室安全规则。

1. 人身安全

（1）实验时不得赤脚；各种仪器设备应有良好的接地。

（2）仪器设备、实验装置中通过强电的连接导线应有良好的绝缘外套，芯线不得外露。

（3）在进行强电或具有一定危险性的实验时，应有两人以上合作；测量高压时，通常采用单手操作并站在绝缘垫上。在接通交流 220 V 电源前，应通知实验合作者。

（4）万一发生触电事故时，应迅速切断电源，如距电源开关较远，可用绝缘器具将电源线切断，使触电者立即脱离电源并采取必要的急救措施。

2. 仪器安全

（1）使用仪器前，应认真阅读使用说明书，掌握仪器的使用方法和注意事项。

（2）使用仪器时，应按照要求正确接线。

（3）实验中要有目的地扳（旋）动仪器面板上的开关（或旋钮），扳（旋）动时切忌用力过猛。

（4）实验过程中，精神必须集中。当嗅到焦臭味、冒烟和火花、听到“劈”声、感到设备温度过高或出现保险丝熔断等异常现象时，应立即切断电源，在故障未排除前不得再次开机。

（5）搬动仪器设备时，必须轻拿轻放；未经允许不得随意调换仪器，更不准擅自拆卸仪器设备。

（6）仪器使用完毕，应将面板上各旋钮、开关置于合适的位置，如万用表功能开关应旋至“OFF”位置等。

1.1.4.2 实验注意事项

为了保证实验顺利进行，进入实验室后要遵守实验室的规章制度，应做到如下几点：

（1）实验课不迟到，旷课及早退。没有预习报告或无故迟到 15 min 以上者均不得参加本次实验。

（2）未经指导教师同意不得乱拿其他组的仪器和设备。

（3）实验时要严肃、认真、仔细观察实验现象，做好记录，实验结果经指导教师审阅签字，并检查仪器正常后，方可拆除实验接线，整理好所用的仪器，设备及工作台，填写实验仪器使用记录表后方可离开实验室。

（4）实验时，先开总电源开关，后开仪器电源开关。实验完成后，先关仪器电源开关，后关电源总开关。

（5）实验时必须认真、仔细，严格遵守实验操作规程，认真检查接线是否正确，加电之前必须确认电源电压符合要求，极性连接无误，并且经指导教师许可后，才可通电，以免出现由于接线错误而造成的不必要的损失。

（6）实验中若发现有不正常情况，如打火、冒烟或其他事故时，应立即切断电源，保持现场，立即向指导教师或实验室负责人报告。

（7）实验中若由于粗心大意或违反实验操作规程损坏仪器、设备，必须及时报告，认真检查原因，从中吸取教训，并按规定处理。

（8）要养成在测试或测量操作时打开电源，在其他情况下及时关掉电源的好习惯。

1.2 常用仪器仪表的原理及使用

1.2.1 数字万用表的原理与使用

万用表是一种最常用的测量仪表，以测量交/直流电压、交/直流电流和电阻为主。国家标准中称为复用表。有些万用表还可以用于测量电容、电感及半导体晶体管的直流电流放大倍数等。

万用表的种类很多，根据测量结果的显示方式不同，可分为模拟式（指针式）和数字式两大类。由于数字式万用表越来越普及，而且实验室配备的基本为数字式万用表，本节只介绍数字式万用表的原理与使用。

1.2.1.1 数字式万用表

数字式万用表的测量过程是先由转换电路将被测量转换成直流电压信号，由模/数

（A/D）转换器将电压模拟量变换成数字量，然后通过电子计数器计数，最后把测量结果用数字直接显示在显示器上，测量原理如图 1.2.1 所示。

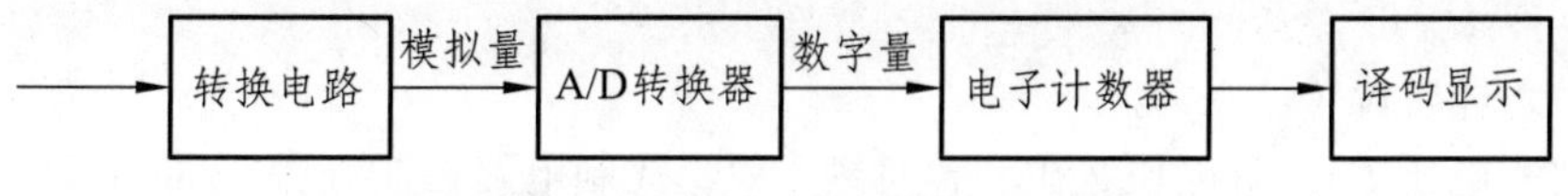

图 1.2.1 数字式万用表的测量原理

1. 数字式万用表的直流电压挡

数字式万用表内部主要是由一个双斜积分式数字万用表的直流电压挡组成的，如图 1.2.2 所示。

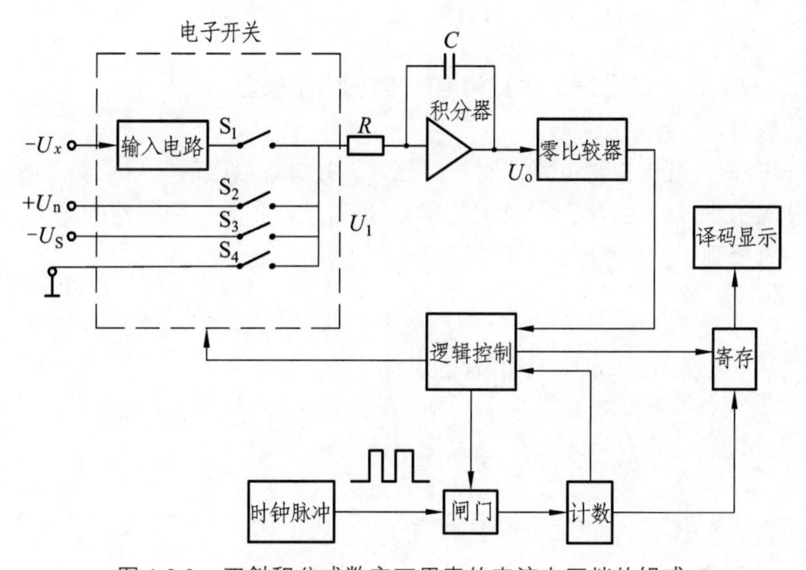

图 1.2.2 双斜积分式数字万用表的直流电压挡的组成

图 1.2.2 中 U_x 为被测电压，U_n 为基准电压，逻辑控制电路控制测量顺序。双斜积分式数字万用表的直流电压挡的测量过程分以下三个阶段，如图 1.2.3 所示。

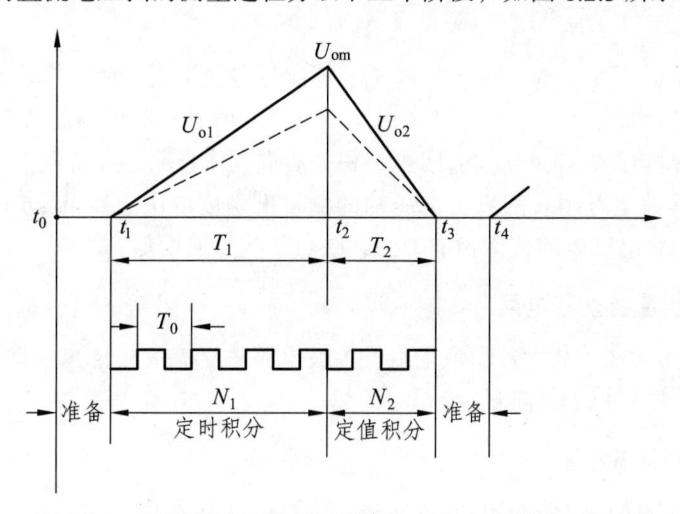

图 1.2.3 双斜积分式数字万用表的直流电压挡的工作波形

（1）准备阶段（$t_0 \sim t_1$）。

在此阶段，逻辑控制电路将可控开关中的 S_4 闭合，其余开关均断开，使积分器的输出为零，即 U_o=0。

（2）采样阶段（$t_1 \sim t_2$）。

设被测电压 U_x 为负电压，在 $t=t_1$ 时刻，逻辑控制电路控制开关 S_4 断开，S_1 闭合，积分器对 U_x 积分，U_o 从零开始线性上升，同时闸门被打开，计数器从零开始对通过闸门的时钟脉冲的个数进行计数，设计数器的计数容量为 N，当计数器的计数值达到 N+1 时（计此时刻为 t_2），计数器溢出，产生一个进位脉冲给逻辑控制电路，控制开关 S_1 断开。

$$U_o = U_{om} = -\frac{1}{RC}\int_{t_1}^{t_2}(-U_x)\mathrm{d}t = \frac{T_1}{RC}U_x = \frac{N_1T_0}{RC}U_x \tag{1.2.1}$$

其中 N_1、T_0、R、C 为定值，U_o 由被测电压 U_x 的大小决定。

（3）比较阶段（$t_2 \sim t_3$）。

在 $t=t_2$ 时刻，逻辑控制电路控制闸门打开，并将计数器清零后重新开始计数，与此同时，将开关 S_1 断开，S_2 闭合，对积分器 U_n 进行反向积分，积分器的输出 U_o 从 U_{om} 线性下降，一直降到 U_o=0 为止，此时刻记为 t_3。

$t=t_3$ 时刻：

$$U_o = U_{om} + \left(-\frac{1}{RC}\int_{t_2}^{t_3}U_n\mathrm{d}t\right) = 0 \tag{1.2.2}$$

$$U_{om} - \frac{U_n}{RC}T_2 = 0 \tag{1.2.3}$$

代人 U_{om} 的表达式中

$$\frac{N_1T_0}{RC}U_x - \frac{N_2T_0}{RC}U_n = 0 \tag{1.2.4}$$

$$U_x = \frac{N_2}{N_1}U_n \tag{1.2.5}$$

若取 $U_n=N_1$，则 $U_x=N_2$，在 $t=t_3$ 时刻，零比较器输出信号使逻辑控制电路的控制闸门关闭并控制寄存器将计数结果送到译码显示电路，由显示器将测量结果直接用数字 N_2 显示出来。同时将开关 S_2 断开，S_4 闭合，积分器进入休止期，准备做下一次测量。

双斜积分式数字万用表的直流电压挡的测量准确度取决于基准电压 U_n 的准确度和稳定性。这种数字电压表的抗干扰能力强，缺点是测量速度低。

2. 交流—直流转换器电路

图 1.2.4 所示为运算放大器组成的线性检波电路将交流信号转变成直流电压，再由数字万用表的直流电压挡进行测量。

3. 电流—电压转换器

电流电压转换器的电路如图 1.2.5 所示。被测电流流过标准采样电阻，在采样电阻上产生一个正比于电流的电压，由数字式电压表对这个电压进行测量，即可得到被测电流的大小。

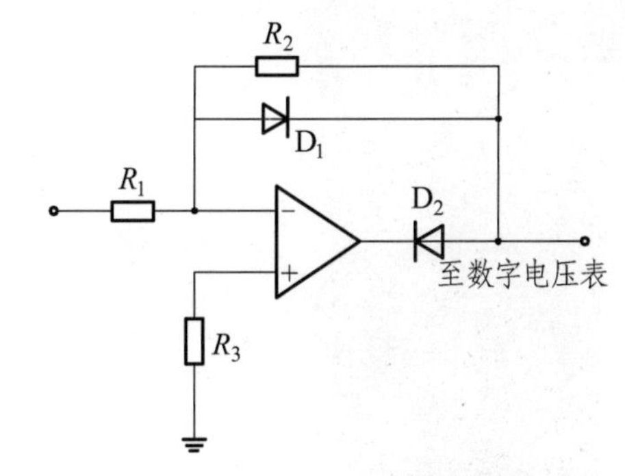

图 1.2.4　交流—直流转换器电路

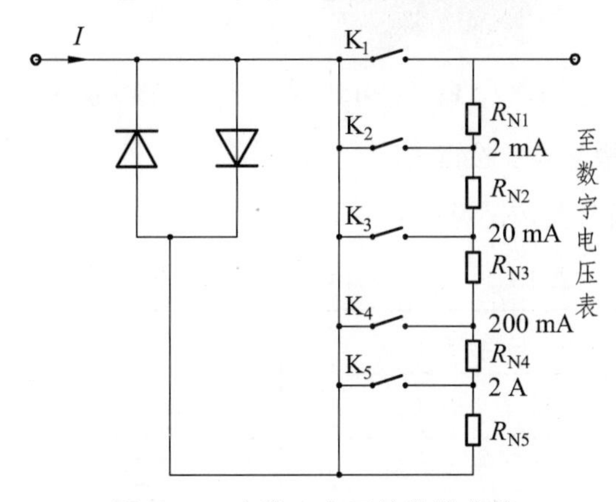

图 1.2.5　电流—电压转换器电路

4. 电阻—电压转换器

电阻—电压转换器电路如图 1.2.6 所示。图中 I_o 为数字式万用表的直流电压挡内部产生的测试电流，此电流流过被测电阻 R_x，在 R_x 两端就会产生正比于被测电阻的电压降，由数字式电压表测出这个压降 U 即可得到被测电阻 R_x 的大小，$R_x = U / I_o$。

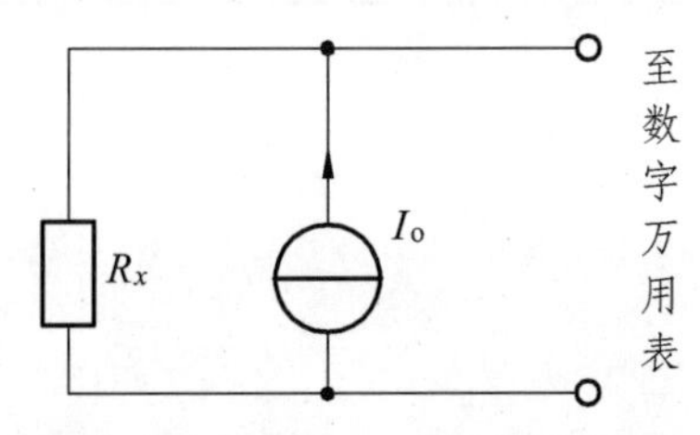

图 1.2.6　电阻—电压转换器电路

1.2.1.2　FLUKE 15B+数字万用表的使用

FLUKE 15B+数字万用表是一款耐用、可靠且准确的经济型数字万用表，具有自动关机、背景光自动关闭、手动及自动量程选择等功能，可测量交直流电压、交直流电流、电阻、通断性、二极管、电容等电参数，如图 1.2.7 所示。

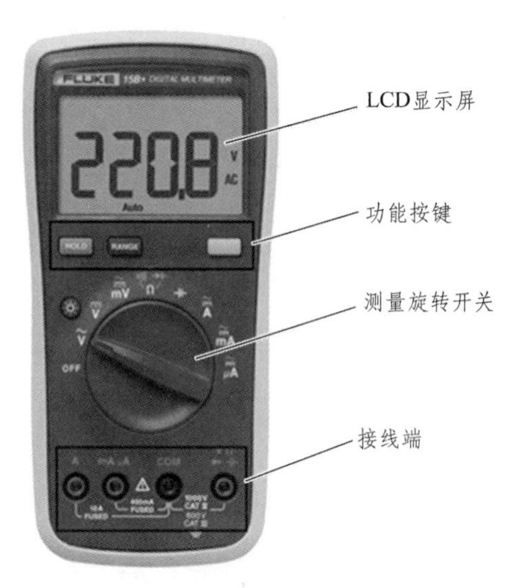

图 1.2.7　FLUKE 15B+数字万用表操作面板

1. 万用表操作面板符号及按键说明

万用表操作面板符号及按键说明见表 1.2.1。

表 1.2.1　万用表操作面板符号及按键说明

符号	名称	符号	名称
～	AC（交流电）	⏚	接地
⎓	DC（直流电）		保险丝
	二极管		电容
⚠	危险电压、有触电危险		电池
HOLD	测量值保持	RANGE	量程选择
	功能切换（黄色显示部分）		背光灯开关

2. 接线端

接线端及说明见图 1.2.8 和表 1.2.2。

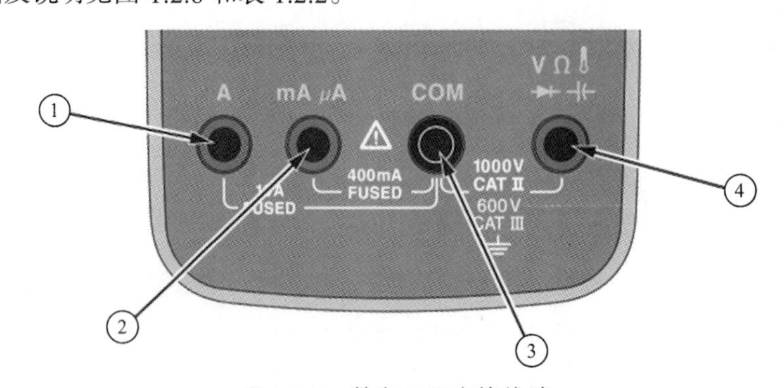

图 1.2.8　数字万用表接线端

表 1.2.2　数字万用表接线端说明

标号	说明
①	用于交流电和直流电电流测量（最高可测量 10 A）
②	用于交流电和直流电的微安以及毫安测量（最高可测量 400 mA）
③	适用于所有测量的公共（返回）接线端
④	用于电压、电阻、通断性、二极管、电容测量的输入端子

3. LCD 显示屏

LCD 显示屏见图 1.2.9 和表 1.2.3。

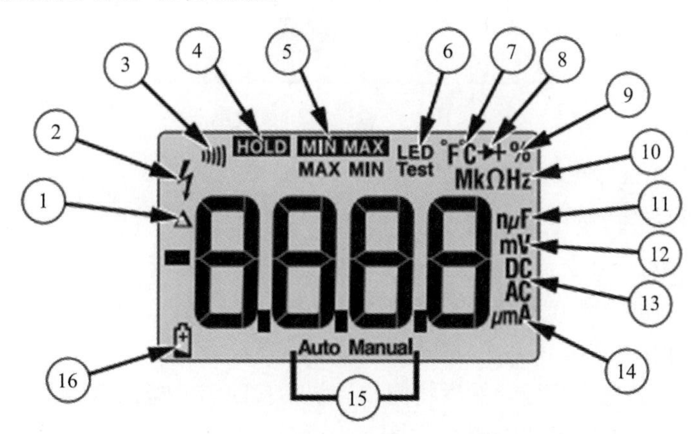

图 1.2.9　数字万用表 LCD 显示屏

表 1.2.3　数字万用表 LCD 屏说明

标号	说明	标号	说明
①	已启用相对测量	⑨	已选中占空比
②	高压	⑩	已选中电阻或频率
③	已选中通断性	⑪	电容单位法拉
④	已启用“显示保持”	⑫	毫伏或伏特
⑤	已启用最小值或最大值模式	⑬	直流或交流电压或电流
⑥	已启用 LED 测试	⑭	微安、毫安或安培
⑦	已选中华氏温标或摄氏温标	⑮	已启用自动量程或手动量程
⑧	已选中二极管测试	⑯	电池电量不足，应立即更换

4. 测量交流电压和直流电压

（1）将旋转开关转至 $\tilde{\text{V}}$、$\overline{\text{V}}$ 或 $\widetilde{\text{mV}}$ 选择交流电或直流电。

（2）按 可以在 mVAC 和 mVDC 电压测量之间进行切换。

（3）将红色测试导线连接至 VΩ 端子，黑色测试导线连接至 COM 端子。

（4）用探头接触电路上的正确测试点以测量其电压，如图 1.2.10 所示。

（5）读取显示屏上测出的电压。

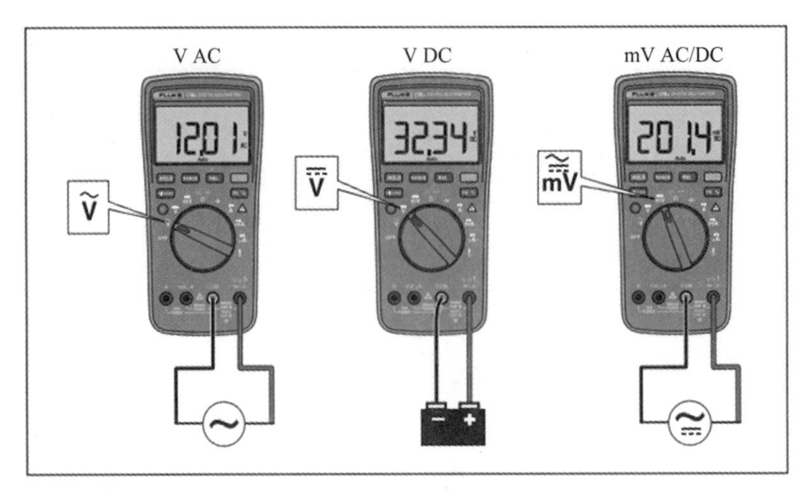

图 1.2.10　测量交流和直流电压

5. 测量交流或直流电流

（1）将旋转开关转至 A，μ 或 μA。

（2）按 [按钮] 可以在交流和直流电流测量之间进行切换。

（3）根据要测量的电流将红色测试导线连接至 A 或 mA、μA 端子，并将黑色测试导线连接至 COM 端子，参见图 1.2.11 所示。

（4）断开待测的电路路径。然后将测试导线衔接断口并施用电源。

（5）读取显示屏上测出的电流。

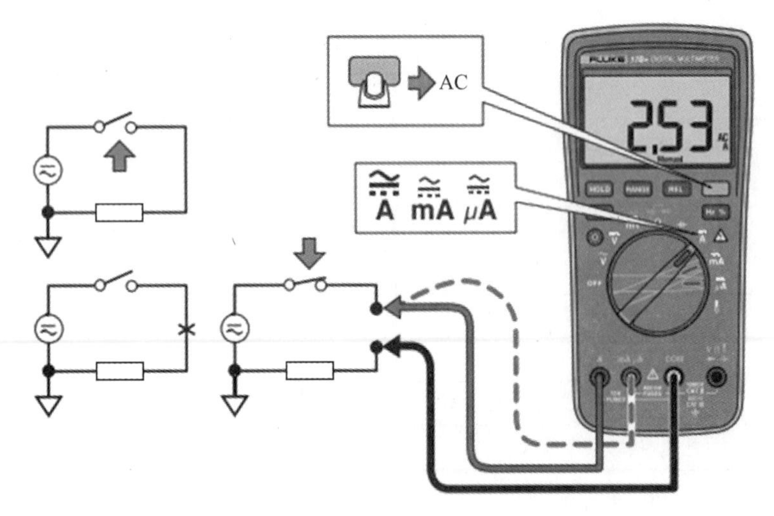

图 1.2.11　测量交流和直流电流

6. 电阻测量

（1）将旋转开关转至 Ω。确保已切断待测电路的电源。

（2）将红色测试导线连接至 VΩ 端子，并将黑色测试导线连接至 COM 端子，如图 1.2.12 所示。

（3）将表笔接触想要的电路测试点，测量电阻。

（4）读取显示屏上测出的电阻。

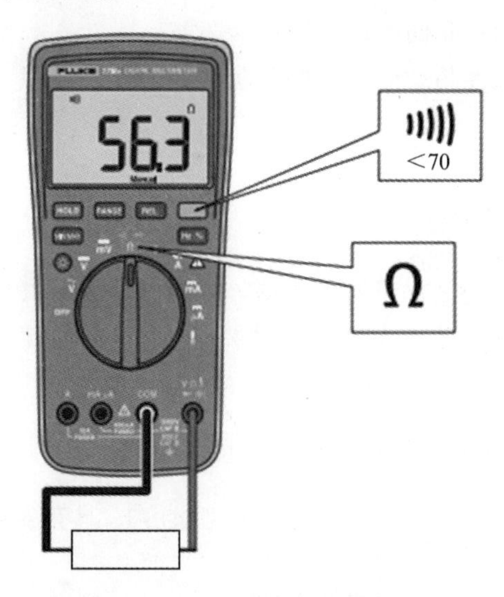

图 1.2.12　测量电阻/通断性

7. 通断性测试

选择电阻模式后，按一次[按钮]以激活通断性蜂鸣器。如果电阻低于 70 Ω，蜂鸣器将持续响起，表明出现短路，参见图 1.2.11。

8. 测试二极管

（1）将旋转开关转至[符号]。

（2）按两次[按钮]以激活二极管测试。

（3）将红色测试导线连接至[符号]端子，黑色测试导线连接至 COM 端子。如图 1.2.13 所示。

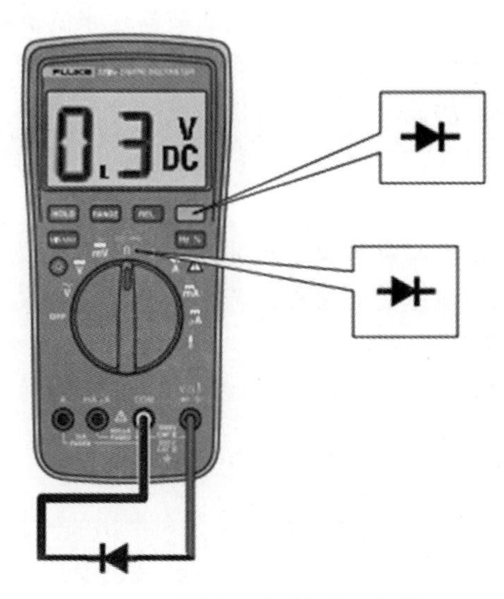

图 1.2.13　测量二极管的正向偏压

（4）将红色表笔接到待测的二极管的阳极而黑色表笔接到阴极。

（5）读取显示屏上的正向偏压。

（6）如果测试导线极性与二极管极性相反，显示读数为 0L。这可以用来区分二极管的阳极和阴极。

1.2.2 信号发生器的原理与使用

信号发生器是为电子测量提供所需电信号的仪器。它可以产生不同波形、频率和幅度的信号，用来检测放大器的放大倍数、频率特性以及元器件的参数等，还可以用来校准仪表以及为各种电路提供交流电压。

1.2.2.1 数字式函数信号发生器的基本原理

数字式信号发生器采用直接数字合成技术（DDS），具有多功能、高精度、高稳定性的特点。

直接数字合成技术（DDS）是最新发展起来的一种信号产生方法，它完全没有振荡器元件，而是用数字合成方法产生一连串数据流，再经过转换器产生预先设定的模拟信号。例如要合成一个正弦波信号，首先将函数 $y=\sin x$ 进行数字量化，然后以 X 为地址，以 Y 为量化数据，依次存入波形存储器。DDS 使用了相位累加技术来控制波形存储器的地址，在每一个采样时钟周期中，都把一个相位增量累加到相位累加器的当前结果上，通过改变相位增量，即可以改变 DDS 的输出频率值。根据相位累加器输出的地址，由波形存储器取出波形量化数据，经过 D/A 转换器和运算放大器转换成模拟电压。由于波形数据是间断的取样数据，所以 DDS 发生器输出的是一个阶梯正弦波形，必须经过低通滤波器将波形中所含的高次谐波滤除掉，输出即为连续的正弦波。D/A 转换器内部带有高精度的基准电压源，因而保证了输出波形具有很高的幅度精度和幅度稳定性。

幅度控制器实质是数控衰减器，它将低通滤波器送来的满幅度信号按照设定的幅度数据进行比例衰减，使输出信号的幅度等于操作者设定的幅度。偏移控制器也是数控衰减器，将基准电压按照设定的偏移数据进行比例衰减，然后叠加到输出信号上，使输出信号产生一个设定的直流偏移，经过幅度偏移控制器的合成信号再经过功率放大器进行功率放大。最后由输出端口输出。

微处理器通过接口电路控制键盘及显示部分，当有按键按下时，微处理器识别出被按键的编码，然后转去执行该键的命令程序。显示电路通过汉字和字符将仪器工作过程中的各种参数和状态显示出来。

其总体结构如图 1.2.14 所示。

1.2.2.2 AFG-2000 任意信号发生器的使用

AFG-2000 系列任意波形信号发生器是固纬公司推出的一款经济型信号发生器，采用 DDS 技术产生波形，可以产生正弦波、方波、三角波、噪声波等任意波形。具有 0.1 Hz 的分辨率和 1% ~ 99%的方波（脉冲波）可调占空比功能，具有幅值与直流偏压调节输出功能，可将电压幅值、直流偏压读值显示在 LCD 屏幕上。三种幅值单位 Vpp、Vrms 和 dBm 供用户选择和替换。

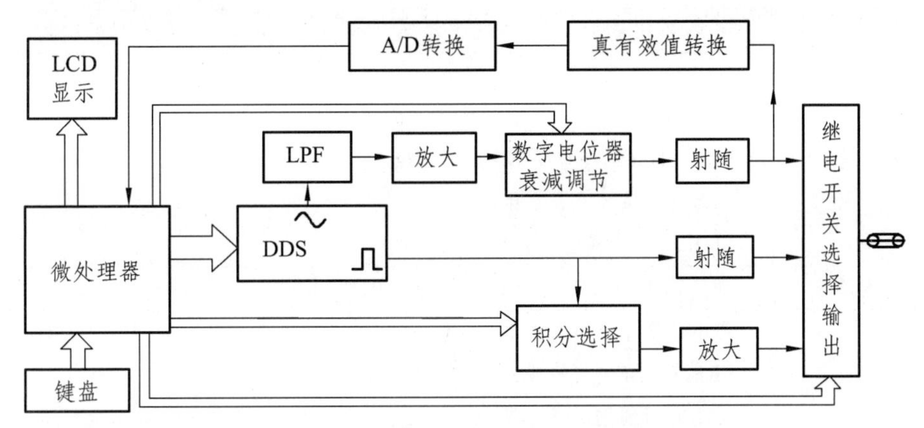

图 1.2.14　数字式函数信号发生器原理框图

1. 面板标志以及功能说明

面板标志以及功能说明见图 1.2.15 和表 1.2.4。

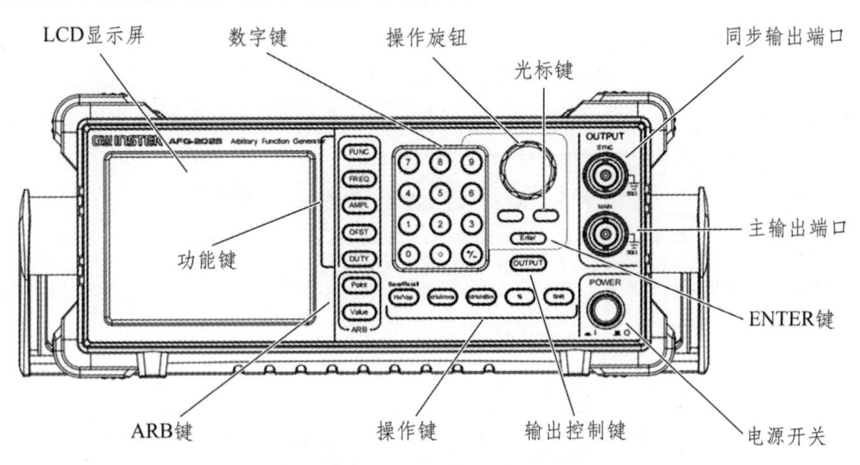

图 1.2.15　面板标志

表 1.2.4　面板标志说明

名称	功能说明
数字键	用于输入数值和参数，常与方向键和可调旋钮一起使用
操作旋钮	用于编辑数值和参数，步进 1 位，与方向键一起使用
光标键	编辑参数时，用于选择数位
同步输出端口	同步（SYNC）输出端口（50 Ω 阻抗）与仪表后面板上的同步控制端配合使用
主输出端口	主输出端口（50 Ω 阻抗），常规输出端口
ENTER 键	用于确认输入值
电源开关	启动/关闭仪器电源

续表

名称	功能说明
输出控制键	启动/关闭输出
操作键	Hz/Vpp 选择单位 Hz 或 Vpp; kHz/Vrms 选择单位 kHz 或 Vrms MHz/dBm 选择单位 MHz 或 dBm; %选择单位%（占空比用）; Shift 用于选择操作键的第二功能
ARB 键	任意波形编辑键。Point 键设置 ARB 的点数，Value 键设置所选点的幅值
功能键	FUNC 用于选择输出波形：正弦波、方波、三角波、噪声波、ARB; FREQ 设置波形频率; AMPL 设置波形幅值; OFST 设置波形的 DC 偏置; DUTY 设置方波和三角波的占空比

2. LCD 显示屏

LCD 显示屏见图 1.2.16。

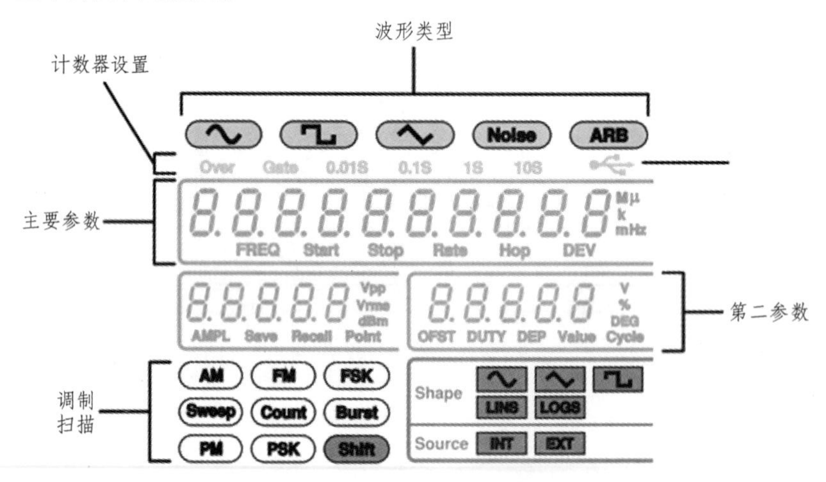

图 1.2.16　LCD 显示屏

3. 开机

（1）将电源线接入后面板插座（见图 1.2.17）。

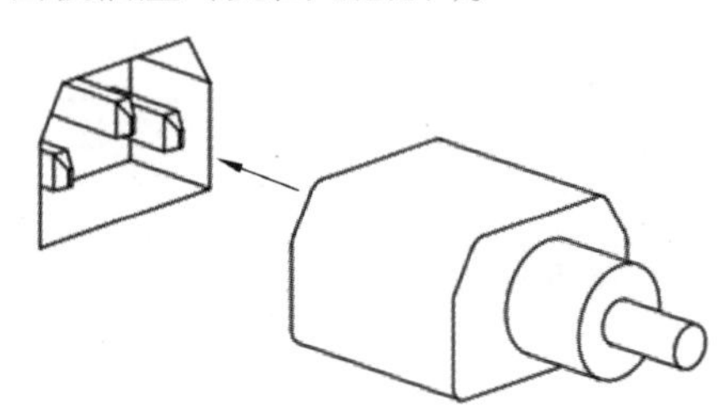

图 1.2.17　接上电源线示意图

（2）按下位于前面板的电源开关（见图 1.2.18）。

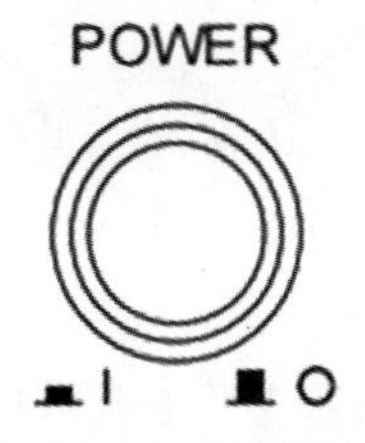

图 1.2.18　电源开关

（3）仪器启动并载入默认设置，信号发生器准备就绪（见图 1.2.19）。

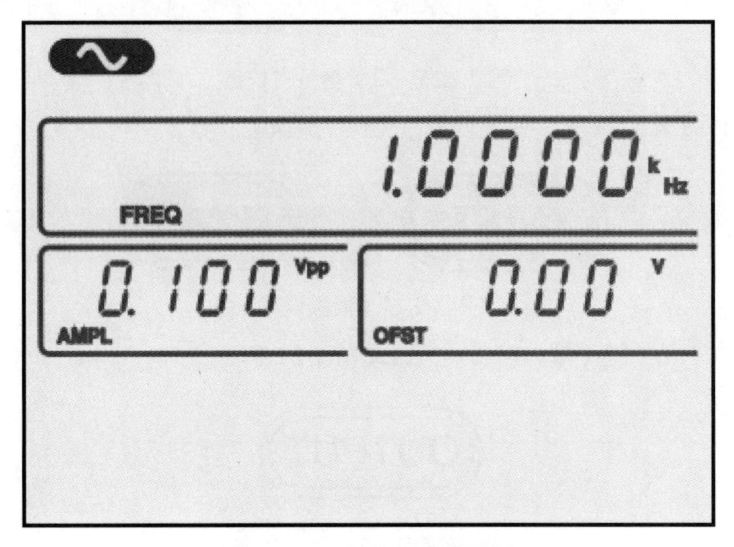

图 1.2.19　开机完成后界面

4. 正弦波输出

输出：正弦波，10 kHz，1 Vpp（幅值），2 Vdc（偏置）。

（1）重复按 FUNC 键选择正弦波（见图 1.2.20）。

图 1.2.20　选择正弦波

（2）按 FREQ > 1 > 0 >kHz（频率输入设定，见图 1.2.21）。

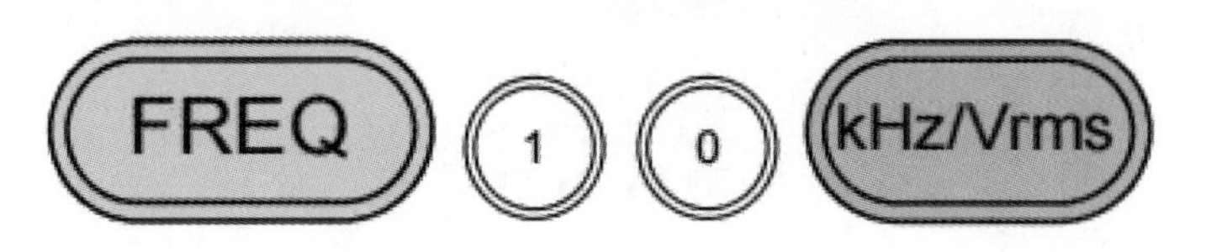

图 1.2.21　频率输入设定

（3）按 AMPL > 1 > Vpp（幅值设定，见图 1.2.22）。

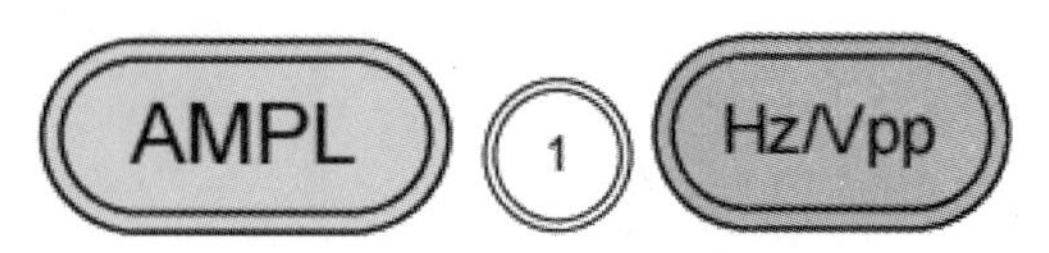

图 1.2.22 幅值设定

有时需要设置信号的有效值，例如 1 V 的有效值（RMS），如图 1.2.23 所示。

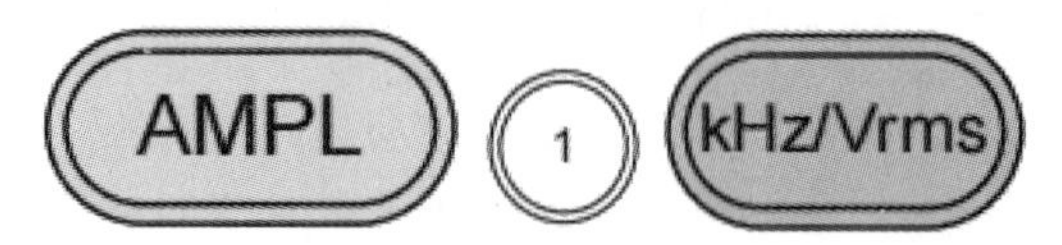

图 1.2.23 设置信号有效值

（4）按 OFST > 2 > Vpp（偏置设定，见图 1.2.24）。

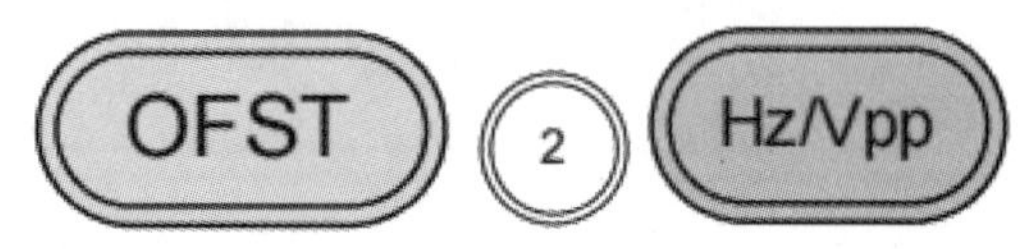

图 1.2.24 偏置设定

（5）按 OUTPUT 键（输出控制开关，见图 1.2.25）。

图 1.2.25 输出控制开关

5. 设置输出阻抗

AFG-2000 的输出阻抗可设为 50 Ω 或高阻。当输出阻抗设为高阻时，有效输出是默认 50 Ω 阻抗时的两倍。例如，当输出阻抗设为 50 Ω 时，幅值为 10 Vpp；当输出阻抗设为高阻时，幅值变为 20 Vpp。

如果幅值单位设为 dBm，那么当输出阻抗设为 High-Z 时，幅值单位将自动切换成 Vpp；如果输出阻抗设为 High-Z，则无法将幅值单位设成 dBm；必须首先将输出阻抗设回 50 Ω。

（1）按 SHIFT+OUTPUT 切换输出阻抗（见图 1.2.26）。

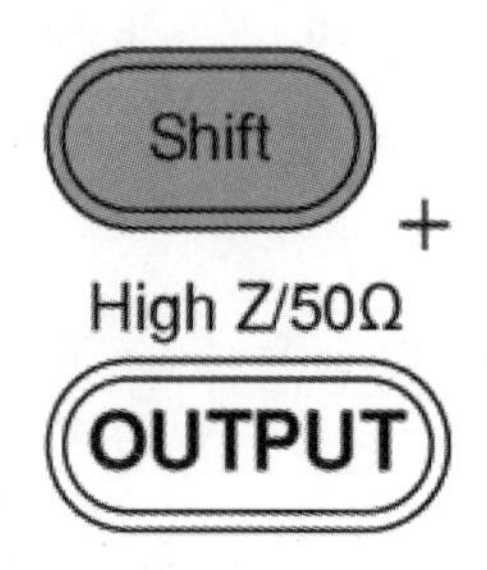

图 1.2.26 切换输出阻抗

（2）所选输出阻抗闪烁显示在屏幕上 50 Ω（见图 1.2.27）。

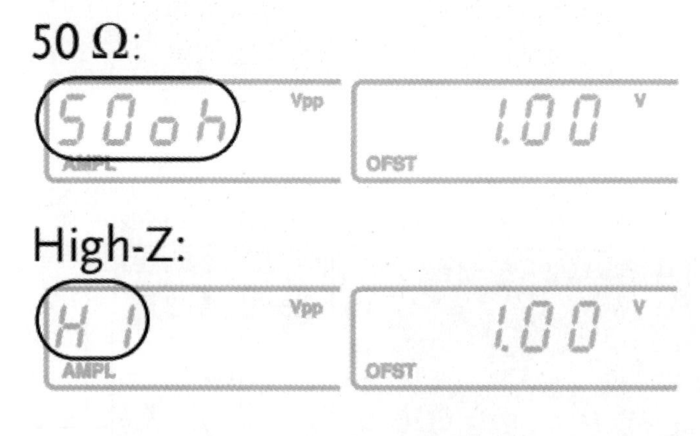

图 1.2.27　阻抗切换操作

1.2.3　数字示波器的原理与使用

1.2.3.1　数字示波器的原理

数字示波器是根据数据采集、A/D 转换、软件编程等一系列的技术制造出来的高性能示波器。数字示波器的工作方式是通过模拟转换器（ADC）把被测电压转换为数字信息。数字示波器捕获的是波形的一系列样值，并对样值进行存储，存储限度是判断累计的样值是否能描绘出波形为止，随后，数字示波器重构波形。数字示波器原理框图如图 1.2.28 所示。

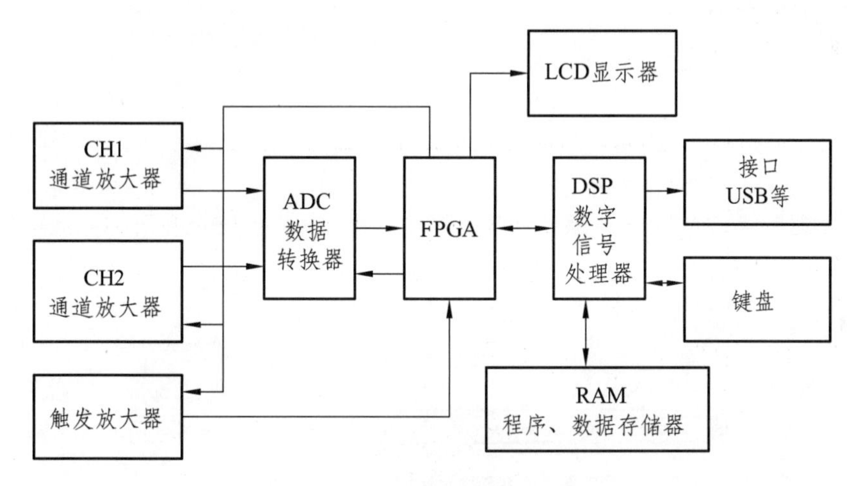

图 1.2.28　数字示波器原理框图

1.2.3.2　UTD2100C 数字示波器使用

UTD2100C 是优利德公司推出的超高性价比、双模拟通道的数字示波器。实时采样高达 1 GSa/s，具有自动测量、波形录制和回放功能。同时，其具有高波形捕获率，大大提高了捕获随机及低概率事件的能力。

1. 前面板

前面板如图 1.2.29 所示。

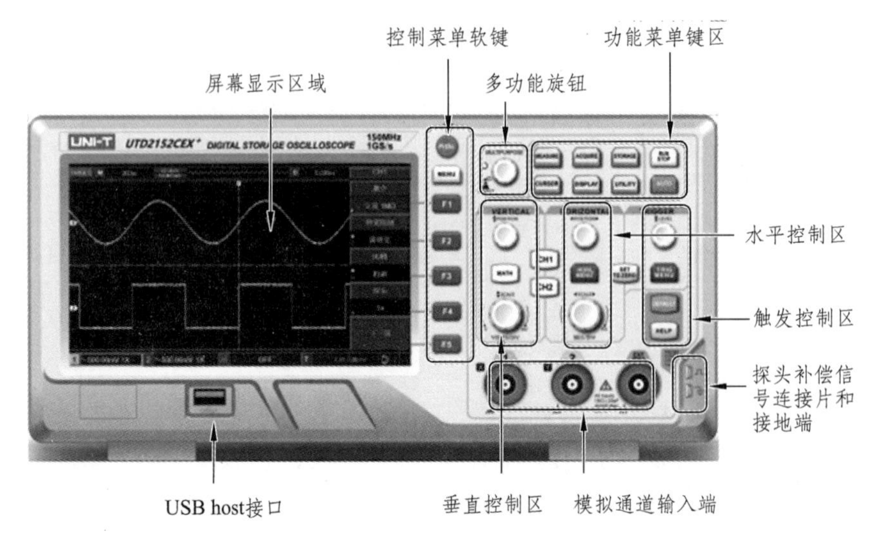

图 1.2.29　示波器前面板

2. 显示界面

显示界面如图 1.2.30 所示。

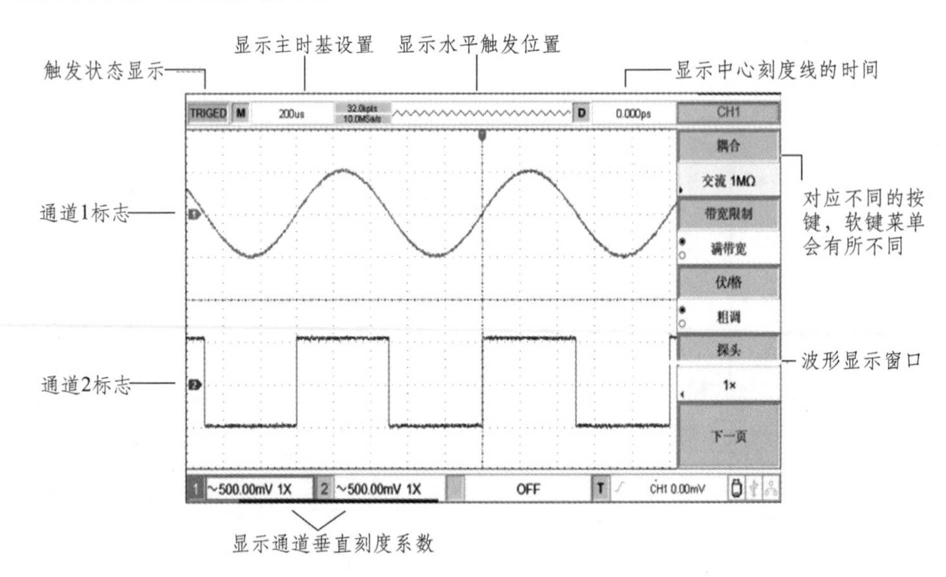

图 1.2.30　示波器显示界面

3. 设置垂直通道

如图 1.2.31 所示，在垂直控制区有一系列的按键、旋钮，用于设置垂直通道。

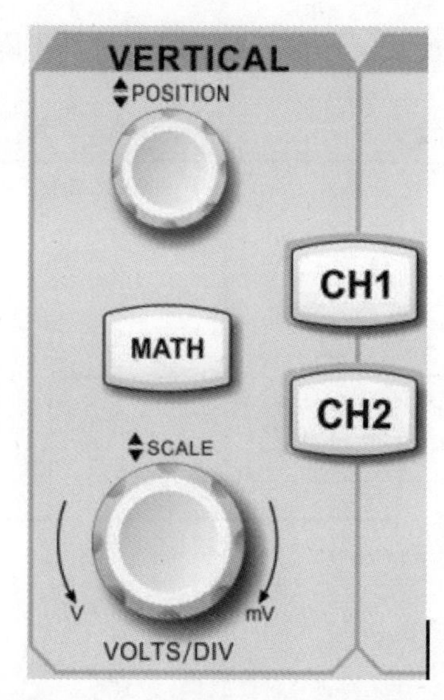

图 1.2.31　面板上的垂直控制区

示波器提供两个模拟输入通道，每个通道有独立的垂直菜单。每个菜单都按不同的通道单独设置，按 CH1 或 CH2 功能按键，系统显示 CH1 或 CH2 通道的操作菜单，说明见表 1.2.5。

表 1.2.5　通道菜单

功能菜单	设定	说明
耦合	直流	通过输入信号的交流和直流成分
	交流	阻挡输入信号的直流成分
	接地	显示参考地电平（没断开输入信号）
带宽限制	20 MHz	限制带宽至 20 MHz，被测信号中 20 MHz 的高频分量将被衰减。
	满带宽	不打开带宽限制功能，示波器满带宽工作
伏格	粗调	粗调按 1-2-5 进制设定当前通道的垂直挡位
	细调	细调则在粗调设置范围之间，按当前伏格挡位 1%的步进来设置当前通道的垂直挡位
探头	0.01× 0.02× … 100× 1000×	根据探头衰减系数选取其中一个值，以保持垂直挡位读数与波形实际显示一致，而不需要再去通过乘以探头衰减系数进行计算
反相	关	波形正常显示
	开	波形反相显示
单位	V、A	为当前通道选择幅度显示的单位

（1）设置通道耦合。

以信号施加到 CH1 通道为例，被测信号是一个含有直流分量的正弦信号。按 F1 选择为交流，设置为交流耦合方式。被测信号含有的直流分量被阻隔。波形显示如图 1.2.32 所示。

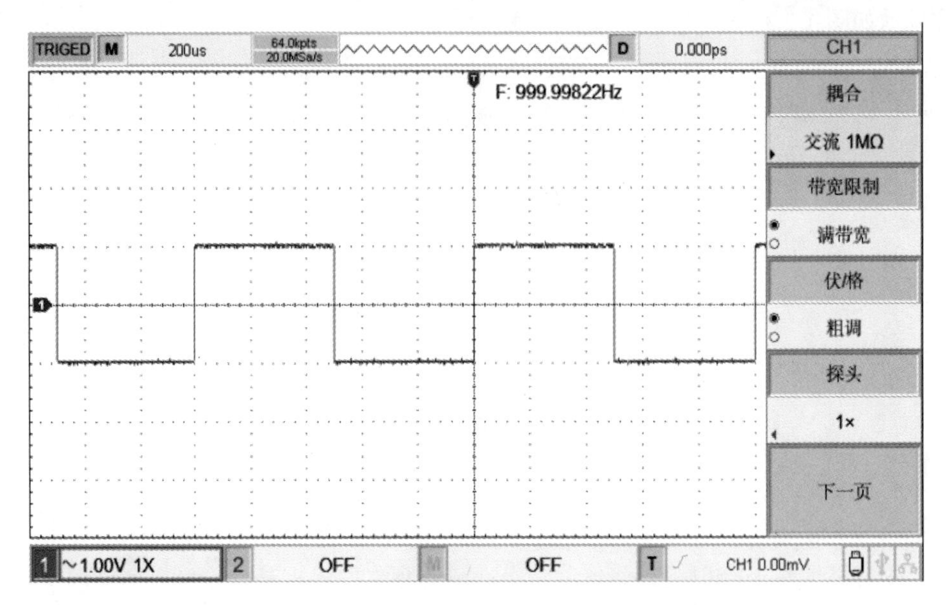

图 1.2.32　交流耦合时信号的直流分量被阻隔

按 F1 选择为直流，输入到 CH1 被测信号的直流分量和交流分量都可以通过。波形显示如图 1.2.33 所示。

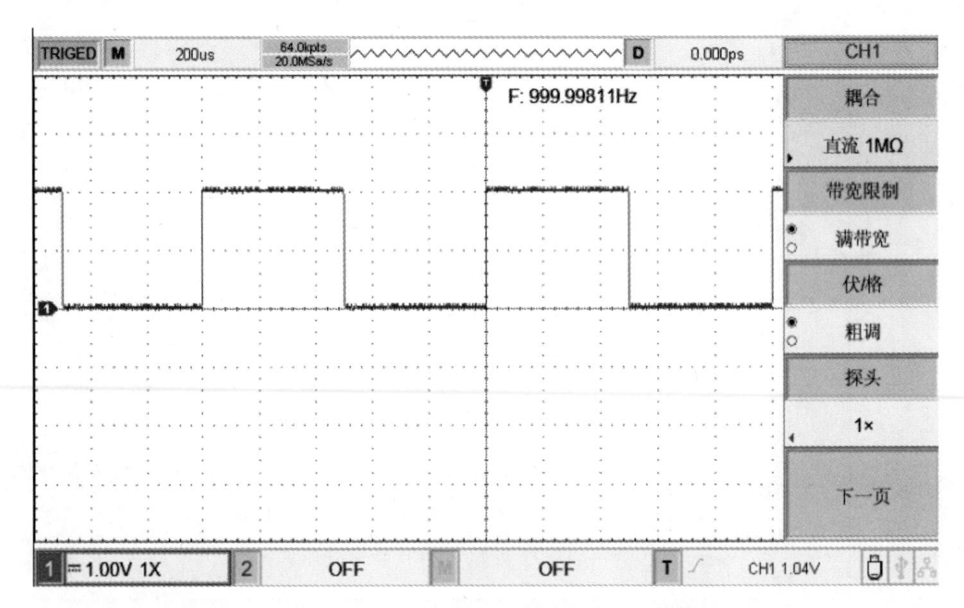

图 1.2.33　直流耦合时信号的直流分量和交流分量同时被显示

按 F1 选择为接地，通道设置为接地方式。被测信号含有的直流分量和交流分量都被阻隔。波形显示如图 1.2.34 所示。

（2）带宽限制。

以在 CH1 输入一个 40 MHz 左右的正弦信号为例；按 CH1 打开 CH1 通道，然后按 F2，设置带宽限制为满带宽，此时通道带宽为全带宽，被测信号含有的高频分量都可以通过，波形显示如图 1.2.35 所示。

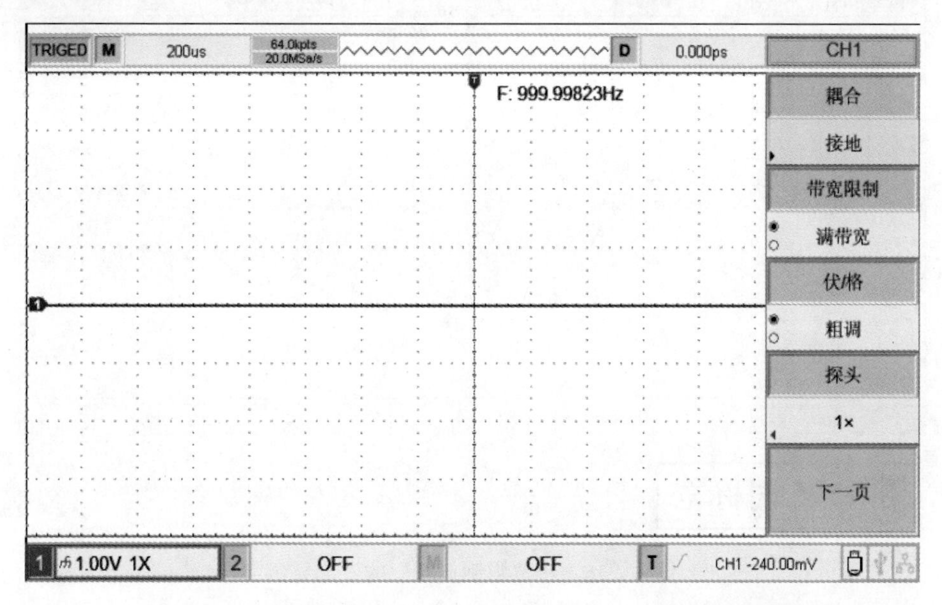

图 1.2.34　接地耦合时信号的直流分量和交流分量同时被阻隔

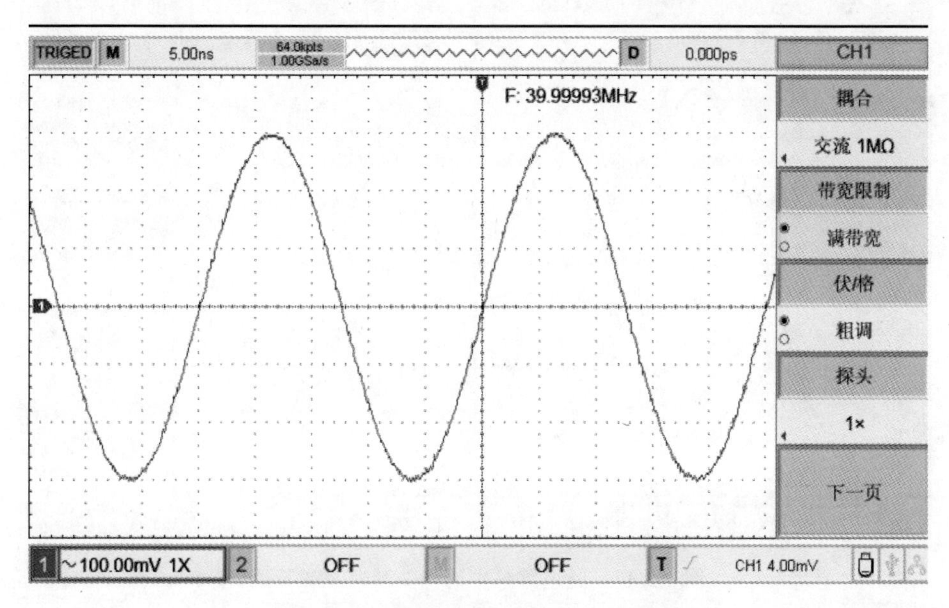

图 1.2.35　带宽限制关闭时的波形显示

按 F2 设置带宽限制为 20 MHz，此时被测信号中高于 20 MHz 的噪声和高频分量被大幅度衰减，波形显示如图 1.2.36 所示。

（3）设置探头倍率。

为了配合探头的衰减系数设定，需要在通道操作菜单中相应设置探头衰减系数。如探头衰减系数为 10∶1，则通道菜单中探头系数相应设置成 10×，其余类推，以确保电压读数正确。图 1.2.37 为应用 10∶1 探头时的设置及垂直挡位的显示。

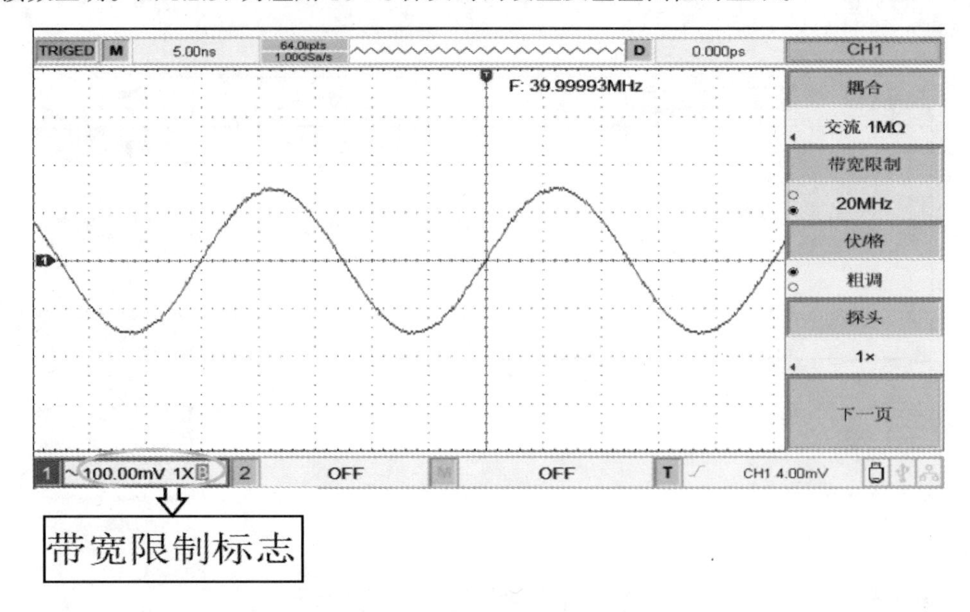

图 1.2.36　带宽限制打开时的波形显示

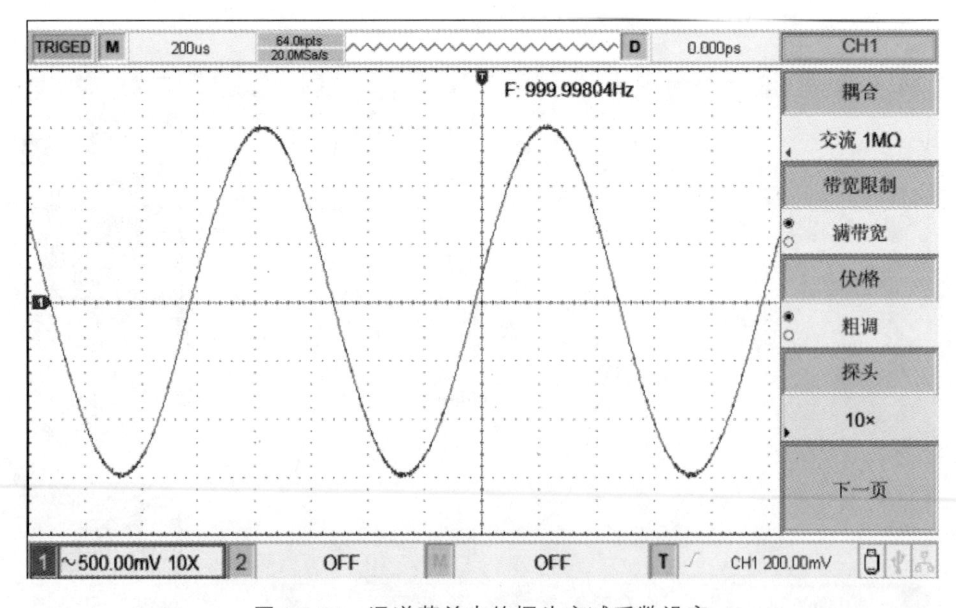

图 1.2.37　通道菜单中的探头衰减系数设定

（4）伏格。

垂直偏转系数伏/格挡位调节，分为粗调和细调两种模式（见图 1.2.38）。在粗调时，伏/格范围是 1 mV/div ~ 20 V/div，以 1-2-5 方式步进。在细调时，指在当前垂直挡位范围内以更小的步进改变偏转系数，从而实现垂直偏转系数在所有垂直挡位内无间断地连续可调。

（5）反相。

按 F5 下一页，打开反相，显示信号的相位翻转 180 度。

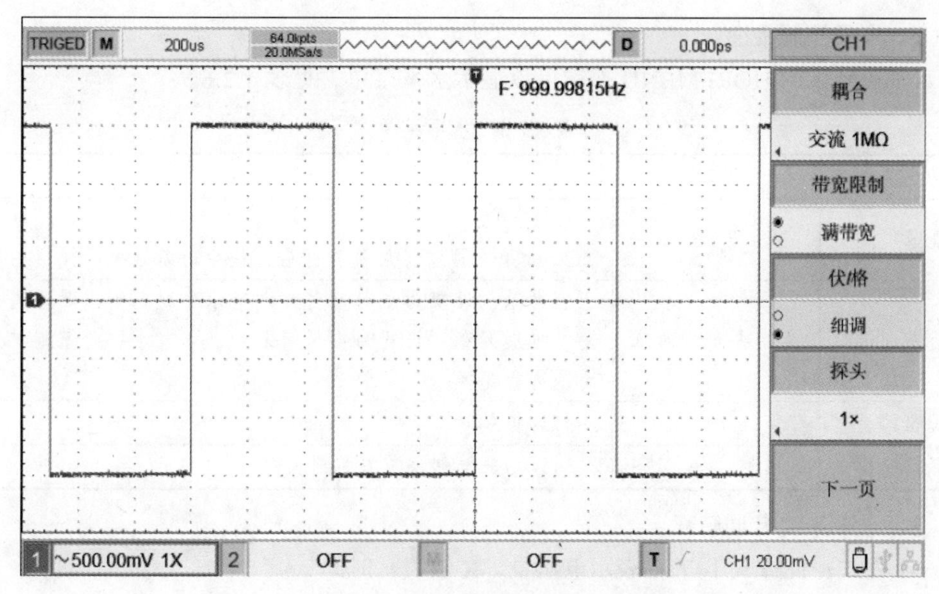

图 1.2.38　垂直偏转系数粗调和细调

4. 设置水平系统

如图 1.2.39 所示，在水平控制区有一个按键、两个旋钮，用于设置水平系统。

图 1.2.39　面板上的水平控制区

（1）水平控制旋钮。

水平控制区的 SCALE 旋钮可以改变水平时基挡位，改变水平刻度会导致波形相对屏幕中心扩张或收缩。

POSITION 旋钮改变波形在屏幕上的水平位置，水平位置改变时即相对于波形触发点的位置进行左右移动。

（2）水平控制按键。

水平控制区的 HORI MENU 按键可以显示水平菜单，见表 1.2.6。

表 1.2.6　水平菜单

功能菜单	设定	说明
视窗扩展	开/关	1. 打开主时基； 2. 如果在视窗扩展被打开后，按主时基则关闭视窗扩展
时基选择	主时基/扩展时基	主时基：设置为主时基时，调节水平时基则主时基进行变换扩展时基：设置为扩展时基时，调节水平时基则扩展时基进行变换
视窗扩展	—	打开扩展时基
释抑时间		通过功能旋钮调节释抑时间

（3）水平系统名词解释。

Y-T 方式：此方式下 Y 轴表示电压量，X 轴表示时间量。

X-Y 方式：此方式下 X 轴表示 CH1 电压量，Y 轴表示 CH2 电压量。

慢扫描模式：当水平时基控制设定在 100 ms/div 或更慢，仪器进入慢扫描采样方式。应用慢扫描模式观察低频信号时，建议将通道耦合设置成直流。

SEV/DIV：水平刻度（时基）单位，如波形采样被停止（使用 RUN/STOP 键），时基控制可扩张或压缩波形。

（4）扩展时间。

扩展视窗用来放大一段波形，以便查看图像细节。扩展视窗的设定不能慢于主时基的设定。

在扩展视窗下，分两个显示区域，如图 1.2.40 所示。上半部分显示的是原波形，此区域可以通过转动水平 POSITION 旋钮左右移动，或转动水平 SCALE 旋钮扩大和减小选择区域。

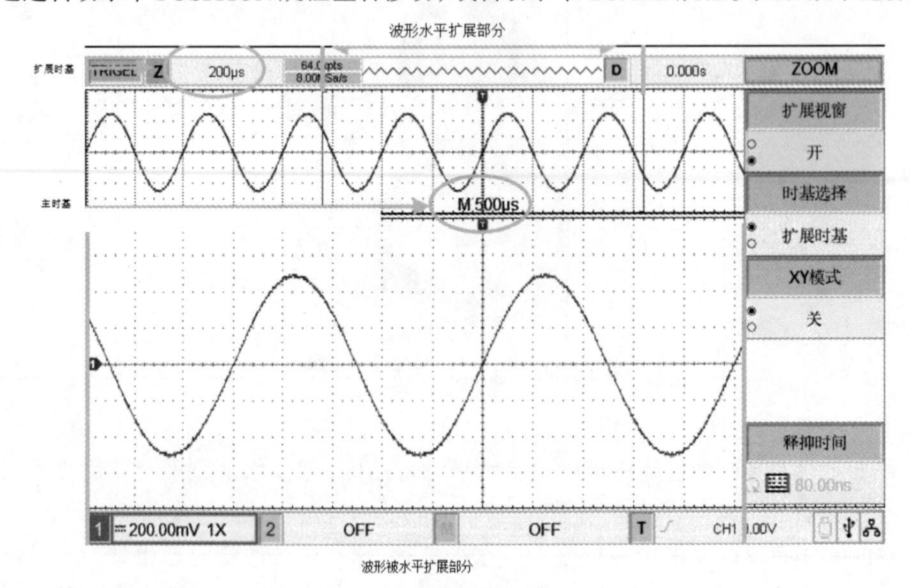

图 1.2.40　扩展视窗下的屏幕显示

下半部分是选定的原波形区域经过水平扩展的波形。值得注意的是，扩展时基相对于主时基提高了分辨率（如上图所示）。由于整个下半部分显示的波形对应于上半部分选定的区域，因此转动水平 SCALE 旋钮减小选择区域可以提高扩展时基，即提高了波形的水平扩展倍数。

5. 设置触发系统

如图 1.2.41 所示，在触发菜单控制区有 1 个旋钮、4 个按键，用于设置触发系统。

触发决定了数字存储示波器何时开始采集数据和显示波形。一旦触发被正确设定，它可以将不稳定的显示转换成有意义的波形。数字存储示波器在开始采集数据时，先收集足够的数据用来在触发点的左方画出波形。数字存储示波器在等待触发条件发生的同时连续地采集数据。当检测到触发后，数字存储示波器连续地采集足够多的数据以在触发点的右方画出波形。

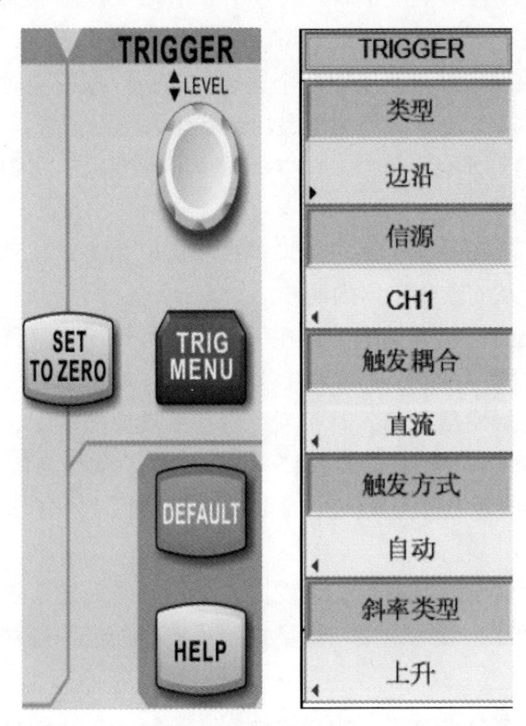

图 1.2.41　面板上的触发控制区和触发菜单

数字存储示波器操作面板的触发控制区按键或旋钮功能说明见表 1.2.7。

表 1.2.7

按键或旋钮	功能说明
LEVEL 旋钮	触发电平调节旋钮，设置触发点对应的电压值
SET TO ZERO	将触发电平设定在触发信号幅值的垂直中点
TRIG MENU	触发设置菜单键

触发控制的触发类型分为边沿、脉宽、视频、斜率和交替触发。其说明如表 1.2.8 所示。

表 1.2.8　触发控制的触发类型及其说明

触发类型	说明
边沿触发	当触发信号的边沿到达某一给定电平时，触发产生
脉宽触发	当触发信号的脉冲宽度达到设定一定的触发条件时，触发产生
视频触发	对标准视频信号进行场或行触发
斜率触发	当信号上升或下降的斜率符合设定值时即产生触发
交替触发	CH1、CH2 分别交替地触发各自的信号，适用于触发没有频率关联的信号

触发系统名词解释：

（1）触发源：触发可从多种信源得到，如输入通道（CH1、CH2）、外部触发（EXT）、市电。

输入通道：最常用的触发信源是输入通道（可任选一个）。被选中作为触发信源的通道，无论其输入是否被显示，都能正常工作。

外部触发：这种触发信源可用于在两个通道上采集数据的同时，在第三个通道上触发。例如，可利用外部时钟或来自待测电路的信号作为触发信源。EXT 触发源都使用连接至 EXT TRIG 接头的外部触发信号。EXT 可直接使用信号，可以在信号触发电平范围为−3 ~ +3 V 时使用 EXT。

市电：市电电源。这种触发方式可用来观察与市电相关的信号，如照明设备和动力提供设备之间的关系，从而获得稳定的同步。

（2）触发方式：决定数字存储示波器在无触发事件情况下的行为方式。该数字存储示波器提供三种触发方式：自动、正常和单次触发。

自动触发：在没有触发信号输入时，系统自动采集波形数据，这样在屏幕上可显示扫描基线；当有触发信号产生时，则自动转为触发扫描，从而与信号同步。

注意：在扫描波形设定在 100 ms/div 或更慢的时基上时，“自动”方式允许没有触发信号。

正常触发：数字存储示波器在普通触发方式下只有当触发条件满足时才能采集到波形。在没有触发信号时停止数据采集，数字存储示波器处于等待触发。当有触发信号产生时，则产生触发扫描。

单次触发：在单次触发方式下，用户按一次“运行”按钮，数字存储示波器进入等待触发，当数字存储示波器检测到一次触发时，采样并显示所采集到的波形，然后停止。

（3）触发耦合：触发耦合决定信号的何种分量被传送到触发电路。耦合类型包括直流、交流、低频抑制和高频抑制。

“直流”：让信号的所有成分通过。

“交流”：阻挡“直流”成分并衰减 10 Hz 以下信号。

“低频抑制”：阻挡直流成分并衰减低于 80 kHz 的低频成分。

“高频抑制”：衰减超过 80 kHz 的高频成分。

“噪声抑制”：可以抑制信号中的高频噪声，降低示波器被误触发的概率。

（4）预触发/延迟触发：触发事件之前/之后采集的数据。触发位置通常设定在屏幕的水平中心，可以观察到 7 div（或 8 div）的预触发和延迟信息。可以旋转水平位置调节波形的水平位移，查看更多的预触发信息。通过观察预触发数据，可以观察到触发前的波形情况。例如，捕捉到电路启动时刻产生的毛刺，通过观察和分析预触发数据，就能帮助查出毛刺产生的原因。

6. 波形显示的自动设置

数字存储示波器具有自动设置的功能。根据输入的信号，可自动调整垂直偏转系数、扫描时基以及触发方式直至最合适的波形显示。应用自动设置要求被测信号的频率大于或等于 20 Hz。

使用自动设置：

（1）将被测信号连接到信号输入通道。

（2）按下 AUTO 按钮。数字存储示波器将自动设置垂直偏转系数、扫描时基、以及触发方式。如果需要进一步仔细观察，在自动设置完成后可再进行手工调整，直至波形显示达到需要的最佳效果。

7. 示波器探头

示波器探头对测量结果的准确性以及正确性至关重要，它是连接被测电路与示波器输入端的电子部件。使用最多的是电压探头，它为不同电压范围提供了几种衰减系数：1×，10×和 100×。在这些无源探头中，10×无源电压探头是最常用的探头。对信号幅度是 1 V 峰-峰值或更低的应用，1×探头较适合，甚至是必不可少的。在低幅度和中等幅度信号混合（几十毫伏到几十伏）的应用中，切换为 1×/10×探头要方便得多，如图 1.2.42 所示。

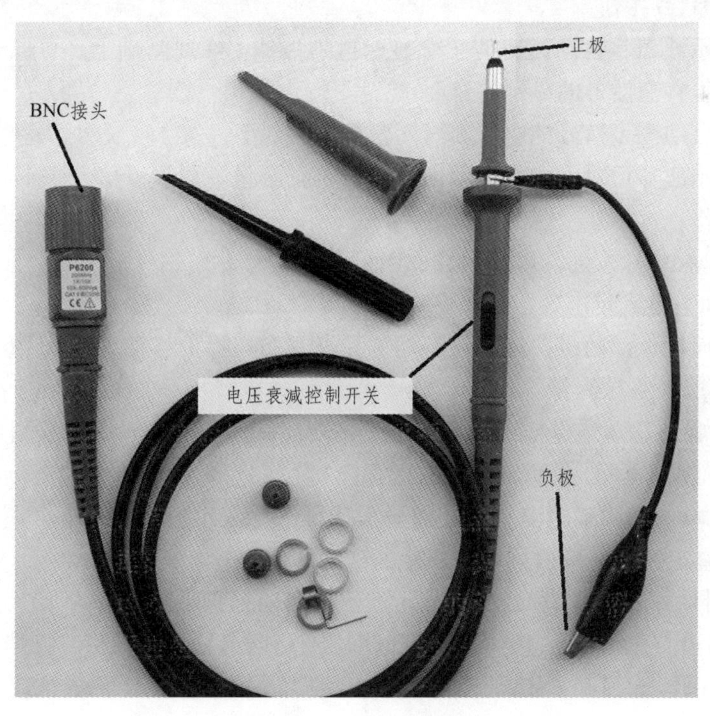

图 1.2.42　示波器探头

示波器的使用中，首先需要把探头插入 CH1/CH2 接口如图 1.2.43 所示，再将探头信号线测试钩连接测量电压的正极性端，探头地线接测量电压信号的负极性端。

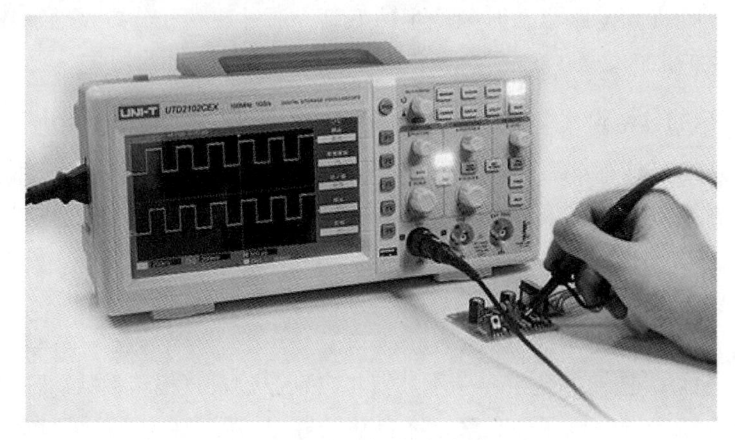

图 1.2.43　示波器与探头连接示意图

8. 应用示例

例 1：测量简单信号

观测电路中一未知信号，迅速显示和测量信号的频率和峰-峰值。

（1）欲迅速显示该信号，请按如下步骤操作：

① 将探头菜单衰减系数设定为 10×，并将探头上的开关设定为 10×。

② 将 CH1 的探头连接到电路被测点。

③ 按下 AUTO 按钮。

数字存储示波器将自动设置使波形显示达到最佳。在此基础上，可以进一步调节垂直、水平挡位，直至波形的显示符合要求。

（2）进行自动测量信号的电压和时间参数。

数字存储示波器可对大多数显示信号进行自动测量。要测量信号频率和峰-峰值，需按如下步骤操作：

① 按 MEASURE 按键，以显示自动测量菜单。

② 按下 F4，进入定制参数选择窗口。

③通过前面板上部的多功能旋钮移动选择框，当选择框移动到峰-峰值，按下多功能旋钮，完成峰-峰值参数测量选择。

④ 按照步骤，移动选择框到频率，按下多功能旋钮，完成频率参数测量选择。

⑤ 按下 F4 或 MENU 关闭定制参数选择窗口。

此时，峰-峰值和频率的测量值分别显示屏幕下方，如图 1.2.44 所示。

例 2：观察正弦波信号通过电路产生的延时

与例 1 相同，设置探头和数字存储示波器通道的探头衰减系数为 10×。将数字存储示波器 CH1 通道与电路信号输入端相接，CH2 通道则与输出端相接。操作步骤：

（1）显示 CH1 通道和 CH2 通道的信号。

① 按下 AUTO 按钮。

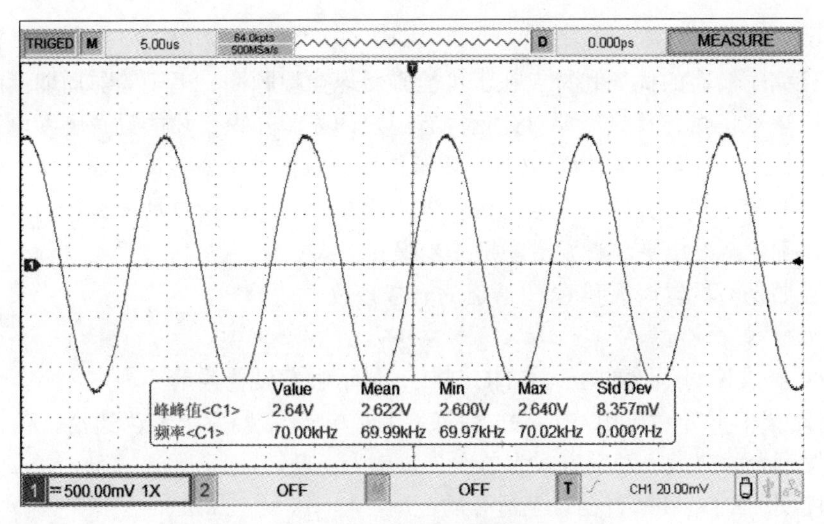

图 1.2.44　自动测量

② 继续调整水平、垂直档位直至波形显示满足测试要求。

③ 按 CH1 按键选择 CH1，旋转垂直位置旋钮，调整 CH1 波形的垂直位置。

④ 按 CH2 按键选择 CH2，如前操作，调整 CH2 波形的垂直位置。使通道 1、2 的波形不重叠在一起，利于观察比较。

（2）测量正弦信号通过电路后产生的延时，并观察波形的变化。

① 按 MEASURE 按钮以显示自动测量菜单。

② 按 F1 键，设置主信源为 CH1。

③ 按 F2 键，设置从信源为 CH2。

④ 按 F2 键，定制参数选择窗口，调节多功能旋钮移动选择框，当选择框移动到上升时间，按下多功能旋钮，完成上升延时参数测量选择。

⑤ 按 F4 或 MENU 键关闭定制参数选择窗口。

⑥ 观察波形的变化（见图 1.2.45）。

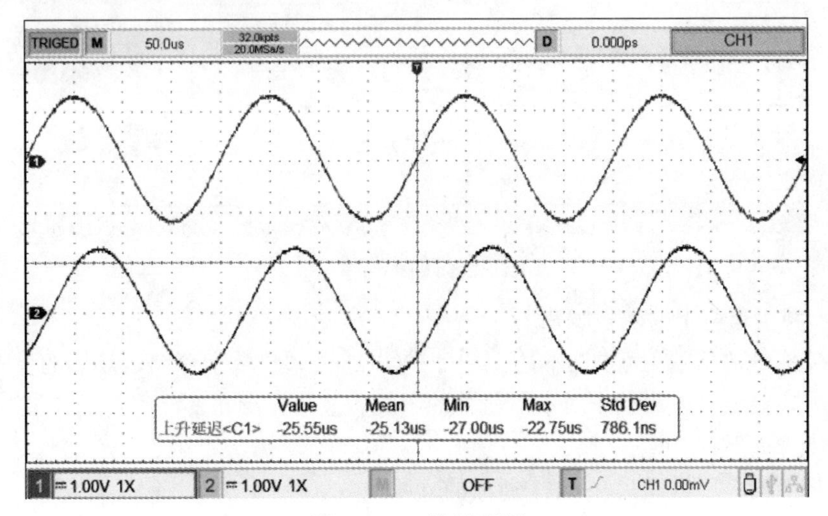

图 1.2.45　波形延迟

例 3：捕捉单次信号

数字存储示波器的优势和特点在于可能方便地捕捉脉冲、毛刺等非周期性的信号。若捕捉一个单次信号，首先需要对此信号有一定的先验知识，才能设置触发电平和触发沿。例如，如果脉冲是一个 TTL 电平的逻辑信号，触发电平应该设置成 2 V 左右，触发沿设置为上升沿触发。如果对于信号的情况不确定，可以通过自动或普通的触发方式先行观察，以确定触发电平和触发沿。操作步骤如下：

（1）参照例一设置探头和 CH1 通道的衰减系数。

（2）进行触发设定。

① 按下触发控制区域 TRIG MENU 按钮，显示触发设置菜单。

② 在此菜单下分别应用 F1 ~ F5 键菜单操作键设置触发类型为边沿、信源选择为 CH1、触发耦合为交流、触发方式为单次、斜率为上升。

③ 调整水平时基和垂直档位至适合的范围。

④ 旋转 TRIGGER LEVEL 旋钮，调整适合的触发电平。

⑤ 按 RUN/STOP 执行按钮，等待符合触发条件的信号出现。如果有某一信号达到设定的触发电平，即采样一次，显示在屏幕上（见图 1.2.46）。利用此功能可以轻易捕捉到偶然发生的事件，例如幅度较大的突发性毛刺：将触发电平设置到刚刚高于正常信号电平，按 RUN/STOP 按钮开始等待，则当毛刺发生时，机器自动触发并把触发前后一段时间的波形记录下来。通过旋转面板上水平控制区域的水平 POSITION 旋钮来改变触发位置的水平位置，可以得到不同长度的负延迟触发，便于观察毛刺发生之前的波形。

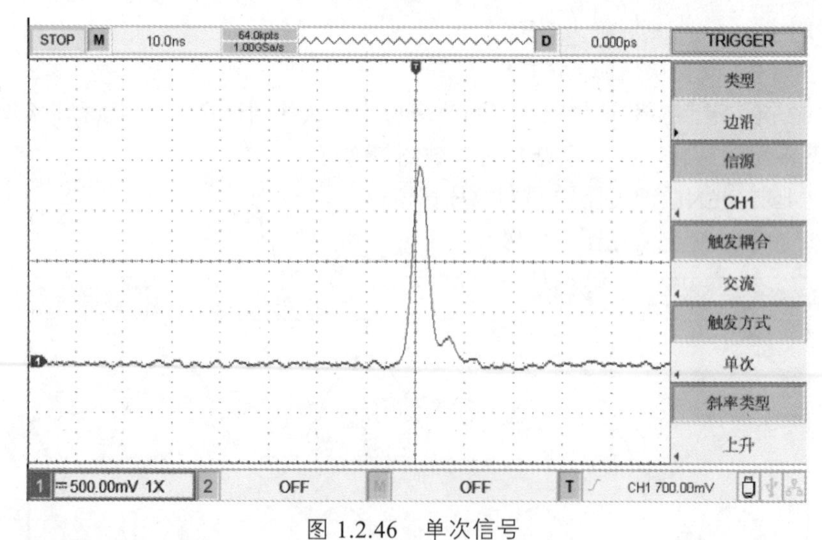

图 1.2.46　单次信号

例 4：减少信号上的随机噪声

如果被测试的信号上叠加了随机噪声，可以通过调整数字存储示波器的设置来滤除或减小噪声，避免其在测量中对本体信号的干扰（波形见图 1.2.47）。

操作步骤如下：

（1）参照例一设置探头和 CH1 通道的衰减系数。

（2）连接信号使波形在数字存储示波器上稳定地显示。

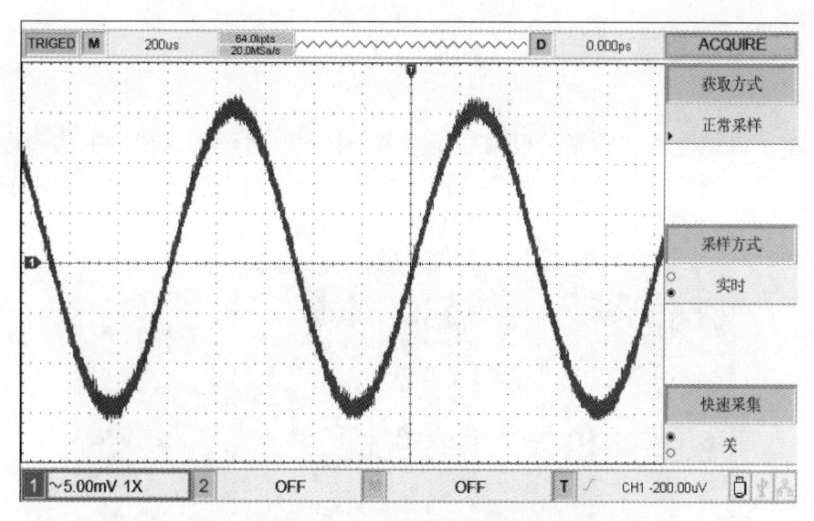

图 1.2.47　信号上的噪声

（3）通过设置触发耦合改善触发。

① 按下触发区域 TRIG MENU 按钮，显示触发设置菜单。

② 触发耦合置于低频抑制或高频抑制。低频抑制是设定一高通滤波器，可滤除 80 kHz 以下的低频信号分量，允许高频信号分量通过；高频抑制是设定一低通滤波器，可滤除 80 kHz 以上的高频信号分量，允许低频信号分量通过。通过设置低频抑制或高频抑制可以分别抑制低频或高频噪声，以得到稳定的触发。

（4）通过设置采样方式减少显示噪声。

① 如果被测信号上叠加了随机噪声，导致波形过粗，可以应用平均采样方式去除随机噪声的显示，使波形变细，便于观察和测量。取平均值后随机噪声被减小，信号的细节更易观察。具体的操作是：按面板菜单区域的 ACQUIRE 按钮，显示采样设置菜单；按 F1 键菜单设置获取方式为平均，然后按 F2 键菜单调整平均次数，依次由 2 至 512 以 2 倍数步进变化，直至波形的显示满足观察和测试要求（见图 1.2.48）。

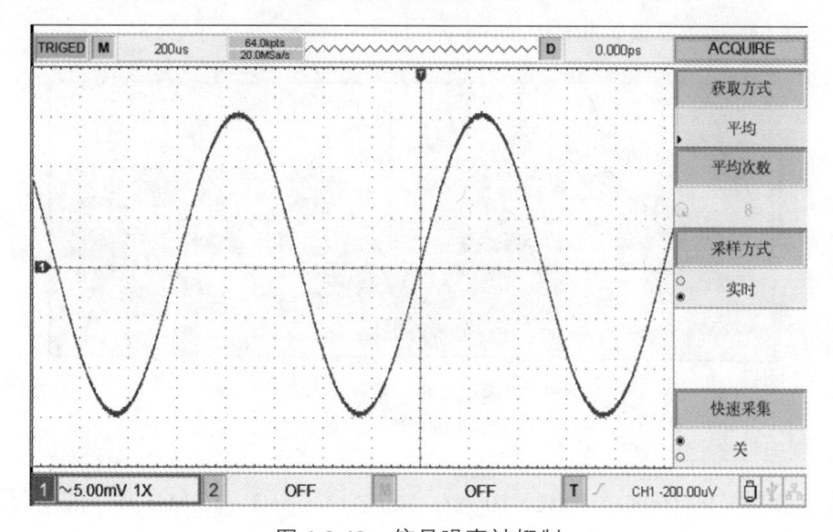

图 1.2.48　信号噪声被抑制

1.3　模拟电路实验箱

THM-5 型模拟电路实验箱是根据“模拟电子技术”教学要求研制的实验设备，如图 1.3.1 所示。该实验箱操作简便、布局合理、功能全面，可以完成模拟电路中所要求的实验，学生还可以根据学习的需要，自己设计各种开放性实验。

图 1.3.1　THM-5 型模拟电路实验箱

实验箱包括电源区、可调电阻区、集成芯片区、常用元器件区、面包板、变压器、稳压管区和扬声器等。

1. 电源区

电源区包括 4 组独立的直流电源：一组固定的±12 V，一组可调 0 ~ 5 V 直流电源，两组分别调节的 18 V 电源。其中+12 V 具有短路告警、指示功能。有相应的电源输出插座及相应的 LED 发光二极管指示。如图 1.3.2 所示。

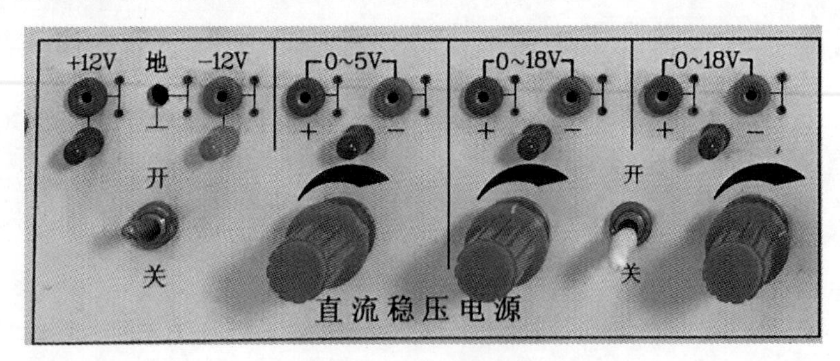

图 1.3.2　电源区

2. 可调电位器区

可调电位器提供 100 Ω、1 kΩ、10 kΩ、100 kΩ、1 MΩ、10 MΩ 共计 6 个可调电位器（见图 1.3.3）。

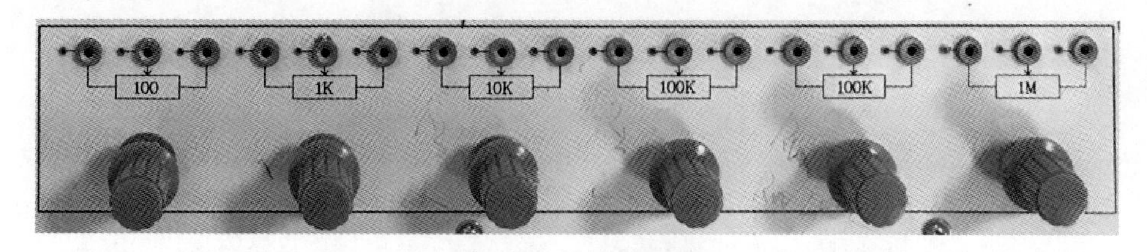

图 1.3.3　电位器区

3. 集成芯片区

集成芯片区提供多种 IC 座封装，两个 8 脚 IC 座，一个 14 脚 IC 座（见图 1.3.4）和一个 40 脚的 IC 座以方便学生完成各类综合性实验。

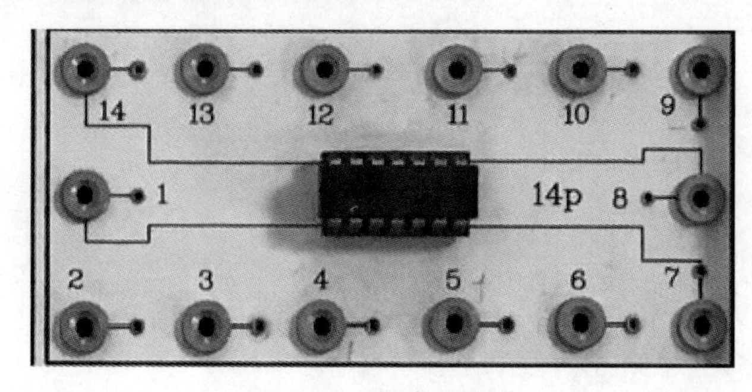

图 1.3.4　集成芯片区

4. 常用元器件区

常用元器区包括各种规格的电阻、电容、二极管和三极管，如图 1.3.5 所示。电阻有 1 kΩ、10 kΩ……电容有 10 pF……二极管有 4 个 IN4148，1 个双向稳压管 DTW35，5 个三极管（3 个 3DG6，1 个 3DG 12，1 个 3CG12）。

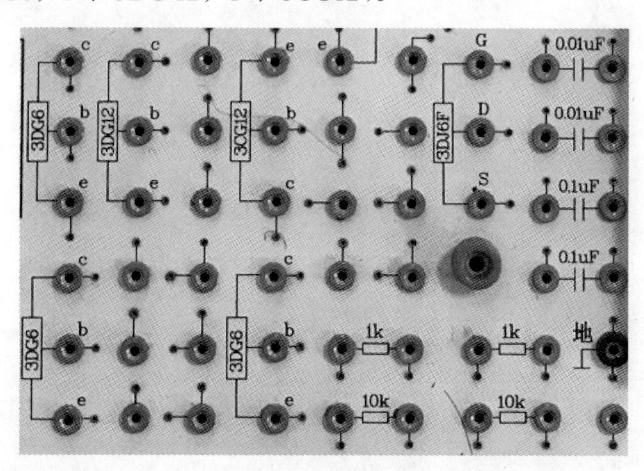

图 1.3.5　常用元器件区

5. 面包板

面包板区包括两块 166 mm×55 mm 的面包板，方便学生独立测试各种单元电路（见图 1.3.6）。

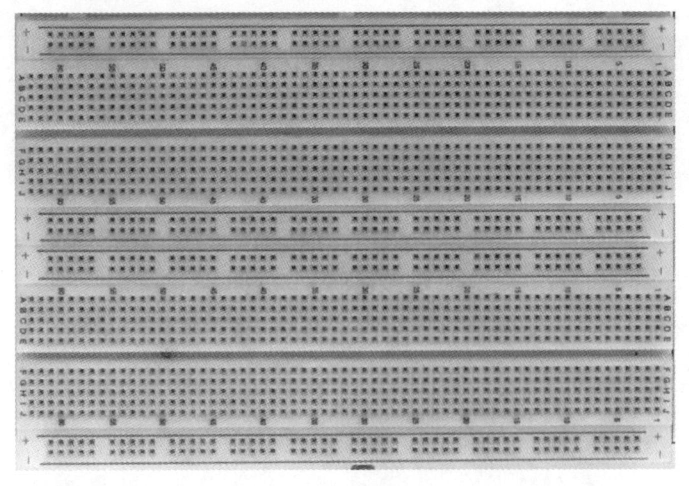

图 1.3.6 面包板区

6. 变压器和稳压电源区

变压器有两组独立输出，一组有 4 个输出电压，分别是 6 V、10 V、14 V、17 V，另一组为单独的 17 V 输出。稳压管包括三端集成稳压块 7812、7815、7912、LM317。还有一组桥式整流电路。如图 1.3.7 所示。

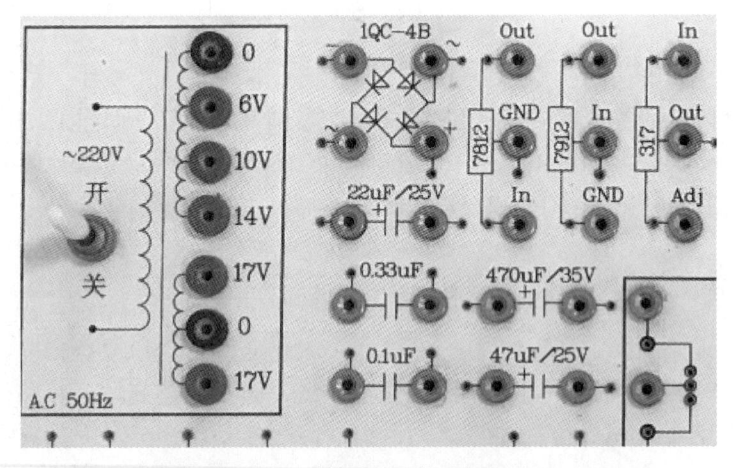

图 1.3.7 变压器和稳压电源区

7. 继电器、扬声器、LED 指示、蜂鸣器

如图 1.3.8 所示。

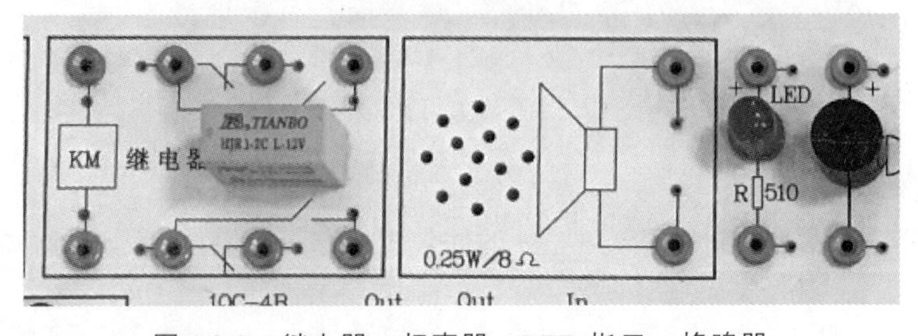

图 1.3.8 继电器、扬声器、LED 指示、蜂鸣器

8. 实验扩展板

为方便扩展实验项目，实验箱的中间位置设有可装、卸固定线路实验小板直径 3.2 mm 弹性插拔件 4 只。如图 1.3.9 所示。

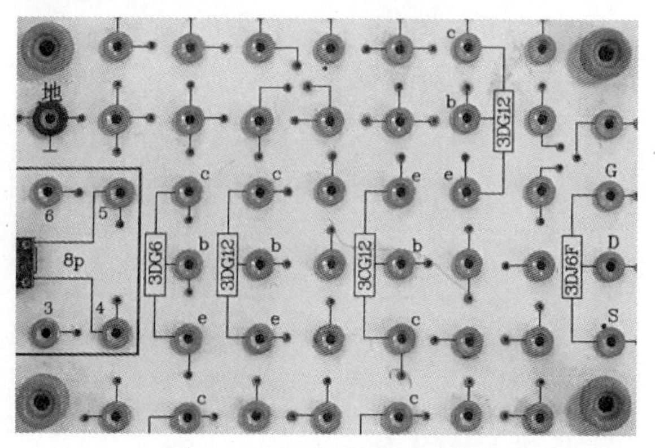

图 1.3.9　实验扩展板固定孔

配有共射极单管放大器（见图 1.3.10）、负反馈放大器实验板（见图 1.3.11）、射极跟随器实验板（见图 1.3.12）、集成运放实验板（见图 1.3.13）、放大设计电路实验板（见图 1.3.14）及差动放大电路实验板（见图 1.3.15）共 6 块。可采用固定线路及灵活组合进行实验，这样实验更加灵活方便。

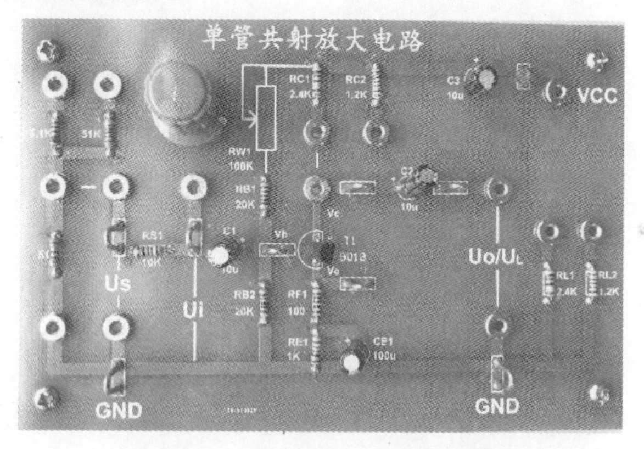

图 1.3.10　共射极放大电路扩展板

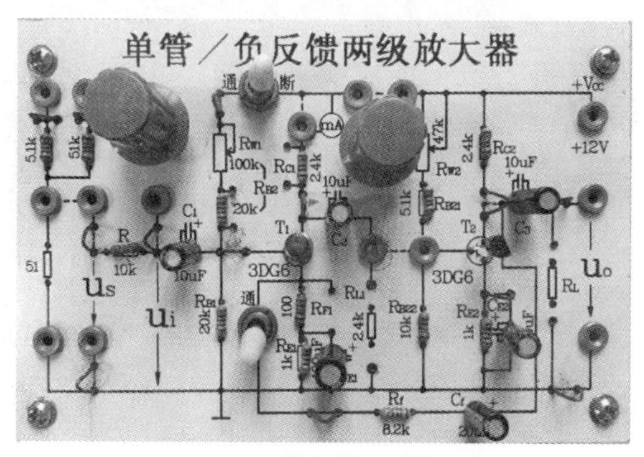

图 1.3.11　负反馈电路扩展板

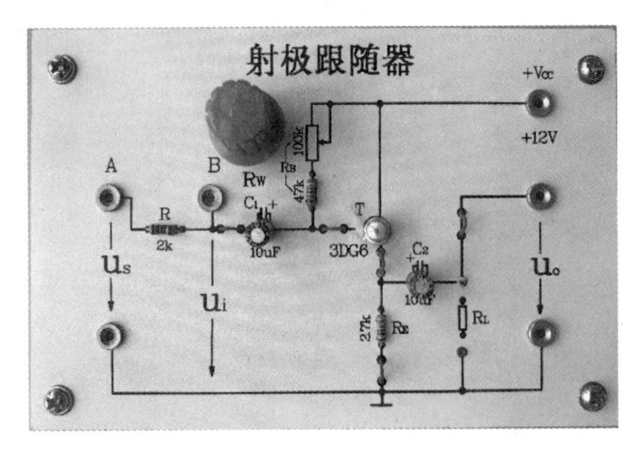

图 1.3.12　射极跟随器电路扩展板

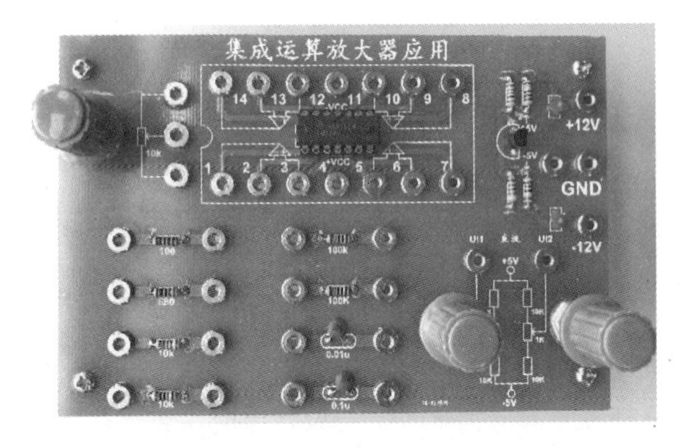

图 1.3.13　集成运放电路扩展板

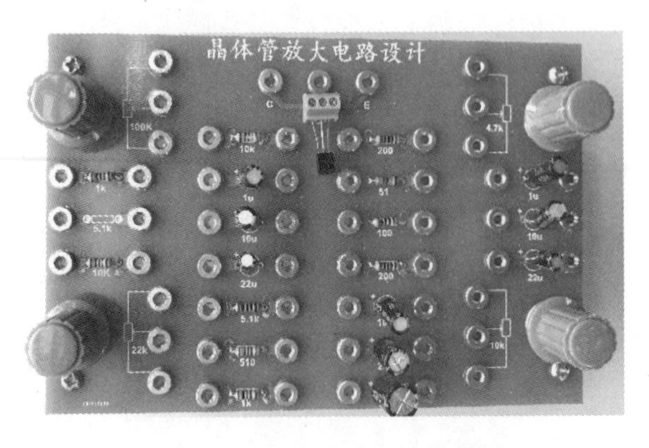

图 1.3.14　放大设计电路扩展板

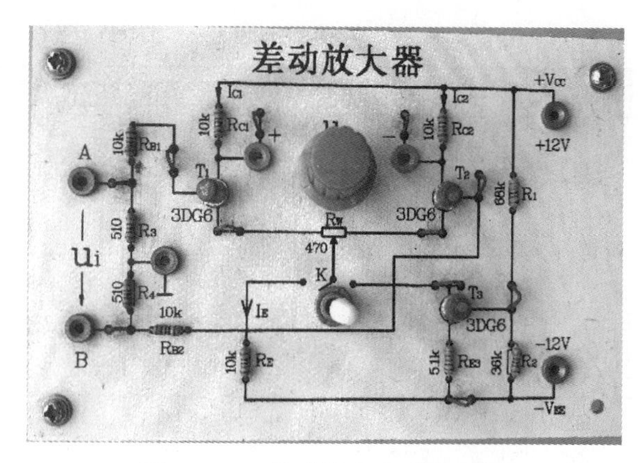

图 1.3.15　差动放大电路扩展板

1.4　常用电子元器件介绍

1.4.1　电阻器和电位器

电阻器简称电阻，它是电子设备中最常用的电子元件之一。根据用途不同和性能特点，一般将电阻器划分为固定电阻器、可变电阻器（电位器）和敏感电阻器三大类。

选用电阻器时主要要考虑电阻器的类型、阻值、精确度和额定功率。对于电阻器的类型选用主要是根据电路中电阻的安装、精度考虑以及额定功率来决定。阻值应尽量选用标称阻值。非特殊情况不要选用标称值以外的阻值。精度要根据电路的实际需要来决定，不是精度越高越好。大部分情况下合理设计电阻比选择高精度电阻对电路性能的影响更大。对于电阻功率的选择，实际应用中，所选用的电阻的额定功率应大于电路中耗散功率的两倍。

电位器是具有三个引出端、阻值可按某种变化规律调节的电阻元件。电位器通常由电阻体和可移动的电刷组成。当电刷沿电阻体移动时，在输出端即获得与位移量成一定关系的电阻值或电压值。

电位器既可作三端元件使用也可作二端元件使用。后者可视作一个可变电阻器，由于它在电路中的作用是获得与输入电压（外加电压）成一定关系的输出电压，因此称之为电位器。

1.4.1.1　电阻器的主要技术指标及标识方法

1. 技术指标

（1）标称阻值。

阻值是电阻的主要参数之一，不同类型的电阻其阻值范围不同，不同精度的电阻其阻值系列亦不同。根据国家标准，常用的标称电阻值系列如表 1.4.1 所示。E24、E12 和 E6 系列也适用于电位器和电容器。

表 1.4.1　标称值系列

系列代号	允许误差	系列值							
E24	±5%	1.0	1.1	1.2	1.3	1.5	1.6	1.8	2.0
		2.2	2.4	2.7	3.0	3.3	3.6	3.9	4.3
		4.7	5.1	5.6	6.2	6.8	7.5	8.2	9.1
E12	±10%	1.0	1.2	1.5	1.8	2.2	2.7		
		3.3	3.9	4.7	5.6	6.8	8.2		
E6	±20%	1.0	1.5	2.2	3.3	4.7	6.8	8.2	

注：表中数值再乘以 10^n（n 为正整数或负整数）也是标称值。

（2）允许误差等级。

电阻的误差等级如表 1.4.2 所示。

表 1.4.2　电阻的误差等级

允许误差/%	±0.001	±0.002	±0.005	±0.01	±0.02	±0.05	±0.1
等级符号	E	X	Y	H	U	W	B
允许误差/%	±0.2	±0.5	±1	±2	±5	±10	±20
等级符号	C	D	F	G	J（Ⅰ）	K（Ⅱ）	M（Ⅲ）

（3）额定功率。

电阻器在电路中长时间连续工作不损坏，或不显著改变其性能所允许消耗的最大功率称为电阻器的额定功率。电阻器的额定功率并不是电阻器在电路中工作时一定要消耗的功率，而是电阻器在电路工作中所允许消耗的最大功率。不同类型的电阻具有不同系列的额定功率，如表 1.4.3 所示。

表 1.4.3　电阻器的功率等级

名称	额定功率/W					
实芯电阻器	0.25（1/4）	0.5（1/2）	1	2	5	
线绕电阻器	0.5（1/2）	1	2	6	10	15
	25	35	50	75	100	150
薄膜电阻器	0.025	0.05	0.125（1/8）	0.25（1/4）	0.5（1/2）	1
	2	5	10	25	50	100

2. 电阻器的标识方法

（1）文字符号法。

文字符号法用阿拉伯数字和文字符号两者有规律的组合来表示标称阻值、额定功率、允许误差等级等。标称阻值符号前面的数字表示整数阻值，后面的数字依次表示第一位小数阻值和第二位小数阻值，其文字符号所表示的单位如表 1.4.4 所示。如 1R5 表示 1.5 Ω，2K7 表示 2.7 kΩ。

由图 1.4.1 标号可知，它是精密金属膜电阻器，额定功率为 1/8 W，标称阻值为 5.1 kΩ，允许误差为±10%。

表 1.4.4 电阻文字符号

文字符号	R	K	M	G	T
表示单位	欧姆（Ω）	千欧姆（10^3Ω）	兆欧姆（10^6Ω）	千兆欧姆（10^9Ω）	兆兆欧姆（10^{12}Ω）

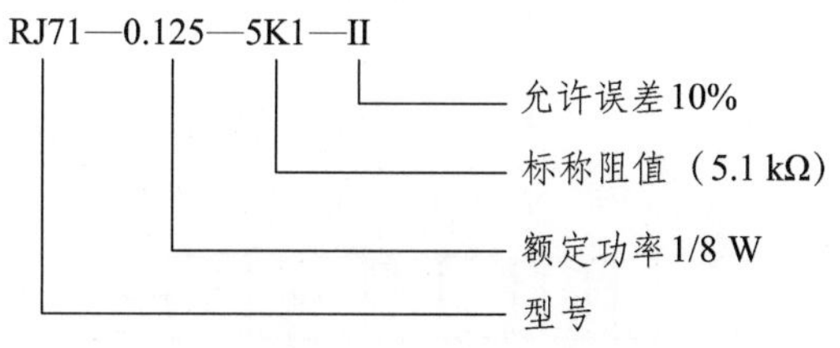

图 1.4.1 电阻标号

（2）色标法。

色标法是将电阻器的类别及主要技术参数的数值用颜色（色环或色点）标注在它的外表面上。色标电阻（色环电阻）器可分为三环、四环、五环 3 种标法。

三色环电阻器的色环表示标称电阻值（允许误差均为±20%）。例如，色环为棕黑红，表示 $10\times10^2=1\times(1\pm20\%)$ kΩ的电阻器。

四色环电阻器的色环表示标称值（二位有效数字）及精度（见图 1.4.2 和表 1.4.5）。例如，色环为棕绿橙金表示 $15\times10^3=15\times(1\pm5\%)$ kΩ的电阻器。

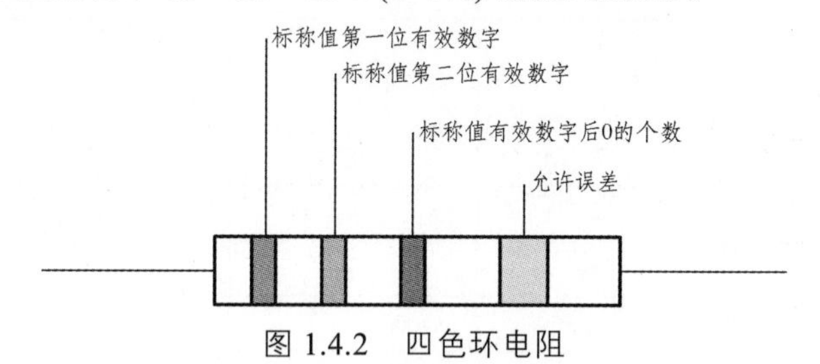

图 1.4.2 四色环电阻

表 1.4.5 四色环电阻颜色含义

颜 色	第一位有效值	第二位有效值	倍 率	允许偏差
黑	0	0	10^0	
棕	1	1	10^1	
红	2	2	10^2	
橙	3	3	10^3	
黄	4	4	10^4	
绿	5	5	10^5	
蓝	6	6	10^6	
紫	7	7	10^7	
灰	8	8	10^8	
白	9	9	10^9	−20% ~ +50%
金			10^{-1}	±5%
银			10^{-2}	±10%
无色				±20%

五色环电阻器的色环表示标称值（三位有效数字）及精度（见图 1.4.3 和表 1.4.6）。例如，色环为红紫绿黄棕表示 $275\times10^4=2.75\times(1\pm1\%)$ MΩ的电阻器。

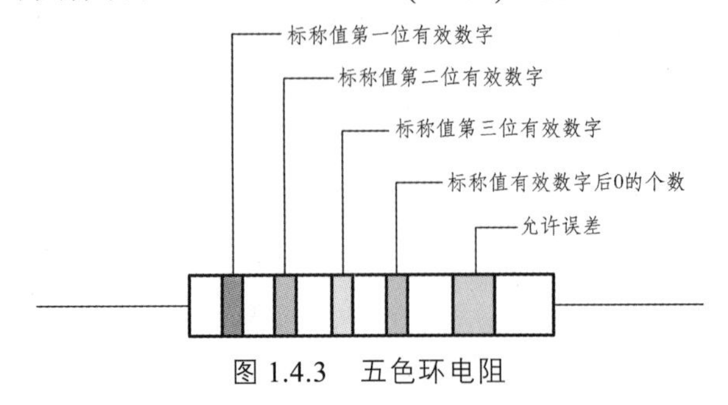

图 1.4.3　五色环电阻

表 1.4.6　五色环电阻颜色含义

颜色	第一位有效值	第二位有效值	第三位有效值	倍　率	允许偏差
黑	0	0	0	10^0	
棕	1	1	1	10^1	±1%
红	2	2	2	10^2	±2%
橙	3	3	3	10^3	
黄	4	4	4	10^4	
绿	5	5	5	10^5	±0.5%
蓝	6	6	6	10^6	±0.25
紫	7	7	7	10^7	±0.1%
灰	8	8	8	10^8	
白	9	9	9	10^9	
金				10^{-1}	
银				10^{-2}	

一般四色环和五色环电阻器表示允许误差的色环的特点是该环离其他环的距离较远。较标准的表示应是表示允许误差的色环的宽度是其他色环的 1.5 ~ 2 倍。有些色环电阻器由于厂家生产不规范，无法用上面的特征判断，这时只能借助万用表判断。

1.4.1.2　电位器的主要技术指标及标识方法

1. 技术指标

（1）额定功率。

电位器的两个固定端上允许耗散的最大功率为电位器的额定功率。使用中应注意额定功率不等于中心抽头与固定端的功率。

（2）标称阻值。

标在产品上的名义阻值。

（3）允许误差等级。

实测阻值与标称阻值误差范围根据不同精度等级可允许±20%、±10%、±5%、±2%、±1%的误差。精密电位器的精度可达±0.1%。

（4）阻值变化规律。

阻值变化规律指阻值随滑动片触点旋转角度（或滑动行程）之间的变化关系，这种变化关系可以是任何函数形式，常用的有直线式、对数式和反转对数式（指数式）。在使用中，直线式电位器适合于做分压器；反转对数式（指数式）电位器适合于做收音机、录音机、电唱机、电视机中的音量控制器。维修时若找不到同类品，可用直线式代替，但不宜用对数式代替。对数式电位器只适合于音调控制等。

2. 电位器的标识方法

电位器的一般标识方法如图 1.4.4 所示。

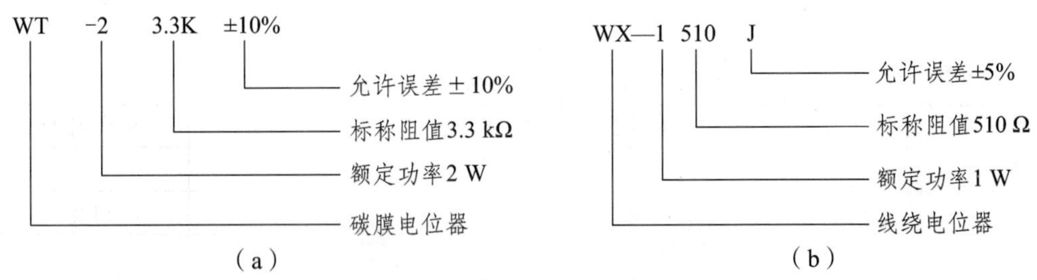

图 1.4.4 电位器的一般标识方法

1.4.1.3 电阻器和电位器的命名方法

电阻器和电位器的命名方法见表 1.4.7。

表 1.4.7 电阻器和电位器的命名方法

第一部分：主称	第二部分：材料		第三部分：特征分类			第四部分：序号
	符号	意义	符号	意义		
				电阻器	电位器	
R 表示电阻器 W 表示电位器	T	碳膜	1	普通	普通	对主称、材料相同，仅性能指标、尺寸大小有差别，但基本不影响互换使用的产品，给予同一序号；若性能指标、尺寸大小明显影响互换时，则在序号后面用大写字母作为区别代号
	H	合成膜	2	普通	普通	
	S	有机实芯	3	超高频	—	
	N	无机实芯	4	高阻	—	
	J	金属膜	5	高温	—	
	Y	氧化膜	6	—	—	
	C	沉积膜	7	精密	精密	
	I	玻璃釉膜	8	高压	特殊函数	
	P	硼碳膜	9	特殊	特殊	
	U	硅碳膜	G	高功率	—	
	X	线绕	T	可调	—	
	M	压敏	W	—	微调	
	G	光敏	D	—	多圈	
	R	热敏	B	温度补偿用	—	
			C	温度测量用	—	
			P	旁热式	—	
			W	稳压式	—	
			Z	正温度系数	—	

图 1.4.5 所示为精密金属膜电阻器。

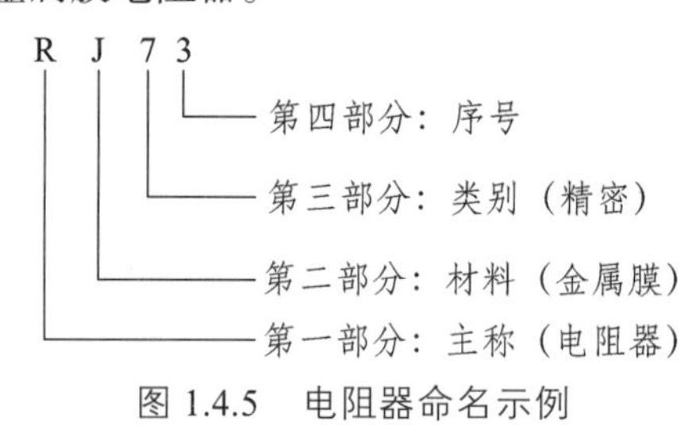

图 1.4.5 电阻器命名示例

1.4.2 电容器

电容器是由其上、下导电极板和中间填充的电介质（为绝缘材料）所构成。电容器在电路中可以用作耦合、滤波、振荡、补偿、定时等广泛的用途，是电子电路的基本元件之一。

1.4.2.1 电容器的主要技术指标

（1）电容器的耐压。

常用固定式电容的直流工作电压系列为：

6.3 V，10 V，16 V，25 V，40 V，63 V，100 V，160 V，250 V，400 V。

（2）电容器容许误差等级。

常见的有七个等级见表 1.4.8。

表 1.4.8 容许误差等级

容许误差	±2%	±5%	±10%	±20%	+20% −30%	+50% −20%	+100% −10%
级别	0.2	I	II	III	IV	V	VI

（3）标称电容量。

标称电容量系列见表 1.4.9。

表 1.4.9 电容器标称容量系列

系列代号	E24	E12	E6
容许误差	±5%（I）或（J）	±10%（II）或（K）	±20%（III）或（m）
标称容量对应值	10，11，12，13，15，16，18，20，22，24，27，30，33，36，39，43，47，51，56，62，68，75，82，90	10，12，15，18，22，27，33，39，47，56，68，82	10，15，22，23，47，68

注：标称电容量为表中数值或表中数值再乘以 10^n，其中 n 为正整数或负整数，单位为 pF。

1.4.2.2 电容器的标识方法

（1）直标法。

容量单位：F（法拉）、μF（微法）、nF（纳法）、pF（皮法或微微法）。

1 法拉=10^6 微法=10^{12} 微微法；

1 微法=10^3 纳法=10^6 微微法；

1 纳法=10^3 微微法

例如：4n7 表示 4.7 nF 或 4 700 pF，0.22 表示 0.22 μF，51 表示 51 pF。

有时用大于 1 的两位以上的数字表示单位为 pF 的电容，例如 101 表示 100 pF；用小于 1 的数字表示单位为μF 的电容，例如 0.1 表示 0.1 μF。

（2）数码标识法。

一般用三位数字来表示容量的大小，单位为 pF。前两位为有效数字，后一位表示位率。即乘以 10^i，i 为第三位数字，若第三位数字 9，则乘 10^{-1}。如 223J 代表 22×10^3 pF=22 000 pF=0.22 μF，允许误差为±5%；又如 479K 代表 47×10^{-1} pF，允许误差为±5%的电容。这种表示方法最为常见。

（3）色码标识法。

这种标识法与电阻器的色环表示法类似，颜色涂于电容器的一端或从顶端向引线排列。色码一般只有三种颜色，前两环为有效数字，第三环为位率，单位为 pF。有时色环较宽，如红红橙，两个红色环涂成一个宽的，表示 22 000 pF。

1.4.2.3 电容器型号命名法

电容器型号命名法见表 1.4.10。

表 1.4.10 电容器型号命名法

第一部分：主称		第二部分：材料		第三部分：特征、分类						第四部分：序号
符号	意义	符号	意义	符号	意义：瓷介	意义：云母	意义：玻璃	意义：电解	意义：其他	
C	电容器	C	瓷介	1	圆片	非密封	–	箔式	非密封	对主称、材料相同，仅尺寸、性能指标略有不同，但基本不影响互使用的产品，给予同一序号；若尺寸性能指标的差别明显；影响互换使用时，则在序号后面用大写字母作为区别代号
		Y	云母	2	管形	非密封	–	箔式	非密封	
		I	玻璃釉	3	迭片	密封	–	烧结粉固体	密封	
		O	玻璃膜	4	独石	密封	–	烧结粉固体	密封	
		Z	纸介	5	穿心	–	–	–	穿心	
		J	金属化纸	6	支柱	–	–	–	–	
		B	聚苯乙烯	7	–	–	–	无极性	–	
		L	涤纶	8	高压	高压	–	–	高压	
		Q	漆膜	9	–	–	–	特殊	特殊	
		S	聚碳酸酯	J	金属膜					
		H	复合介质	W	微调					
		D	铝							
		A	钽							
		N	铌							
		G	合金							
		T	钛							
		E	其他							

图 1.4.6 为电容器命名示例。

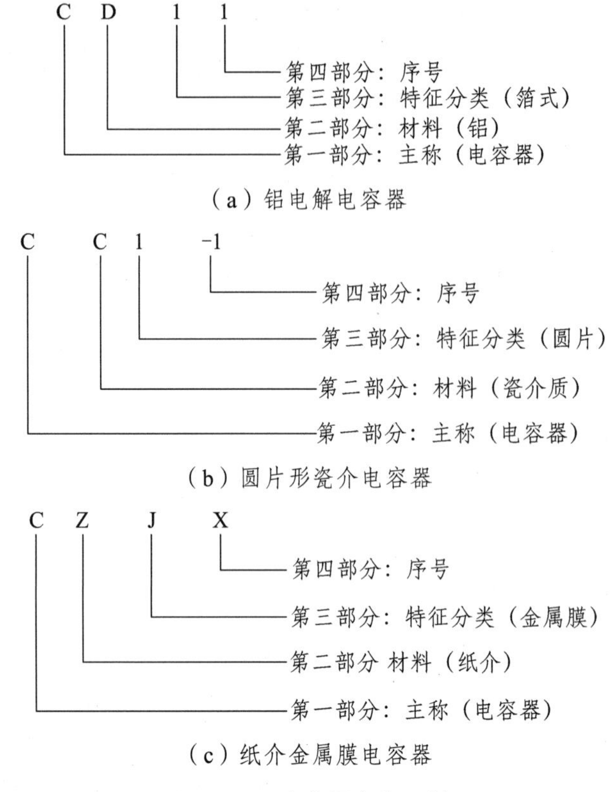

图 1.4.6　电容器命名示例

1.4.2.4　常用电容器简介

电容器的种类很多，部分常用电容器如下。

（1）有机介质电容器。

有机介质电容器包括纸介电容器、金属化电容器、塑料薄膜电容器。

纸介电容器是一种早期生产的电容，用于直流及低频电路中，缺点是稳定性不高。金属化纸介电容器的最大特点是高压击穿后有自愈作用，当电压恢复正常后仍能工作。涤纶薄膜电容器具有良好的介电性能、机械强度高、耐高温、吸水率低。它的电容量范围和额定电压范围宽，但吸收特性差、耐电性不高，当交流电压高于 300 V 时不如纸介电容器。

聚丙烯电容属于非极性有机介质电容，其高频绝缘性能好，电容量和损耗角正切在很宽范围内与频率的变化无关，受温度的影响小，介电强度随温度上升而有所增加，这是其他介质材料所难以具备的。该电容器性能好、价格中等，多用于交流电路中。

（2）无机介质电容器。

无机介质电容器指陶瓷电容器、云母电容器、玻璃膜电容器等。

云母电容器主要特点是：介质损耗小，耐热性好、化学性能稳定，有较高的机械强度，固有电感小，常用于较高频率的电路，但它的价格较高。

瓷介电容器介质损耗小，电容量随温度、频率、电压和时间的变化小，即稳定性高。主要用于高频电路，其容量范围不大。瓷介电容器有低压低功率和高压高功率之分，其结构形式多种多样，有圆片型、穿芯式和管型。其表面涂有颜色标志表示温度系数的大小。正温系数的电容多用于滤波、旁路、隔直，负温系数的电容多用于振荡电路。温度系数很小的电容可用于精密仪表中。

独石电容器是瓷介电容器的一种，它使瓷介电容器进一步小型化。穿芯电容器是管型瓷介电容器的一种变形，多用于高频电路。玻璃釉电容器制造工艺和独石电容器相似，也是独石结构，它具有瓷介电容器的优点。由于玻璃釉的介质常数大，所以体积比同容量的瓷介电容小。其介电常数在很宽的范围内保持不变，并且有很高的品质因数，使用温度高。

玻璃膜电容器的制造工艺和玻璃釉电容相似，发展玻璃膜电容器是为了代替云母电容器。由于玻璃的成分可以根据需要灵活改变，它的使用适应性强。而且按独石结构制造，主防潮性、抗振性、电容稳定性均高于云母电容，可工作于 200 °C 的温度。

（3）电解电容器。

电解电容器可分为两大类：铝电解电容和钽、铌电解电容。

电解电容的优点是电容量大，尤其是电压低时尤为突出；在工作过程中可以自动修补氧化膜，具有一定自愈能力；可耐非常高的场强，工作场强高于其他电容器。铝电解电容价格便宜，适于各种用途。而钽电解电容器可靠性高、性能好，但价格较高，适用于高性能指标的电子设备。

电解电容的缺点：一般电解电容均有极性，使用时接错有损坏的危险。电解电容工作电压有一定的上限值，如铝电解电容的最高额定电压为 500 V；液体钽电解电容最高可达 160 V；固体钽电容最高只有 63 V。电解电容的绝缘质量较差，一般用漏电流的大小来表示，但钽电解电容比铝电解电容要好得多。电解电容的损耗角正切较大，而且当温度和频率改变时，其电性能变化也大一些。

固体钽电容承受冲击大电流的能力差，而铝电解电容在长期搁置后再用时不宜立即施加额定电压。固体钽电电解电容比铝电解电容容量略高，其体积比铝电解电容要小，其容量和 tg 的频率特性在电解电容中为最佳。固体钽电解电容的漏电流用微安计算（高压铝电解电容用毫安计算），其电容量和温度特性在电解电容中也是最好的。固体钽电容没有漏液和产生气体导致爆炸的危险，但它的价格较高。

（4）可变电容器。

可变电容器是通过改变电极片面积引起电容量值的变化，电极片由定片和动片组成，它所使用的电介质有空气、塑料薄膜、陶瓷、云母等。

空气可变电容器具有制造容易、精度高、性能稳定、高频性能好、旋转摩擦损耗小，无静电噪声等优点。但由于空气介质电容率小，因此带来体积大、重量重、容易引起机震的缺点。为了弥补这个缺点，在定片上敷贴一层塑料薄膜介质，可以制成小型化高性能空气薄膜可变电容器。

塑料薄膜可变电容器以塑料薄膜为介质，主要特点是体积小、重量轻、价格便宜。

尤其是用蒸发法形成介质的薄膜可变电容器，适于制成大型大容量电容。该电容的缺点是容易产生静态噪声、温度变化时性能不稳定、电容量精度较差。

（5）微调电容器。

微调电容器可分为薄膜微调电容器、陶瓷微调电容器、云母微调电容器以及玻璃微调电容器等。

薄膜微调电容器使用原材料价格便宜，便于大量生产，主要应用于收音机等民用产品。陶瓷微调电容器的特点是：体积小、容量大、电容量呈直线变化；调整方便，调整后的电容量漂移小；耐冲击、振动性能好；由温度、湿度变化引起的电容量和特性变化小；长期使用后仍有很高的可靠性。

云母微调电容器的特点是：属于小型大容量电容，耐高温性能良好；密封型云母可变电容的性能不受湿度变化影响，介质损耗小；电容量的稳定性好。

玻璃微调电容器以圆筒形的玻璃为介质，用调节螺钉移动玻璃内部的活塞型电极来改变电容量。广泛应用于对可靠性要求高的卫星通信、航空通信、广播发射机等，尤其适合在环境恶劣的条件下使用。其特点是：玻璃介质和可动电极（活塞）是精密加工而成的零件组合，调节机构具有自锁结构，故调节的精度高、Q 值高、高频特性优异；玻璃管与动电极之间无间隙，使用寿命长；使用温度范围广，在经过温度和湿度试验后，容量恢复特性好；体积小、可变容量范围广、抗冲击振动性能好。

1.4.3 电感器

电感器是用金属导线（漆包线、纱包线或镀银导线）绕在绝缘管上而制成的。在线圈绝缘管芯内装有导磁材料（如铁氧体、硅钢片等），组成了各种高频扼流圈、低频扼流圈、固定扼流圈、可变扼流圈、变压器、互感器等以适应不同的使用场合。

电感线圈是组成电子电路的基本元件之一，可以在交流电路里做阻流、降压、负载等作用。当电感线圈和电容相配合时，可用做调谐、滤波、选频、分频、退耦等用途。

1.4.3.1 电感器的主要技术指标

（1）电感量。

在没有非线性导磁物质存在的条件下，一个载流线圈的磁通量与线圈中的电流成正比，其比例常数称为自感系数，用 L 表示，简称为电感。即

$$L=\frac{\Phi}{I}$$

式中：Φ——磁通量；I——电流强度。

（2）固有电容。

线圈各层、各匝之间、绕组与底板之间都存在着分布电容，统称为电感器的固有电容。

（3）品质因数。

电感线圈的品质因数定义为

$$Q = \frac{\omega L}{R}$$

式中：ω——工作角频率；L——线圈电感量；R——线圈的总损耗电阻。

（4）额定电流：线圈中允许通过的最大电流。

（5）线圈的损耗电阻：线圈的直流损耗电阻。

1.4.3.2　电感器电感量的标识方法

（1）直标法。

单位 H（亨利）、mH（毫亨）、μH（微亨）。

（2）数码标识法。

方法与电容器的标识方法相同。

（3）色码标识法。

这种标识法也与电阻器的色标法相似，色码一般有四种颜色，前两种颜色为有效数字，第三种颜色为倍率，单位为μH，第四种颜色是误差位。

1.4.3.3　常用电感器简介

常见的电感器包括固定电感器、高频阻流圈、低频阻流圈、天线线圈、振荡线圈、可调磁芯线线圈、磁芯线圈、偏转线圈等。

其中固定电感器的电感量用色环标识，以示与其他电感器的区别，所以也称为色码电感器。虽然目前固定电感器大多是把电感量直接在电感器体上标出，但习惯上还是称为色码电感器。色码电感器具有体积小、重量轻、结构牢固和安装方便等优点，因而广泛应用于电视机、录像机、录音机等电子设备的滤波、陷波、扼流、振荡、延迟等电路中。

固定电感器导将线圈绕制在软磁铁氧体的基体上构成的，这样能获得比空心线圈更大的电感量和较大的 Q 值。固定电感器有卧式和立式两种，电感器的外表涂有环氧树脂或其他的包割材料作为保护层。表 1.4.11 列出一些常见的固定电感器型号及性能。

表 1.4.11　固定电感器型号及性能

型号	外形尺寸系列	电流组别	电感量范围
LG1，LCX（卧式）	ϕ5，ϕ6，ϕ8，ϕ10，ϕ15	A 组	10 μH ~ 10 mH
		B 组	1000 μH ~ 820 mH
		C 组	1 μH ~ 820 mH
		E 组	0.1 μH ~ 560 mH
LG400（立式）	ϕ13	D 组	10 μH ~ 820 mH
LG402（立式）	ϕ9	A 组	10 μH ~ 820 mH
LG404（立式）	ϕ5，ϕ8，ϕ18	A 组	10 μH ~ 82 mH
		D 组	10 μH ~ 820 mH

表中，A 组、B 组、C 组、D 组、E 组分别表示最大直流工作电流为 50 mA、150 mA、

300 mA、700 mA、1 600 mA。电感量允许用Ⅰ、Ⅱ、Ⅲ表示，分别为±5%，±10%，±20%。

1.4.4 二极管

半导体二极管由 PN 结加上引出线和管壳构成。普通二极管主要完成整流、限幅、检波等功能；稳压管主要进行稳压；发光二极管主要把电信号转化为光信号；光敏二极管主要是把光信号转化为电信号。

1.4.4.1 二极管的主要性能指标

（1）最大整流电流。

最大整流电流指极管长期运行时允许通过的最大正向平均电流。电流通过 PN 结要引起极管发热，电流太大，发热量超过限度，就会使 PN 结烧坏。例如，2APl 最大整流电流为 16 mA。

（2）反向击穿电压。

反向击穿电压指极管反向击穿时的电压值。击穿时，反向电流剧增，二极管的单向导电性被破坏甚至因过热而烧坏。一般手册上给出的最高反向工作电压约为击穿电压的一半，以确保极管安全运行。例如，2APl 最高反向电压规定为 20 V，而反向击穿电压实际上大于 40 V。

（3）反向电流。

反向电流指二极管未击穿时的反向电流，其值愈小，则极管的单向导电性愈好。由于温度增加反向电流会急剧增加，所以在使用二极管时要注意温度的影响。

（4）极间电容。

① 势垒电容 C_n。

PN 结交界处形成的势垒区，是积累空间电荷的区域，当 PN 结两断电压改变时，就会引起积累 PN 结的空间电荷的改变，从而显示出 PN 结的电容效应。所以，PN 结的势垒电容是用来描述垒区的空间电荷变化而产生的电容效应。

② 扩散电容 C_d。

PN 结的正向电流是由 P 区空穴和 N 区电子的相互扩散造成的，为了要使 P 区形成扩散电流，注入的少数载流子电子沿 P 区必须有浓度差，在结的边缘处浓度大，离结远的地方浓度小，也就是在 P 区有电子的积累。同理，在 N 区也有空穴的积累。当 PN 结正向电压加大时，就会有更多的载流子积累。反之，积累在 P 区的电子或 N 区的空穴就要相对减小，这样就相应地要有载流子的“冲入”和“放出”。因此，积累在 P 区的电子或 N 区的空穴随外加电压的变化就构成了 PN 结的扩散电容 C_d，它反映了在外加电压作用下载流子在扩散过程中积累的情况。

1.4.4.2 常用半导体二极管的主要参数

1. 普通的半导体二极管

部分普通半导体二极管的参数见表 1.4.12。

表 1.4.12　部分普通半导体二极管的参数

类型	型　号	最大整流电流/mA	正向电流/mA	正向压降（在左栏电流值下）/V	反向击穿电压/V	最高反向工作电压/V	反向电流/μA	零偏压电容/pF	反向恢复时间/ns
普通检波二极管	2AP9	≤16	≥2.5	≤1	≥40	20	≤250	≤1	f_H（MHz）150
	2AP7		≥5		≥150	100			
	2AP11	≤25	≥10	≤1		≤10	≤250	≤1	f_H（MHz）40
	2AP17	≤15	≥10			≤100			
锗开关二极管	2AK1		≥150	≤1	30	10		≤3	≤200
	2AK2				40	20			
	2AK5		≥200	≤0.9	60	40		≤2	≤150
	2AK10		≥10	≤1	70	50		≤2	≤150
	2AK13				60	40			
	2AK14		≥250	≤0.7	70	50			
硅开关二极管	2CK70A ~ E		≥10	≤0.8	A≥30 B≥45 C≥60 D≥75 E≥90	A≥20 B≥30 C≥40 D≥50 E≥60		≤1.5	≤3
	2CK71A ~ E		≥20						≤4
	2CK72A ~ E		≥30					≤1	≤5
	2CK73A ~ E		≥50	≤1					
	2CK74A ~ D		≥100						
	2CK75A ~ D		≥150						
	2CK76A ~ D		≥200						
整流二极管	2CZ52B ~ H	2	0.1	≤1		25 ~ 600			同 2AP 普通二极管
	2CZ53B ~ M	6	0.3	≤1		50 ~ 1000			
	2CZ54B ~ M	10	0.5	≤1		50 ~ 1000			
	2CZ55B ~ M	20	1	≤1		50 ~ 1000			
	2CZ56B ~ B	65	3	≤0.8		25 ~ 1000			
	1N4001 ~ 4007	30	1	1.1		50 ~ 1000	5		
	1N5391 ~ 5399	50	1.5	1.4		50 ~ 1000	10		
	1N5400 ~ 5408	200	3	1.2		50 ~ 1000	10		

2. 常用整流桥的主要参数

几种单项桥式整流器的参数见表 1.4.13。

3. 常用稳压二极管的主要参数

部分稳压二极管的主要参数见表 1.4.14。

表 1.4.13　几种单相桥式整流器的参数

型号	不重复正向浪涌电流/A	整流电流/A	正向电压降/V	反向漏电/μA	反向工作电压/V	最高工作结温/°C
QL1	1	0.05	≤1.2	≤10	常见的分挡为：25,50,100,200,400，500，600，700，800，900，1000	130
QL2	2	0.1				
QL4	6	0.3				
QL5	10	0.5				
QL6	20	1				
QL7	40	2		≤15		
QL8	60	3				

表 1.4.14　部分稳压二极管的主要参数

型　号	工作电流为稳定电流	稳定电压下	环境温度<50 °C		稳定电流下	稳定电流下	环境温度<10°C
	稳定电压/V	稳定电流/mA	最大稳定电流/mA	反向漏电流	动态电阻/Ω	电压温度系数/（10^{-4}/°C）	最大耗散功率/W
2CW51	2.5 ~ 3.5	10	71	≤5	≤60	≥-9	0.25
2CW52	3.2 ~ 4.5		55	≤2	≤70	≥-8	
2CW53	4 ~ 5.8		41	≤1	≤50	-6 ~ 4	
2CW54	5.5 ~ 6.5		38	≤0.5	≤30	-3 ~ 5	
2CW56	7 ~ 8.8		27		≤15	≤7	
2CW57	8.5 ~ 9.8		26		≤20	≤8	
2CW59	10 ~ 11.8	5	20		≤30	≤9	
2CW60	11.5 ~ 12.5		19		≤40	≤9	
2CW103	4 ~ 5.8	50	165	≤1	≤20	-6 ~ 4	1
2CW110	11.5 ~ 12.5	20	76	≤0.5	≤20	≤9	
2CW113	16 ~ 19	10	52	≤0.5	≤40	≤11	
2CW1A	5	30	240		≤20		1
2CW6C	15	30	70		≤8		1
2CW7C	6.0 ~ 6.5	10	30		≤10	0.05	0.2

1.4.5　晶体管

晶体管的种类与型号较多。根据载流子的不同，分为双极型晶体管和场效应管。它们又分别分为 NPN 型和 PNP 型晶体管或结型场效应管和绝缘栅型场效应管。它们的共同特点都是具有电流放大作用。

1.4.5.1　三极管的主要参数

1. 电流放大系数

三极管在共射极接法的电流放大系数，根据工作状态的不同，在直流和交流两种情况下分别用符号 β，$\bar{\beta}$ 表示。三极管集电极的直流电流 I_C 与基极的直流电流 I_B 的比值，就是三极管接共射极电路时的直流电流放大系数，β 有时可用 h_{FE} 来代表。

由于三极管特性曲线的非线性。β 也和工作点有关，只有在特性曲线的线性部分，β 才可以认为是基本恒定的。在三极管的输出特性曲线间距基本相等并忽略 I_{CEO} 的情况下，β 和 $\bar{\beta}$ 是相等的。

由于制造工艺的分散性，即使同型号的极管，它的 β 值也有差异，常用的三极管的 β 值在 10 ~ 100。

2. 极间反向电流

（1）I_{CEO} 指发射极开路时，集电极、基极间的反向饱和电流。

（2）I_{CE} 指基极开路时，集电极、发射极间的穿透电流，它是 I_{CBO} 的（$1+\beta$）倍。选用极管时，一般希望极间反向电流影响小。硅管的反向电流比锗管的小。

3. 极限参数

（1）集电极最大允许功耗 P_{CM}。

这个参数决定于极管的温度，使用时不能超过，而且要注意散热条件（极管使用的上限温度硅管约为 150 °C，锗管约为 70 °C）。

（2）集电极最大电流 I_{CM}。

I_{CM} 是指三极管的参数变化不超过允许值时集电极的最大电流。当电流超过 I_{CM} 时，极管性能将显著下降，甚至有烧坏的可能。

（3）反向击穿电压。

三极管的两个 PN 结，如反向电压超过规定值，也就发生击穿，其击穿原理和二极管类似，但三极管的击穿电压不仅与其本身特性有关，而且还取决于外部电路的接法，常用的有：

$U_{(BR)EBO}$ 是指集电极开路时发射极-基极间的反向击穿电压。在放大状态时，发射结是正偏的。而在某些场合，发射结就有可能受到较大的反向电压，所以要考虑发射结击穿电压的大小，$U_{(BR)EBO}$ 就是发射结本身的击穿电压。

$U_{(BR)CBO}$ 是指发射极开路时集电极-基极间的反向击穿电压，它决定于集电结的雪崩击穿电压，其数值较高。

$U_{(BR)CEO}$ 是指基极开路时集电极-发射极间的反向击穿电压。这个电压的大小与晶体管的穿透电流 I_{CEO} 直接相联系，当极管的 U_{CE} 增加时，I_{CEO} 明显增大，导致集电结雪崩击穿。

1.4.5.2　场效应管的主要参数

（1）夹断电压 U_P。

当 U_{DS} 为某一固定数值，使 I_{DS} 等于某一微小电流时，栅极上所加的偏压 U_{GS} 就是夹

断电压 U_P。

（2）饱和漏电流 I_{DSS}。

在源、栅极短路条件下，漏源间所加的电压大于 U_P 时的漏极电流称为 I_{DSS}。

（3）击穿电压 U_{DS}。

表示漏、源极间所能承受的最大电压，即漏极饱和电流开始上升进入击穿区时对应的 U_{DS}。

（4）直流输入电阻 R_{GS}。

在一定的栅源电压下，栅、源之间的直流电阻，这一特性是以流过栅极的电流来表示的。结型场效应管的 R_{GS} 可达 $10^9\ \Omega$，而绝缘栅场效应管的 R_{GS} 可超过 $10^{13}\ \Omega$。

（5）低频跨导 g_m。

漏极电流的微变量与引起这个变化的栅源电压微变量之比，称为跨导，即 $g_m=\Delta I_D/\Delta U_{GS}$，它是衡量场效应管栅源电压对漏极电流控制能力的一个参数，也是衡量放大作用的重要参数，此参数常以栅源电压变化 1V 时，漏极相应变化多少微安（μA/V）或毫安（mA/V）来表示。

1.4.5.3 常用半导体晶体管的主要技术指标

1. 3AX51（3AX31）型 PNP 型锗低频小功率晶体管

3AX51（3AX31）型半导体晶体管的参数见表 1.4.15。

表 1.4.15 3AX51（3AX31）型半导体晶体管的参数

原型号		3AX31				测试条件
新型号		3AX51A	3AX51B	3AX51C	3AX51D	
极限参数	P_{CM}/mW	100	100	100	100	T_a=25 °C
	I_{CM}/mA	100	100	100	100	
	T_{jM}/°C	75	75	75	75	
	BU_{CBO}/V	≥30	≥30	≥30	≥30	I_C=1 mA
	BU_{CEO}/V	≥12	≥12	≥18	≥24	I_C=1 mA
直流参数	I_{CBO}/μA	≤12	≤12	≤12	≤12	U_{CB}=−10 V
	I_{CEO}/μA	≤500	≤500	≤300	≤300	U_{CE}=−6 V
	I_{EBO}/μA	≤12	≤12	≤12	≤12	U_{EB}=−6 V
	h_{FE}	40 ~ 150	40 ~ 150	30 ~ 100	25 ~ 70	U_{CE}=−1 V I_C=50 mA
交流参数	f_α/kHz	≥500	≥500	≥500	≥500	U_{CB}=−6 V I_E=1 mA
	N_F/dB	—	≤8	—	—	U_{CB}=−2 V I_E=0.5 mA f=1 kHz

续表

原型号		3AX31				测试条件
新型号		3AX51A	3AX51B	3AX51C	3AX51D	
交流参数	h_{ie}/kΩ	0.6 ~ 4.5	0.6 ~ 4.5	0.6 ~ 4.5	0.6 ~ 4.5	U_{CB}=−6 V I_E=1 mA f=1 kHz
	h_{re}/×10	≤2.2	≤2.2	≤2.2	≤2.2	
	h_{oe}/μs	≤80	≤80	≤80	≤80	
	h_{fe}	−	−	−	−	
h_{FE} 色标分档		（红）25 ~ 60；（绿）50 ~ 100；（蓝）90 ~ 150				
管　脚		B E C				

2. 3AX81 型 PNP 型锗低频小功率晶体管

3AX81 型 PNP 型锗低频小功率晶体管的参数见表 1.4.16。

表 1.4.16　3AX81 型 PNP 型锗低频小功率晶体管的参数

型　号		3AX81A	3AX81B	测试条件
极限参数	P_{CM}/mW	200	200	
	I_{CM}/mA	200	200	
	T_{jM}/°C	75	75	
	BU_{CBO}/V	−20	−30	I_C=4 mA
	BU_{CEO}/V	−10	−15	I_C=4 mA
	BU_{EBO}/V	−7	−10	I_E=4 mA
直流参数	I_{CBO}/μA	≤30	≤15	U_{CB}=−6 V
	I_{CEO}/μA	≤1000	≤700	U_{CE}=−6 V
	I_{EBO}/μA	≤30	≤15	U_{EB}=−6 V
	U_{BES}/V	≤0.6	≤0.6	U_{CE}=−1 V I_C=175 mA
	U_{CES}/V	≤0.65	≤0.65	U_{CE}=U_{BE} U_{CB}=0 I_C=200 mA
	h_{FE}	40 ~ 270	40 ~ 270	U_{CE}=−1 V I_C=175 mA
交流参数	$f_β$/kHz	≥6	≥8	U_{CB}=−6 V I_E=10 mA
h_{FE} 色标分档		（黄）40 ~ 55　（绿）55 ~ 80　（蓝）80 ~ 120　（紫）120 ~ 180 （灰）180 ~ 270　（白）270 ~ 400		
管　脚		B E C		

3. 3BX31 型 NPN 型锗低频小功率晶体管

3BX31 型 NPN 型锗低频小功率晶体管的参数见表 1.4.17。

表 1.4.17　3BX31 型 NPN 型锗低频小功率晶体管的参数

型　号		3BX31M	3BX31A	3BX31B	3BX31C	测 试 条 件
极限参数	P_{CM}/mW	125	125	125	125	T_a=25 °C
	I_{CM}/mA	125	125	125	125	
	T_{jM}/°C	75	75	75	75	
	BU_{CBO}/V	−15	−20	−30	−40	I_C=1 mA
	BU_{CEO}/V	−6	−12	−18	−24	I_C=2 mA
	BU_{EBO}/V	−6	−10	−10	−10	I_E=1 mA
直流参数	I_{CBO}/μA	≤25	≤20	≤12	≤6	U_{CB}=6 V
	I_{CEO}/μA	≤1000	≤800	≤600	≤400	U_{CE}=6 V
	I_{EBO}/μA	≤25	≤20	≤12	≤6	U_{EB}=6 V
	U_{BES}/V	≤0.6	≤0.6	≤0.6	≤0.6	U_{CE}=6 V I_C=100 mA
	U_{CES}/V	≤0.65	≤0.65	≤0.65	≤0.65	U_{CE}=U_{BE} U_{CB}=0 I_C=125 mA
	h_{FE}	80 ~ 400	40 ~ 180	40 ~ 180	40 ~ 180	U_{CE}=1 V I_C=100 mA
交流参数	f_β/kHz	—	–	≥8	f_α≥465	U_{CB}=−6 V I_E=10 mA
h_{FE} 色标分档		（黄）40 ~ 55　（绿）55 ~ 80　（蓝）80 ~ 120 （紫）120 ~ 180　（灰）180 ~ 270　（白）270 ~ 400				
管　脚		B E　C				

4. 3DG100（3DG6）型 NPN 型硅高频小功率晶体管

3DG100（3DG6）型 NPN 型硅高频小功率晶体管的参数见表 1.4.18。

表 1.4.18　3DG100（3DG6）型 NPN 型硅高频小功率晶体管的参数

原型号		3DG6				测试条件
新型号		3DG100A	3DG100B	3DG100C	3DG100D	
极限参数	P_{CM}/mW	100	100	100	100	
	I_{CM}/mA	20	20	20	20	
	BU_{CBO}/V	≥30	≥40	≥30	≥40	I_C=100 μA
	BU_{CEO}/V	≥20	≥30	≥20	≥30	I_C=100 μA
	BU_{EBO}/V	≥4	≥4	≥4	≥4	I_E=100 μA

续表

原型号		3DG6				测试条件
新型号		3DG100A	3DG100B	3DG100C	3DG100D	
直流参数	$I_{CBO}/\mu A$	≤0.01	≤0.01	≤0.01	≤0.01	U_{CB}=10 V
	$I_{CEO}/\mu A$	≤0.1	≤0.1	≤0.1	≤0.1	U_{CE}=10 V
	$I_{EBO}/\mu A$	≤0.01	≤0.01	≤0.01	≤0.01	U_{EB}=1.5 V
	U_{BES}/V	≤1	≤1	≤1	≤1	I_C=10 mA I_B=1 mA
	U_{CES}/V	≤1	≤1	≤1	≤1	I_C=10 mA I_B=1 mA
	h_{FE}	≥30	≥30	≥30	≥30	U_{CE}=10 V I_C=3 mA
交流参数	f_T/MHz	≥150	≥150	≥300	≥300	U_{CB}=10 V I_E=3 mA f=100 MHz R_L=5 Ω
	K_P/dB	≥7	≥7	≥7	≥7	U_{CB}=−6 V I_E=3 mA f=100 MHz
	C_{ob}/pF	≤4	≤4	≤4	≤4	U_{CB}=10 V I_E=0
h_{FE} 色标分档		（红）30～60 （绿）50～110 （蓝）90～160 （白）>150				
管　脚		B E C				

5. 3DG130（3DG12）型 NPN 型硅高频小功率晶体管

3DG130（3DG12）型 NPN 型硅高频小功率晶体管的参数见表 1.4.19。

表 1.4.19　3DG130（3DG12）型 NPN 型硅高频小功率晶体管的参数

原 型号		3DG12				测 试 条 件
新型号		3DG130A	3DG130B	3DG130C	3DG130D	
极限参数	P_{CM}/mW	700	700	700	700	
	I_{CM}/mA	300	300	300	300	
	BU_{CBO}/V	≥40	≥60	≥40	≥60	I_C=100 μA
	BU_{CEO}/V	≥30	≥45	≥30	≥45	I_C=100 μA
	BU_{EBO}/V	≥4	≥4	≥4	≥4	I_E=100 μA
直流参数	$I_{CBO}/\mu A$	≤0.5	≤0.5	≤0.5	≤0.5	U_{CB}=10 V
	$I_{CEO}/\mu A$	≤1	≤1	≤1	≤1	U_{CE}=10 V
	$I_{EBO}/\mu A$	≤0.5	≤0.5	≤0.5	≤0.5	U_{EB}=1.5 V
	U_{BES}/V	≤1	≤1	≤1	≤1	I_C=100 mA I_B=10 mA

续表

原型号		3DG12				测试条件
新型号		3DG130A	3DG130B	3DG130C	3DG130D	
直流参数	U_{CES}/V	≤0.6	≤0.6	≤0.6	≤0.6	I_C=100 mA I_B=10 mA
	h_{FE}	≥30	≥30	≥30	≥30	U_{CE}=10 V I_C=50 mA
交流参数	f_T/MHz	≥150	≥150	≥300	≥300	U_{CB}=10 V I_E=50 mA f=100 MHz R_L=5 Ω
	K_P/dB	≥6	≥6	≥6	≥6	U_{CB}=–10 V I_E=50 mA f=100 MHz
	C_{ob}/pF	≤10	≤10	≤10	≤10	U_{CB}=10 V I_E=0
h_{FE}色标分档		（红）30～60 （绿）50～110 （蓝）90～160 （白）>150				
管脚		B E C				

6. 9011～9018塑封硅晶体管

9011～9018塑封硅晶体管的参数见表1.4.20。

表1.4.20　9011～9018塑封硅晶体管的参数

型号		（3DG）9011	（3CX）9012	（3DX）9013	（3DG）9014	（3CG）9015	（3DG）9016	（3DG）9018
极限参数	P_{CM}/mW	200	300	300	300	300	200	200
	I_{CM}/mA	20	300	300	100	100	25	20
	BU_{CBO}/V	20	20	20	25	25	25	30
	BU_{CEO}/V	18	18	18	20	20	20	20
	BU_{EBO}/V	5	5	5	4	4	4	4
直流参数	I_{CBO}/μA	0.01	0.5	0，5	0.05	0.05	0.05	0.05
	I_{CEO}/μA	0.1	1	1	0.5	0.5	0.5	0.5
	I_{EBO}/μA	0.01	0.5	0，5	0.05	0.05	0.05	0.05
	U_{CES}/V	0.5	0.5	0.5	0.5	0.5	0.5	0.35
	U_{BES}/V		1	1	1	1	1	1
	h_{FE}	30	30	30	30	30	30	30

续表

型号		(3DG) 9011	(3CX) 9012	(3DX) 9013	(3DG) 9014	(3CG) 9015	(3DG) 9016	(3DG) 9018
交流参数	f_T/MHz	100			80	80	500	600
	C_{ob}/pF	3.5			2.5	4	1.6	4
	K_P/dB							10
h_{FE} 色标分档		(红)30 ~ 60 (绿)50 ~ 110 (蓝)90 ~ 160 (白)>150						
管脚		E B C						

1.4.5.4 常用场效应管主要技术指标

常用场效应晶体管主要技术指标见表 1.4.21。

表 1.4.21 常用场效应晶体管主要技术指标

参数名称	N 沟道结型				MOS 型 N 沟道耗尽型		
	3DJ2	3DJ4	3DJ6	3DJ7	3D01	3D02	3D04
	D ~ H	D ~ H	D ~ H	D ~ H	D ~ H	D ~ H	D ~ H
饱和漏源电流 I_{DSS}/mA	0.3 ~ 10	0.3 ~ 10	0.3 ~ 10	0.35 ~ 1.8	0.35 ~ 10	0.35 ~ 25	0.35 ~ 10.5
夹断电压 U_{GS}/V	<|1 ~ 9|	<|1 ~ 9|	<|1 ~ 9|	<|1 ~ 9|	⩽|1 ~ 9|	⩽|1 ~ 9|	⩽|1 ~ 9|
正向跨导 g_m/μV	>2000	>2000	>1000	>3000	⩾1000	⩾4000	⩾2000
最大漏源电压 BU_{DS}/V	>20	>20	>20	>20	>20	>12 ~ 20	>20
最大耗散功率 P_{DNI}/mW	100	100	100	100	100	25 ~ 100	100
栅源绝缘电阻 r_{GS}/Ω	$\geqslant 10^8$	$\geqslant 10^8$	$\geqslant 10^8$	$\geqslant 10^8$	$\geqslant 10^8$	$\geqslant 10^8 \sim 10^9$	⩾100
管脚	D S G						

1.4.5.5 我国半导体分立器件的命名法

我国半导体分立器件的命名法见表 1.4.22。

表 1.4.22　我国半导体分立器件的命名法

第一部分		第二部分		第三部分				第四部分	第五部分
用数字表示器件电极的数目		用汉语拼音字母表示器件的材料和极性		用汉语拼音字母表示器件的类型				用数字表示器件序号	用汉语拼音表示规格的区别代号
符号	意义	符号	意义	符号	意义	符号	意义		
2	二极管	A	N 型，锗材料	P	普通管	D	低频大功率管（f_α<3 MHz，P_C≥1 W）		
		B	P 型，锗材料	V	微波管				
		C	N 型，硅材料	W	稳压管	A	高频大功率管（f_α≥3 MHz P_C≥1 W）		
		D	P 型，硅材料	C	参量管				
				Z	整流管				
3	晶体管	A	PNP 型，锗材料	L	整流堆	T	半导体闸流管（可控硅整流器）		
		B	NPN 型，锗材料	S	隧道管	Y	体效应器件		
				N	阻尼管	B	雪崩管		
		C	PNP 型，硅材料	U	光电器件	J	阶跃恢复管		
						CS	场效应器件		
				K	开关管	BT	半导体特殊器件		
		D	NPN 型，硅材料	X	低频小功率管（f_α<3 MHz，P_C<1 W）	FH	复合管		
						PIN	PIN 型管		
		E	化合物材料	G	高频小功率管（f_α≥3 MHz P_C<1 W）	JG	激光器件		

图 1.4.6 为半导体器件命名示例。

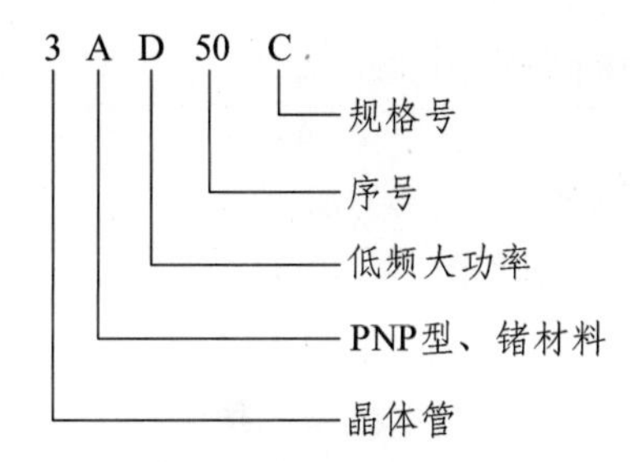

（a）锗材料 PNP 型低频大功率晶体管

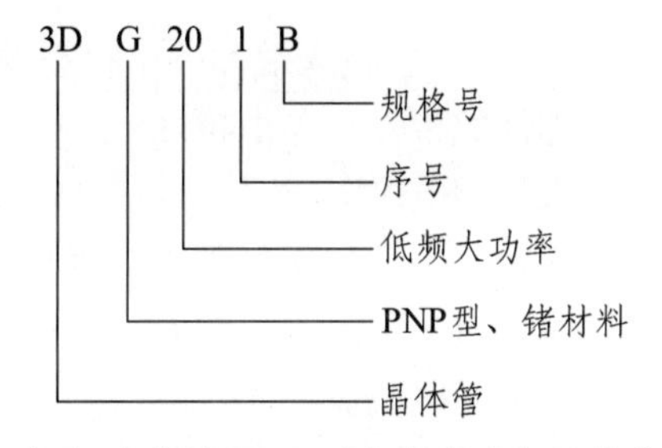

（b）硅材料 NPN 型高频小功率晶体管

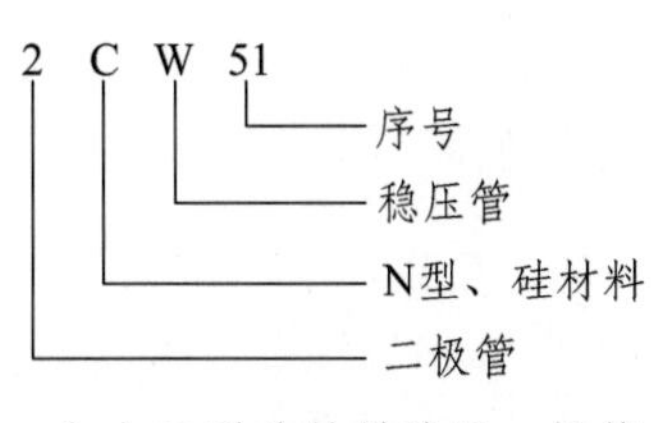

（c）N 型硅材料稳压二极管

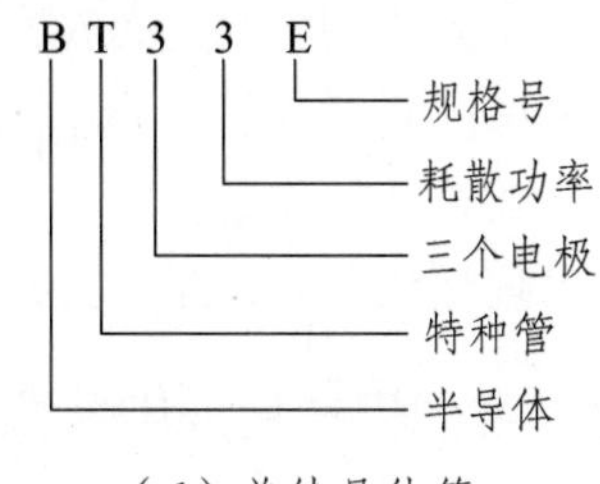

（d）单结晶体管

图 1.4.6 半导体器件命名示例

1.4.6 集成运算放大器

把电路的各个元件及相互之间的连接同时制造在一块半导体芯片上，组成一个不可分割的整体。它的内部元器件组成一个高增益的、带有深度负反馈的、直接耦合的集成的多级放大器。由于集成电路的芯片面积小、集成度高，所以功耗很小，在毫瓦以下；由于减少了电路的焊接点而提高了工作的可靠性，价格便宜。集成运算放大器在实际的电路设计中得到了广泛的应用。其符号如图 1.4.7 所示。

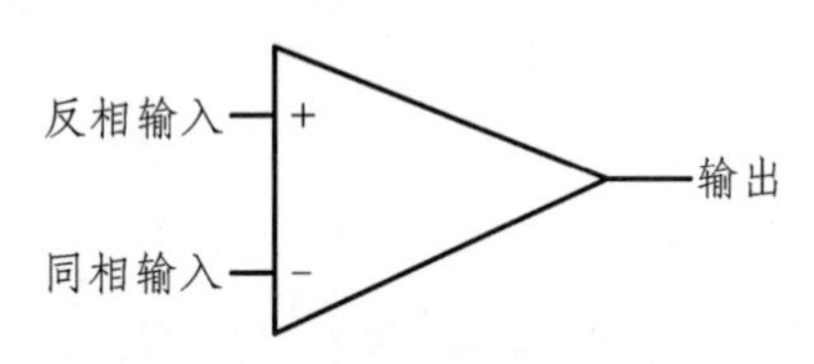

图 1.4.7 集成运算放大器的符号

1.4.6.1 集成运算放大器的主要参数

（1）最大输出电压 U_{opp}。

使输出电压和输入电压保持不失真关系的输出电压的峰-峰值，称为最大输出电压。

（2）开环电压放大倍数 A_{uo}。

无外接反馈电路时所测出的差模电压放大倍数。A_{uo} 越大，电路稳定性越高，运算精度越高。一般 A_{uo} 在 80 ~ 140 dB，高增益运放可达 140 dB 以上。

（3）输入失调电压 U_{IO}。

理想运放：当 $U_{i1}=U_{i2}=0$ 时，有 $U_o=0$；

实际运放（如制造时元件参数不对称等原因）：当 $U_{i1}=U_{i2}=0$ 时，$U_o\neq0$。

若使 U_o=0 时，在输入端加一个很小的补偿电压称输入失调电压 U_{IO}，它是表征运放内部电路对称性的指标，越小越好。

（4）输入失调电流 I_{IO}。

在零输入时，差分输入级的差分对管基极电流之差。用于表征差分级输入电流不对称的程度。典型值：零点零几微安，越小越好。

（5）输入偏置电流 I_{IB}。

输入电压为零时，运放两个输入端偏置电流的平均值。用于衡量差分放大对管输入电流的大小。典型值：零点几微安，越小越好。

（6）共模电压输入范围 U_{ICM}。

在保证运放正常工作条件下，共模输入电压的允许范围。共模电压超过此值时，输入差分对管出现饱和，放大器失去共模抑制能力。

1.4.6.2　我国模拟集成电路命名方法

模拟集成电路命名方法见表 1.4.23。

表 1.4.23　模拟集成电路命名方法

第一部分		第二部分		第三部分	第四部分		第五部分	
用字母表示器件符合国家标准		用字母表示器件的类型		用阿拉伯数字表示器件的系列和品种代号	用字母表示器件的工作温度范围		用字母表示器件的封装	
符号	意义	符号	意义		符号	意义	符号	意义
C	中国制造	T	TTL		C	0 ~ 70 °C	W	陶瓷扁平
		H	HTL		E	−40 ~ 85 °C	B	塑料扁平
		E	ECL		R	−55 ~ 85 °C	F	全封闭扁平
		C	CMOS				D	陶瓷直插
		F	线性放大器				P	塑料直插
		D	音响、电视电路				J	黑陶瓷直插
		W	稳压器		M ……	−55 ~ 125 °C ……	K	金属菱形
		J	接口电路				T	金属圆形

图 1.4.8 为模拟集成电路命名示例。

1.4.6.3　常用运算放大器管脚图

常用运算放大器管脚图如图 1.4.9 所示。

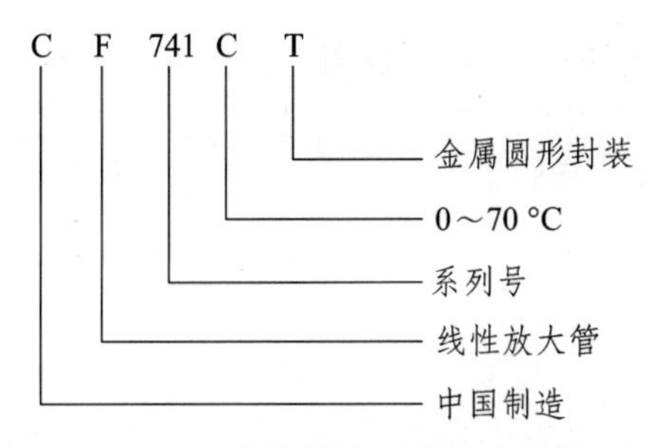

图 1.4.8　模拟集成电路命名示例

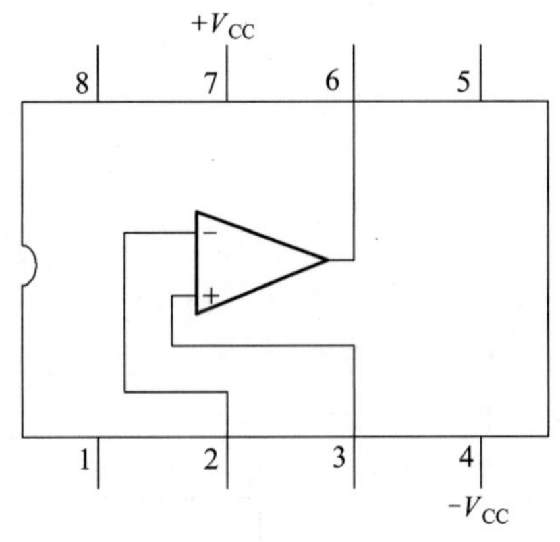

（a）uA471（OP-07）的管脚图（单运放）

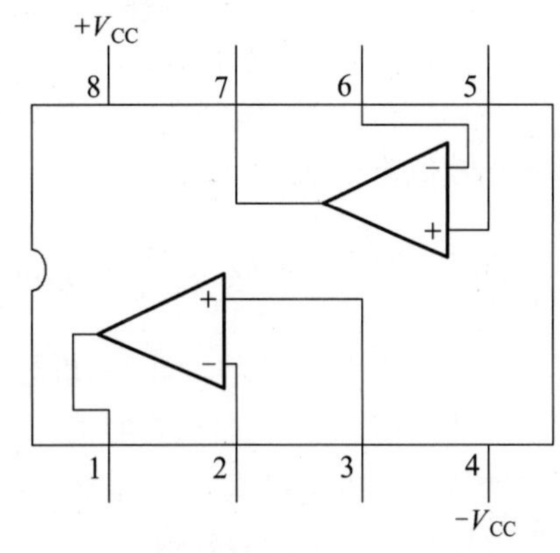

（b）LM358 管脚图（运放）

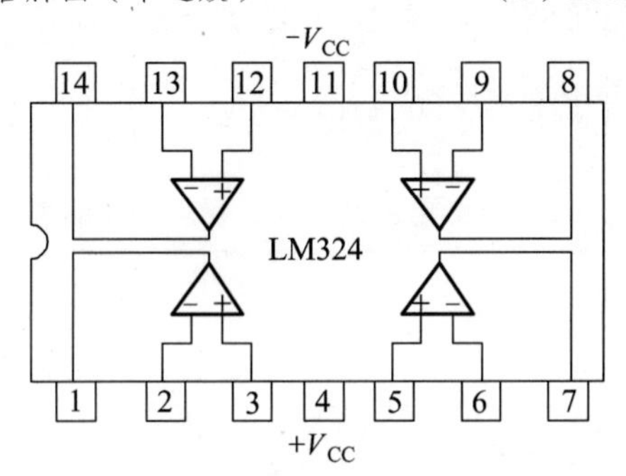

（c）LM324 管脚图（四运放）

图 1.4.9　常用运算放大器管脚图

1.5　电信号基本参数的测量方法

1.5.1　电压的测量方法

电子技术中，电压测量需要注意被测量是直流信号还是交流信号，对于不同的信号，测量方法有所不同，仪表选用也不同。直流电压的大小可用万用表的直流电压挡、万用表的直流电压挡和示波器测得。交流电压可用交流电压表和示波器测量。测量时要根据交流电压的频率范围选择测量仪器仪表。因为不同的仪器仪表有不同的工作频率范围。交流电压信号可用峰-峰值 $U_{\text{p-p}}$、峰值 U_{m}、平均值 $\bar{U}$ 和有效值 U_{o} 表示。对于周期性信号

$U(t)$，其全波整流平均值，可用下式表示，即

$$\bar{U}=\frac{1}{T}\int_0^T|u(t)|\mathrm{d}t \tag{1.5.1}$$

其有效值为

$$U=\sqrt{\frac{1}{T}\int_0^T[u(t)]^2\,\mathrm{d}t} \tag{1.5.2}$$

对于峰值为 U_m 的正弦信号：$u(t)=U_m\sin\omega t$，其全波平均值为

$$\bar{U}=\frac{1}{2\pi}\int_0^{2\pi}|U_m\sin\omega t|\mathrm{d}\omega t=\frac{2U_m}{\pi}=0.636U_m \tag{1.5.3}$$

其有效值为

$$U=\sqrt{\frac{1}{2\pi}\int_0^{2\pi}(U_m\sin\omega t)^2\,\mathrm{d}\omega t}=\frac{U_m}{\sqrt{2}}=0.707U_m \tag{1.5.4}$$

同理，可求出峰值为 U_m 的三角波的平均值为 $U_m/2$，有效值为 $U_m/\sqrt{3}$。由此可见，不同波形的电压，尽管 $U(V)$其峰值相同，但其平均值和有效值是不同的。用示波器可以测得各种波形电压的峰值 U_m。根据 t_0 时刻被测电压的波形和峰值，按表 1.5.1，可求出几种波形电压的平均值和有效值。

例如：用示波器测得三角波峰-峰值 $U_{p\text{-}p}$=20 V，则峰值 U_m=10 V。查表 1.5.1 知有效值为：$U=U_m/\sqrt{3}\approx5.8$ V；平均值为：$\bar{U}=\frac{U_m}{2}=5$ V。

表 1.5.1　几种波形电压有效值、平均值与峰值的关系

波形名称	波 形 图	有效值	整流平均值
正弦波	U_m t	$\frac{U_m}{\sqrt{2}}$	$\frac{2}{\pi}U_m$
半波整流	U_m t	$\frac{U_m}{\sqrt{2}}$	$\frac{1}{\pi}U_m$
全波整流	U_m t	$\frac{U_m}{\sqrt{2}}$	$\frac{2}{\pi}U_m$
三角波	U_m	$\frac{U_m}{\sqrt{3}}$	$\frac{U_m}{2}$
锯齿波	U_m t	$\frac{U_m}{\sqrt{3}}$	$\frac{U_m}{\sqrt{2}}$

续表

波形名称	波 形 图	有效值	整流平均值
方波		U_m	U_m
梯形波		$\sqrt{1-\frac{4\varphi}{3\pi}}\cdot U_m$	$\left(1-\frac{\varphi}{\pi}\right)U_m$
矩形脉冲		$\sqrt{\frac{t_W}{T}}\cdot U_m$	$\frac{t_W}{T}U_m$

用示波器测量信号电压很方便，但有误差，引起误差的主要原因是 y 轴衰减器的误差，荧光线上光迹线较粗，人眼对两光迹线的分辨能力有限以及视差等，误差一般为±5%左右。

用示波器测量正弦波电压时，测量的电压值为有效值。

1.5.2 电流的测量方法

电子技术中，电流测量需要注意被测量是直流信号、电网工频信号或者交流信号，对于不同的信号，测量方法有所不同，仪表选用也不同。

直流电流测量，测量方法即可直接测量，也可采用间接测量。直接测量是将电路断开，把直流电路表串联到被测支路中，由表直接读出结果。适用于测量小电流的情况。此法需要断开电路，既麻烦又容易造成损坏，因而使用受到限制，除非在要求精度的情况下或测量电源的供给电流时才采用。一般情况下，在工程测量中常采用间接测量法，特别是在测量几安培以上的电流时。

间接测量法是利用欧姆定律，通过测量电阻两端的电压换算出被测量电流。当被测支路内有一定电阻可利用时，可通过测量该电阻上的电压，求出电流。此电阻称为取样电阻，如放在电路中的发射极 R_e，可用于测量 I_{eq}。若被测支路无现成电阻可利用时，可以在支路中人为的串接一个取样电阻。当取样电阻串接到被测支路的，这将影响电路的工作状态，所以取值原则是其对被测电路的影响越小越好，一般在 1 ~ 10 Ω。

直流电路测量应选用直流电流表，在实验室常用模拟式或数字万用表的直流电流挡，或专用的直流电流表。由于电流表的内阻较小，很容易由于量程不当，如用小量程挡去测大电流，而烧坏表头或保险丝，所以使用中一定要特别当心。

交流电流的测量，在工作频率较高时，电路或元件受分布参数的影响，电流分布不均匀，无法直接用电流表来测量支路的电流。故而交流电流的测量，除 50 Hz 市电外，一般都采用间接测量方法。由万用表组成原理知道，其交流电流挡是专为测量 50 Hz 市电设计的，频率范围较低（45 ~ 500 Hz），对于 50 Hz 市电可以采用直接测量方法。

用间接测量交流电流时，同直流电流测量一样，需要加取样电阻。取样电阻的选取应注意：当工作频率大于 20 kHz 时，取样电阻不宜采用普通线绕电阻，因为线绕电阻的分布电感，电容已不容忽略，可采用碳膜电阻或金属膜电阻，阻值大小视电路结构而定。

1.5.3　阻抗的测量方法

1. 输入阻抗常用的测量方法

输入阻抗常用的测量方法有两种。测量时应根据输入阻抗的大小选用。

（1）当被测电路的输入阻抗不太高时，可以采用如图 1.5.1（a）所示电路进行测量。在信号发生器与被测电路的输入端之间串联一个已知阻值的电阻 R，用毫伏表分别测量 A 点和 B 点的信号电压 U_s 和 U_i 的值，则输入阻抗为

$$R_i = \frac{U_i}{U_s - U_i} R \tag{1.5.5}$$

注意：测量时，应尽量选 R 与 R_i 为同一数量级，若 R 过大易引起干扰，如果 R 过小将使测量误差增大。

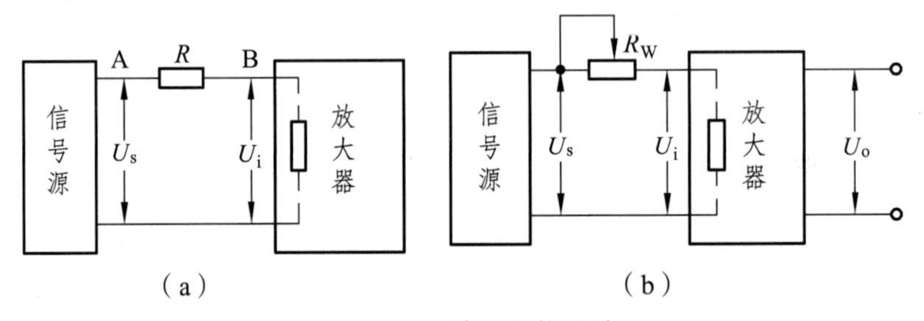

图 1.5.1　测量输入阻抗电路图

（2）当被测电路的输入阻抗比较大时，应采用如图 1.5.1（b）所示电路进行测量，由于毫伏表的内阻与被测电路的内阻 R_i 相当，所以不能用第一种方法测量。此时在信号发生器与被测电路的输入端之间串联一个与 R_i 同数量级的电位器 R_W。保持输入信号 U_s 不变，调节 R_W 使输出电压下降到未接 R_W 前的一半，即 $U'_o=U_o/2$，然后取出 R_W，测量其阻值，这个阻值就是放大器的输入电阻 R_i。

2. 输出阻抗的测量方法

输出阻抗的测量方法有两种。一般情况下，电路输出阻抗不大，故以下两种方法都可采用，测量时可根据实验条件确定。

（1）测量框图如图 1.5.2（a）所示。测量时保持被测电路的输入电压不变，在未接负载时，用毫伏表测量电路的输出电压 U_o，然后在被测电路的输出端并接一个与输出阻抗 R_o 的数量级相当的负载 R_L，如图 1.5.2（b）所示，用毫伏表测量其输出电压 U_{oL}，则输出阻抗为

$$R_o = \left(\frac{U_o}{U_{oL}} - 1\right) R_L \tag{1.5.6}$$

（2）测量框图如图 1.5.2（c）所示，测量时保持被测电路的输入电压保持不变，在被测电路的输出端并联一个数量级与被测电路输出电阻 R_o 相当的电位器 R_W，调节 R_W 使被测电路的输出电压下降到未接 R_W 时的输出电压的一半，即 $U_o = U_o/2$，取出 R_W，测量其阻值，这个阻值就是被测电路的输出阻抗 R_o。

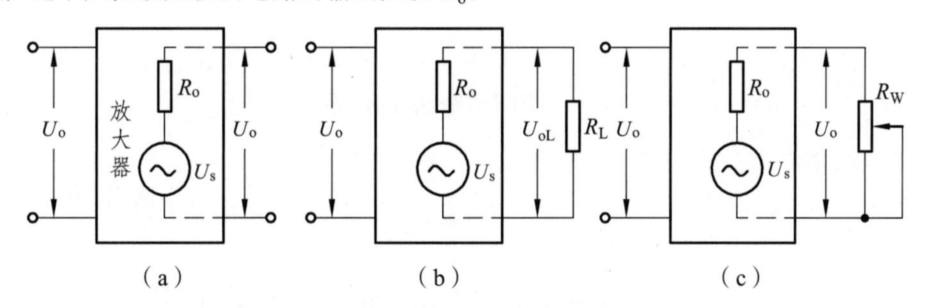

图 1.5.2　输出阻抗的测量方法

1.5.4　周期的测量方法

周期是指一个信号的重复时间间隔，可以用具有时间测量功能的示波器或数字频率计测量。在实验教学中，使用示波器可满足要求。下面介绍用示波器测量周期的方法。

将示波器 X 轴扫描速度“微调”旋钮置于“校准”位置。将待测信号从“Y 轴”即“CH1”输入；将 X 轴扫描速度转换开关（t/div 开关）置于适当位置，使波形幅度和显示的周期数易于读取。然后，在稳定的波形上选定可以代表周期的两点：例如将 X 轴扫描速度转换开关打在 0.5 ms/cm 挡，在示波器的荧光屏上显示一个完整周期的正弦波，其在 X 轴方向上长度为 4 cm，如图 1.5.3 所示，则待测信号的周期为 4 cm×0.5 ms/cm=2 ms。

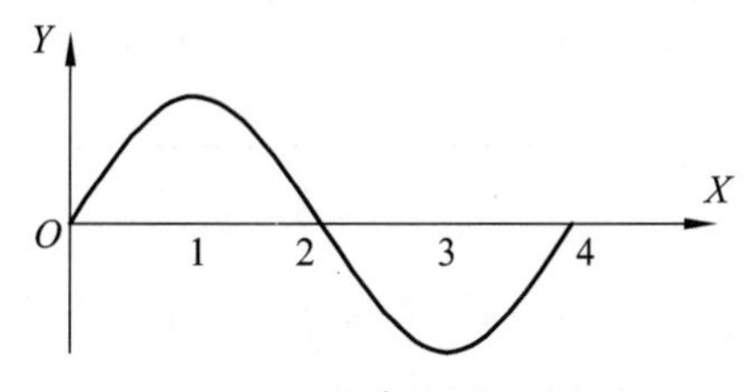

图 1.5.3　频率测量示例图

这种测量方法简便、直观，但测量精度较差。为了提高测量准确度，可用“多周期”法。即读出数个周期的时间间隔，然后再除以周期数即可。

1.5.5　频率的测量方法

频率是电信号中一个重要的参数。实验中常用示波法和计数法进行测量。

（1）示波法。

用示波器测出信号的周期，根据频率与周期的互倒关系 $f=1/T$ 可计算出频率。

（2）计数法。

用数字频率计直接测量频率，既方便又准确，是目前广泛采用的一种方法。一般实验室使用的函数信号发生器兼有外测频率的功能。在实验时，不必另配频率计便可利用该功能测出电路的频率。

1.5.6　相位差的测量方法

相位差的测量方法有很多种，在实验教学中一般采用示波器进行测量。用示波器测量相位差的主要方法有双踪测量法和椭圆截距法（x-y 测量法）。

1. 双踪测量法

利用双踪示波器的特点，在屏幕上直接显示两个同频不同相的正弦信号波形，如图 1.5.4 所示。

（1）从图上读出 ac（信号周期长度）和 ab（相位差长度）的长度（用格数表示），则两信号的相位差为 $\varphi=\frac{ab}{ac}\times 360°$，该公式由 ac：360°=ab：φ 推导而得。

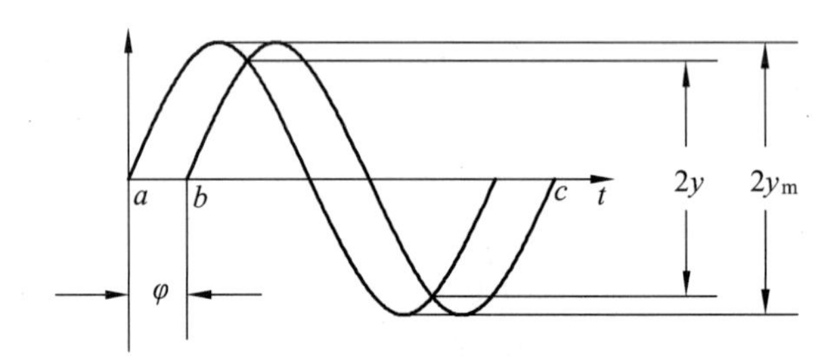

图 1.5.4　相位测量示例图

（2）由图 1.5.4 读出 y 和 y_m 的格数，则两信号的相位差为

$$\varphi=2\text{arctg}\sqrt{\left(\frac{y_m}{y}\right)^2-1}$$

注意，用此方法测量相位差时，应分别调节 y_A(CH1)和 y_B(CH2)两路的 v/div 开关和微调旋钮，使屏幕上显示的两个波形幅度相等。

2. 椭圆截距法（x-y 测量法）

将两个同频待测信号分别输入到示波器的 X 轴（CH1）和 Y 轴（CH2），适当调节输入信号幅度或 X 轴（CH1）、Y 轴（CH2）灵敏度旋钮，使屏幕上显示的李沙育图约占屏幕有效面积的 1/3 左右，如图 1.5.5 所示。

两信号的相位差为

$$\varphi=2\text{arctg}\sqrt{\left(\frac{y_m}{y}\right)^2-1}$$

测量相位差时，为了减少误差，可按 $2y_m$、$2y$ 计算。误差来源一是视差，二是 X 轴与 Y 轴通道本身相频特性存在差异。为了消除后一种误差来源，可将同一信号分两路输入 X 轴和 Y 轴，这时如果李沙育图呈 45°斜线，说明 X 轴通道与 Y 轴通道相频特性一致；如果李沙育图呈一个 X 轴截距很小的椭圆，则说明 X 轴通道与 Y 通道相频特性不一致，存在附加相移，这时可按上述计算方法，求出附加相位差 φ'，实验时应在实验结果中减去附加相位差。

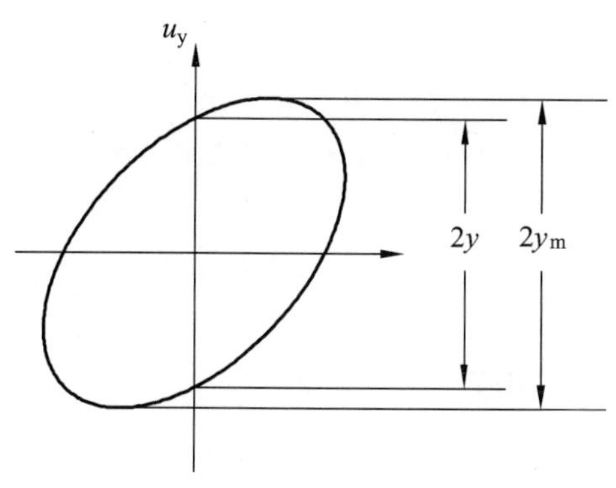

图 1.5.5　椭圆截距法测量示例图

1.5.7　幅频特性与通频带的测量

1. 幅频特性的测量

仪器设备或电路的幅频特性是指输入信号的幅度保持不变时，输出信号的幅度相对于频率的关系。在实验中测量幅频特性的一般方法是逐点法，其测试框图如图 1.5.6 所示。

测量时用一个频率可调的正弦信号发生器，保持其输出电压的幅度恒定，将其信号作为被测设备或电路的输入信号。每改变一次信号发生器的频率，用毫伏表或双踪示波器测量被测设备或电路的输出电压值（在改变信号发生器的频率时，应保持信号发生器的输出电压幅度不变）。

测量时应根据对电路幅频特性测量的要求来选择频率点数的多少。测量后，将所测各点的测量值连接成曲线，就是被测仪器设备或电路的幅频特性，如图 1.5.7 所示。

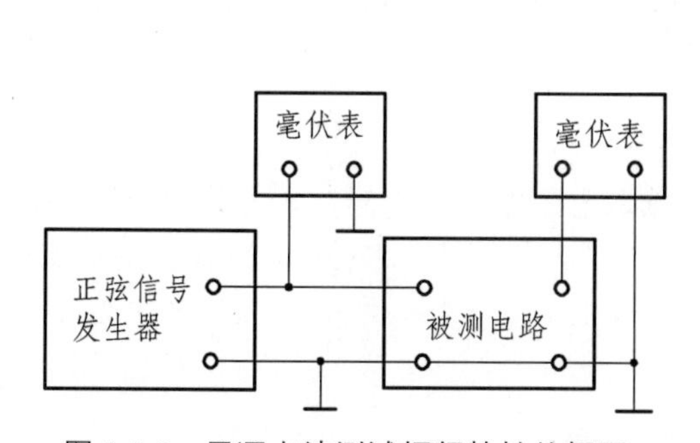

图 1.5.6　用逐点法测试幅频特性的框图

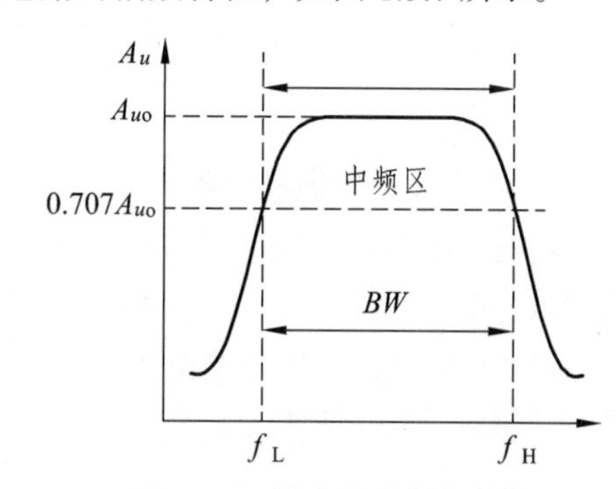

图 1.5.7　放大器的幅频特性

2. 通频带的测量

通频带是表征仪器设备或电路频率特性的一项技术指标。对不同的仪器设备或电路，其通频带是不同的。如在电声设备中，一般只需 20 Hz ~ 20 kHz 的通频带。通频带又称为带宽，用符号 BW 表示。工程上规定，当放大倍数下降到中频区放大倍数的 0.707 倍时，相对应的低频频率和高频频率分别称为下限频率 f_L 和上限频率 f_H，则通频带 $BW=f_H-f_L$。因为一般有 $f_H \gg f_L$，所以 $BW \approx f_H$。

通频带的大小可在被测仪器设备或电路的频率特性曲线上获得，如图 1.5.7 所示。也可用如下方法测量：

（1）按图 1.5.6 接线，保持输入信号电压幅度不变。

（2）调节输入信号频率，用毫伏表或示波器测出待测仪器设备或电路的最大输出电压值 U_{om}。

（3）调低输入信号频率，使待测仪器设备或电路的输出电压为最大值的 0.707 倍，测出此时的频率 f_L。

（4）调高输入信号频率，使待测仪器设备或电路的输出电压为最大值的 0.707 倍，测出此时的频率 f_H。

（5）通频带 $BW=f_H-f_L$。

1.5.8 增益和损耗的测量

在电子电路中，通常用分贝表示功率、电压、电路的增益或损耗。下面介绍分贝的定义及线性电路增益和损耗的测量。

1. 分贝的定义

分贝是电平的一种单位。若某网络的输入功率为 P_i，输出功率为 P_o。则其功率比值的对数关系称为电平。如功率比取常用对数，则电平的单位为贝尔。但贝尔这个单位太大，用起来不方便，因此通常取贝尔的十分之一为单位，称分贝，用符号 dB 表示。其计算公式为

$$K_p = \lg\frac{p_o}{p_i}\text{（贝尔）}=10\lg\frac{p_o}{p_i}\text{（分贝）}$$

若分贝值为正值，表明输出功率大于输入功率，网络有功率增益；若分贝值为负值，表明网络有损耗。

2. 绝对电平与相对电平

由于电平是功率比的对数关系，因此根据选取电平的基准不同，又可分为绝对电平和相对电平。

以 1 mW 作为基准值的电平称为绝对电平。用公式表示为

$$\text{绝对电平}=10\lg\frac{P}{1\text{ mW}}(\text{dB})$$

任意两个相关功率比的对数关系称为相对电平，它表示两个功率的相对大小。用公式表示为

$$\text{相对电平}=10\lg\frac{p_o}{p_i}(\text{dB})$$

显然两个功率的相对电平在数量上等于其绝对电平之差。

3. 分贝的不同表示形式

因为 $P=I^2R=U^2/R$，所以用电压或电流比值取对数时应乘以 20，即以下列形式表示

$$K_P(\text{dB})=10\lg\frac{p_o}{p_i}=K_U(\text{dB})=20\lg\frac{U_o}{U_i}=K_I(\text{dB})=20\lg\frac{I_o}{I_i}$$

若以基准量 U_i=0.775 V 作为零电压电平（0 dB_V）则任意电压（被测电压）U_o 的电压电平定义为

$$P_U\left[\text{dB}_U\right]=20\lg\frac{U_o}{U_i}=20\lg\frac{U_o(\text{V})}{0.775}$$

4. 增益和损耗的测量

线性电路的增益是用输出与输入功率（或电压、电流）的比值 P_o/P_i（或 V_o/V_i、I_o/I_i 表征的；损耗是用输入与输出功率（或电压、电流）的比值 P_i/P_o 表征的。在测量线性电路的增益或损耗时，有时放大量或衰减量很大，例如，级联放大器的放大量是各级放大量的乘积。这种情况下用对数表征其大小比较合适，而且在级联时，对数的放大量是相加，而不是相乘，这样计算方便。通常用分贝（dB）作为增益或损耗的单位。以 dB 表示增益，定义为

$$G=10\lg\frac{P_o}{P_i}$$

以 dB 表示损耗，定义为

$$L=10\lg\frac{P_i}{P_o}=-10\lg\frac{P_o}{P_i}$$

其中，P_o 为被测电路的输出功率，P_i 为被测电路的输入功率。通常用分贝表测量被测电路输入和输出功率的分贝值，将两者相减后，得到被测电路的分贝增益（损耗）。这里应注意，分贝本来是与两功率比有关的值，现在要用它来直接表示输出或输入功率的绝对大小，这时必须指定一功率值 P_n 作为参考，即规定功率 P_n 为 0 dB，目前分贝表常将 P_n=1 mW 作为 0 dB，这种以 1 mW 作为参考的分贝记为 dBm。

例如，测量得某系统的输出功率为 30 dB，输入功率为 10 dB，被测电路的分贝增益为 G=30 dB − 10 dB=20 dB。这时的输出功率（以 1 mW 为 0 dB 计）P_o=1 000 mW，输入功率 P_i=10 mW，功率放大倍数为 $A_P=P_o/P_i=100$。

分贝表实际是在交流电压表上进行分贝刻度制成的。在交流电压表上进行功率比（分贝）刻度，一般情况下是把 600 Ω纯电阻负载上消耗 1 mW 的功率刻度为 0 dB，也就是将在纯电阻负载上产生的 0.755 V 有效值（即 $0.755^2/600$=1 mW）刻度为 0 dB。例如，YX-960TR 万用表就是把 600 Ω电阻上产生的 0.755 V 电压作为 0 dB，在交流 10 V 挡上刻度分贝值，刻度范围−10 ~ +22 dB。若不用交流 10 V 挡测分贝值，还需加校正值。需加的校正值已在电表的说明书上给出。例如，YX-960TR 万用表用交流 50 V 挡测分贝值时，需加+14 dB 校正值；用交流 250 V 挡测分贝值时，需加+28 dB 校正值。此外，若负载不是 600 Ω，还需加两个校正值。

例如，负载为 50 Ω，则需在测量读数上再加校正值$10\lg\frac{600}{50}\approx +10.8\ \text{dB}$；负载为 500 Ω，则需在测量读数上加校正值$10\lg\frac{600}{500}\approx 0.792\ \text{dB}$。测量分贝（损耗）时，必须注意这些问题。这种测量方法精度可达 0.1 dB。

1.6 噪声干扰以及采取的措施

1.6.1 干扰的分类及原因

1. 按干扰源产生部位分类

（1）内部干扰。其来源有以下四点。

① 内部线路布局工艺不妥。通过导线、元器件的分布电容、分布电感、漏电阻等潜在耦合而形成的内部组件相互干扰。

② 通过公共电源的内阻、接地回路公共阻抗等的耦合，造成级间反馈和干扰。

③ 元器件质量不好、虚焊、接插件的接触不良、金属件装置松动、屏蔽体接地不良、元器件的噪声等。虚焊引起的干扰表现为信号时通时断、时现时隐，较难寻找。

④ 电路动作时产生的脉冲干扰等。

（2）外部干扰。分为自然干扰和人为干扰。

① 自然干扰是自然现象引起的，如天空闪电、雷击、地球辐射、宇宙辐射等。这些主要对通讯、广播、导航设备有较大影响，一般设备可不考虑。

② 人为干扰主要是工业干扰，即各类电气设备所引起的电火花，如直流电机整流子碳刷电火花、接触器、断路器、开关等接电火花等，电气设备启停通过供电系统对电子设备的干扰、高频加热、脉冲点腐蚀、电火花加工、可控硅整流等电气设备所造成的电磁场干扰。

2. 按干扰途径分类

（1）路的干扰：通过电路渠道进行干扰。干扰源和被干扰对象间具有一条干扰途径，如电机电器等用电设备的启停，通过供电电路系统造成对这系统上的电子设备干扰。在内部电路可由某级单元电路的信号电流，通过公共电源内阻形成压降，也以“路”的形式干扰其他单元电路。元件之间、导线之间、结构之间以及相互存在分布电容，使电路受到影响称为电容性耦合干扰。电路电流产生的磁通在另一回路中感应出电压，由此产生的影响，称为电感性耦合干扰。

（2）场的干扰：通过电场、磁场或电磁场的形式进行干扰。它可分为静场（电磁）和动场（电磁）干扰，如接触器通断产生的接点电弧、强烈的电磁场（如电火花引起）干扰源、强电流产生的磁场在电子闭合回路所感应电势。当电磁场干扰源与接收电路距离远大于 $\lambda/2\pi$ 时，电场与磁场同时起作用，以电磁辐射为主产生干扰，这种场称为远场。当距离远小于 $\lambda/2\pi$ 时，称为近场。近场以磁场为主。电场干扰为电容性耦合，磁场干扰为电感性耦合。

（3）按干扰在电路输入端的作用方式可分为常态干扰和共态干扰。干扰与有用信号串接的形式称为常态干扰（又称串模或横向干扰）。干扰出现的检测点与控制体之间称为共态干扰（又称共模或纵向干扰）。

常态干扰可能是信号源本身产生的，也可能是引线上感应产生，串接于输入回路，影响较大。共态干扰主要来源于 50 Hz 交流电源的接地系统在大地上的电位分布，以及某些电气设备通过接地系统的电流形成。

1.6.2 干扰的抑制

从上可知，在电子设备中有干扰信号必然有干扰源，通过耦合电路被电子设备所接收。其耦合途径有传导耦合，电子电路公用阻抗耦合和辐射电场、磁场或电磁场耦合等。

为了抑制干扰，必须寻找干扰源、干扰性质和干扰途径，才能有效地排除干扰。

1. 拔除干扰的法则

（1）消除干扰源：如用隔离变压器作专线供电，对有火花触点开关采用消弧措施，如触点并电容，或采用无触点开关。

（2）破坏干扰途径：如对场干扰采取屏蔽措施，磁场干扰采用磁屏蔽。

（3）区分有用信号和干扰信号，给干扰信号以出路，如采用退耦、滤波、选频等。

2. 抑制干扰的具体措施

（1）屏蔽。

屏蔽原理是利用金属板、金属网、金属盒等金属体，把电磁场限制在一定空间或把电磁场强度削弱到一定数量级。如抑制低频磁场时，选用高导磁率的材料（硅钢、坡莫合金、铁板等）作屏蔽体；对高频电磁场干扰用良导体（铜、铝、镀银铜板）作屏蔽体；对电场干扰，用导体屏蔽。对单纯的磁屏蔽，屏蔽体不必接地，而对电场或辐射场，屏蔽体必须接地。这是由于磁屏蔽的作用使干扰磁场形成一个低磁阻的通路，而电场屏蔽使所产生的干扰电流直接经屏蔽罩入地，不经过放大器的输入电阻。有时为了取得较好的屏蔽效果，可采用多层屏蔽。

电网电源中的干扰一般会通过变压器初次级绕组之间分布电容耦合到次级整流后的直流电源中，对电子电路产生影响。这可采用 1∶1 的有隔离层的隔离变压器，或选用原边、副边分别加屏蔽层且安装在两个铁芯柱上的 C 型铁芯的变压器。通常初、次级分别屏蔽的变压器中，耦合电容约为几 PF 以下；而特制的全屏蔽的变压器，初、次级绕组间电容约为 10^{-7}PF 数量级。隔离变压器的屏蔽层一般用铜箔、锡箔和铝箔绕制，且不绕制一周，留有缺口，以免形成涡流。各屏蔽层要求接地或接零，要求初级绕组的屏蔽层接电网电源的零线，次级绕组和初、次级绕组之间屏蔽层均接放大器的公共接地端。隔离变压器的屏蔽层对正常信号的磁耦合并无影响。

（2）去耦。

去耦的作用是给予在电源电路上形成的干扰信号一定出路，使其不影响各级放大器。

去耦又称为退耦，就是消除寄生耦合。寄生耦合是经公共阻抗（互阻抗）而产生的。例如，由于公共电源内阻 r_0 的存在而产生的寄生耦合，可用图 1.6.1 加以说明。

在图 1.6.1 中，第 n 级的强信号电流 i_n 在电源内阻 r_0 上将产生较大的信号压降，使稳压源输出产生一定程度的波动。这个波动的电源又给弱信号级供电，因而产生了寄生耦合。同理，i_1 在 r_0 上也会产生压降，把要放大传输的信号，通过 r_0 直接耦合到第 n 级，但因较弱，影响不大。

寄生耦合普遍地存在于各类电子电路中，影响较轻者可使传输的信号质量变坏，严重者将导致自激，破坏电路的放大作用或逻辑功能。

消除寄生耦合的有效措施是加 RC（或 LC）去耦电路，如图 1.6.1 中以虚线所示的 RC_1 电路。

如果在电源两端再并上一个大容量电容器效果会更好。下面介绍退耦电容的选用问题：

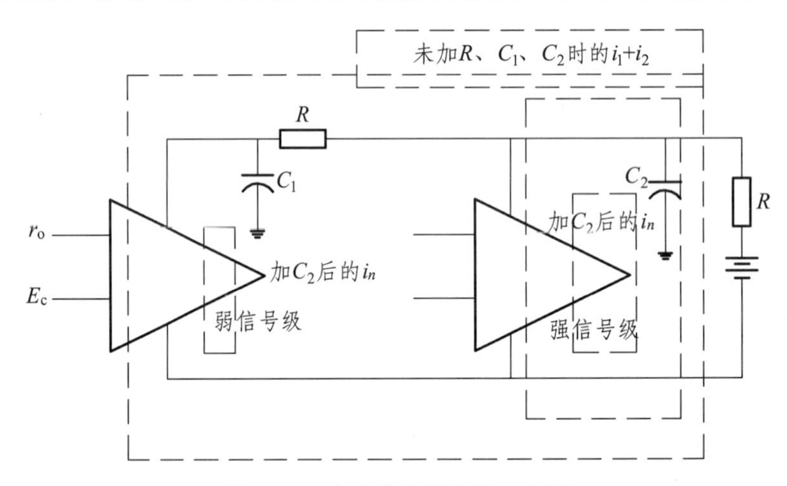

图 1.6.1　产生寄生耦合的示意图

假如在直流馈电线上要滤除频率范围很宽的干扰信号，可将几种不同容量电容器并联起来使用，要滤除低频干扰可用大容量的电解电容器。但因其自身的电容较大而不适合滤除高频干扰；滤除高频干扰可用小容量电容器，但它又不适合滤除低频干扰。若将它们并联使用，则能同时滤除低频和高频。这种情况在实际电路中是常见的。

显然，去耦电路的作用是使各级交流信号在本级附近形成回路，从交流的意义上讲，把各级互相隔离起来（除正常信号耦合外）。在实施去耦措施时，尤其要注意把强信号级（如末级）和弱信号级（如输入级）隔离起来。

一个有经验的实验人员，实验开始应首先检查直流电源是否纯净。因为即使不存在电路内部的寄生耦合，而直流电源本身有时也会存在故障（常见的是纹波过大），一些外界干扰有时也会由交流电源串入直流电源。发现问题要采取相应的措施加以消除。如果在直流电源不纯净的情况下进行实验，效果不会好，甚至无法继续进行实验。

（3）接地与共地。

电子仪器“接地”与“共地”是抑制干扰，确保人身和设备安全的重要技术措施。在电子电路中，元器件及各部分电路接地的合理与否对电路性能影响很大。

① 接地问题。

所谓“地”可以是指大地，电子仪器往往是以地球的电位作为基准，即以大地作为零电位，在电路图中以符号“⏚”表示；“地”也可以是以电路系统中某一点电位为基准，即设该点为相对零电位，如电子电路中往往以设备的金属底座、机壳或公共导线作为零电位，即“地”电位，在电路图中以符号“⊥”表示，这种“地”电位不一定与大地等电位，它是人为设定的相对零电位点。

电子电路接地的主要目的，一是使电子仪器中的所有单元电路都有一个基准零电位，这是保证电路正常稳定工作不可缺少的条件之一；二是对带有接地屏蔽体的电路来讲，防止外界电磁场干扰电路工作，同时也能防止电路内部产生的电磁场外泄；三是许多电子仪器的金属底座、机壳及外露件为了屏蔽等需要，通常与电路中的地线是相连的。

在采用交流工频电源供电的情况下，若电路中的地线与大地相通，就可避免因绝缘不良或雷击等因素而造成触电事故或元器件损坏。特别是对外壳或内电路需经常与人体相接触的电子仪器来讲是非常重要的，但对不用交流市电或外壳及外露机件绝缘良好的电子仪器来说，电路地线就不必与大地相连。

② 共地问题。

“共地”，就是将各台电子仪器及被测装置的地端，按照信号输入、输出的顺序可靠地连接在一起（要求接线电阻和接触电阻越小越好）。如图 1.6.2 所示。

在电子测量中，由于被测电路工作频率高、线路阻抗大和功率低（或信号弱），所以抗干扰能力差。为了排除干扰提高测量精度，所以大多数电子测量仪器是单端输入（输出）方式，即仪器的两个输入端中，总有一个与相对零电位点（如机壳）相连，两个测试输入端一般不能互换测量点，称为“不平衡输入”式仪器。测试系统中这种“不平衡输入”式仪器，它们的接地端（⊥）必须相连在一起。否则，将引入外界干扰，导致测量误差过大。特别是当各测试仪器的外壳通过电源插头接大地时，若未“共地”，会造成被测信号短路或毁坏被测电路元、器件。如图 1.6.3 所示。

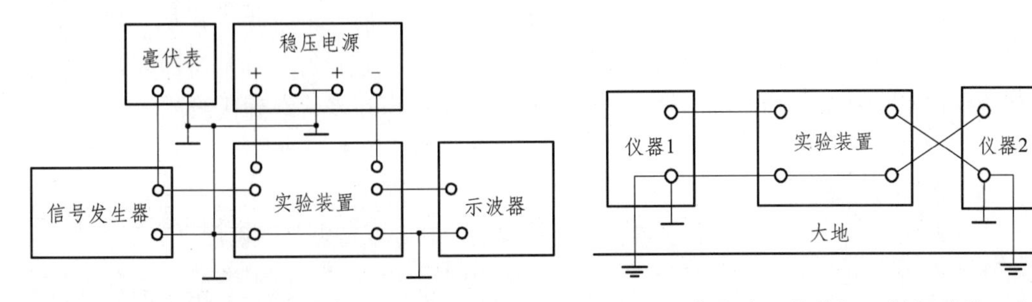

图 1.6.2　实验仪器和装置“共地”示意图　　图 1.6.3　仪器未“共地”U_o 被短路的示意图

图中，仪器 2 的“⊥”接实验装置的输出端，同时通过电源插头又接大地，而其测量输入端反而接实验装置的“⊥”；仪器 1 与实验装置的连接是正确的。在上述连接情况下，实验装置的“输出端”与其“⊥”被大地（实际是两台仪器接大地的导线）短路，即输出信号电压 U_o 被短路。倘若实验装置是个功率放大电路（未有输出短路保护），则功率放大管将被烧毁。可见，在电子测量中，电子仪器与被测电阻的“共地”是很重要的。

第 2 章　模拟电路基础型实验

实验 1　常用电子仪器的使用

【实验目的】

（1）了解电信号基本参数：电压、频率、周期的测量方法。掌握数字示波器的使用方法。

（2）掌握函数信号发生器的使用方法。

（3）掌握数字万用表的使用方法。

（4）掌握直流稳压电源的使用方法。

（5）通过对二极管双向稳限幅电路分析与测量，掌握用常用仪器测试分析电路的方法。

【实验原理】

（1）示波器。

示波器是一种用途广泛的电子测量仪器，它可直观地显示随时间变化的电信号图形，如电压（或转换成电压的电流）波形，并可测量电压的幅度、频率、相位等。示波器的特点是直观、灵敏度高、对被测电路的工作状态影响小。

（2）函数信号发生器。

函数信号发生器是常用的电子仪器，用来产生各种波形（正弦波、方波、锯齿波、三角波等）。函数信号发生器的频率和输出幅度，一般可以通过开关和旋钮加以调节。通过使用输出衰减开关和输出幅度调节旋钮，可使输出电压在毫伏级到伏级范围内连续调节。函数信号发生器的输出信号频率可以通过频率分挡开关进行调节。

（3）数字万用表。

数字万用表是一种多功能、多量程的测量仪表。其主要特点是准确度高、分辨率强、测试功能完善、测量速度快、显示直观、过滤能力强、耗电省，便于携带。它不仅可以测量直流电压（DCV）、交流电压（ACV）、直流电流（DCA）、交流电流（ACA）、电阻（R）、二极管正向压降（VF）、还能测电容量（C）、温度（T）、频率（f）等，还增加了用以检查线路通断的蜂鸣器档。

【实验设备】

数字示波器、信号发生器、万用表、模拟电子技术实验箱。

【实验内容及步骤】

（1）用万用表的欧姆挡（挡位选择 1 k 或 100 k）测量二极管正反向电阻，根据电阻值判断二极管的 PN 极以及是否正常。将有关数据填入表 2.1.1 中。

表 2.1.1　万用表测量二极管正反向电阻阻值

二极管型号	正向电阻值	反向电阻值	是否正常

（2）选用合适的欧姆挡量程，测量实验箱上电阻的阻值。将有关数据填入表 2.1.2 中。

表 2.1.2　万用表测量实验箱上电阻阻值

标准电阻值	测量电阻值	标准电阻值	测量电阻值

（3）将万用表换到直流电压挡，测量实验箱的直流稳压电源的四组输出。将相关数据填入表 2.1.3。

表 2.1.3　万用表测量实验箱上直流稳压电源四组输出

标称电压值	测量电压值	标称电压值	测量电压值

（4）将万用表换到交流电压挡，测量实验箱的交流变压器的各组输出。打开变压器开关于 ON 状态。将相关数据填入表 2.1.4。

表 2.1.4　万用表测量实验箱交流电压器各组输出

标称电压值	测量电压值	标称电压值	测量电压值

（5）将万用表换到二极管通断测量挡，测量导线是否正常。将相关数据填入表 2.1.5。

表 2.1.5　万用表测量导线是否正常

导线	是否正常（蜂鸣器响为正常）	导线	是否正常（蜂鸣器响为正常）
导线 1		导线 4	
导线 2		导线 5	
导线 3		导线 6	

（6）信号发生器和示波器的使用。

① 图 2.1.1 是用示波器测量信号发生器输出电压的连接图。在测量前，示波器和信号发生器的探头连接起来，示波器探头的正极（一般为红色）与信号发生器的探头（一般为红色）相接，示波器探头的负极（一般为黑色）与信号发生器的探头（一般为黑色）相接。

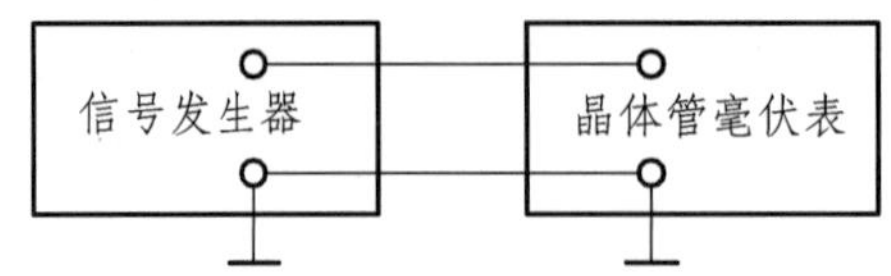

图 2.1.1　用示波器测量信号发生器输出波形的连接图

② 调节信号发生器的输出信号，用示波器测量信号发生器的输出波形。记录相关数据填于表中。将有关数据填入表 2.1.6 中。

表 2.1.6　示波器测量信号发生器输出波形相关数据

信号发生器输出			示波器测量			示波器波形
频率	有效值	峰-峰值	频率	有效值	峰-峰值	
正弦波 100 Hz	0.1 V					
正弦波 10 kHz	1 V					
正弦波 2 MHz	2 V					
方波 5 kHz		1.5 V				
正弦波 1 kHz	0.3 V					
正弦波 100 kHz	4 V					
方波 200 Hz		0.5 V				
方波 20 kHz		3 V				

（7）在实验箱上选择元器件安装实验电路，如图 2.1.2 所示。

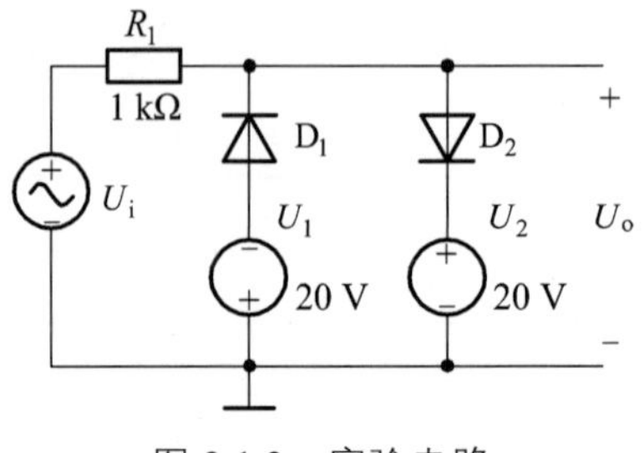

图 2.1.2　实验电路

① 将信号发生器输出的频率为 1 kHz、电压有效值为 1 V 的正弦信号，接到图 2.1.2 所示的实验电路中的 U_i，并将示波器的两个输入通道分别接到实验电路的输入端 U_i 和输出端 U_o，用示波器观察其波形并测量 U_i 和 U_o 电压峰值和有效值。

将观察的波形和测量结果记录于表 2.1.7 中。

② 将信号发生器输出的频率为 2 kHz、电压有效值为 3 V 的正弦信号，接到图 2.1.2 所示的实验电路中的 U_i，并将示波器的两个输入通道分别接到实验电路的输入端 U_i 和输出端 U_o，用示波器观察其波形并测量 U_i 和 U_o 电压峰值和有效值。将观察的波形和测量结果记录于表 2.1.7 中。

表 2.1.7　示波器观察的波形及测量结果

U_i 信号有效值 /V	U_i 信号峰值 U_m/V	U_o 信号峰-峰有效值 /V	U_o 信号峰-峰 U_{P-P}/V	U_i 和 U_o 信号波形图
1				
3				

【实验报告要求】

（1）实验目的。

（2）总结示波器、信号发生器、万用表的使用方法。

（3）阐述万用表测试二极管的简单步骤和方法。

（4）整理实验数据，并进行分析和讨论。

（5）回答以下的思考题：

① 若要使信号发生器的输出电压有效值为 20 mV，应如何调节？这时的电压峰值是多少？

② 是否可用万用表的交流电压挡测量交流信号？

③ 如何用示波器测量信号频率？

【预习要求】

（1）阅读第 1 章中常用电子仪器仪表的使用方法，说明示波器、信号发生器、万用表的作用，并填入表 2.1.8 中。

表 2.1.8　示波器、信号发生器、万用表的作用

名称	作用
万用表	
信号发生器	
示波器	

（2）掌握万用表的使用，将操作步骤填入表 2.1.9 中。

（3）掌握信号发生器的使用，将操作步骤填入表 2.1.10 中。

（4）掌握示波器的使用，将操作步骤填入表 2.1.11 中。

表 2.1.9　万用表的操作步骤

测量参数	操作步骤
交流（AC）电压	
直流（DC）电压	
电阻	
二极管导通压降	
通断测试	

表 2.1.10　信号发生器的操作步骤

输出信号	操作步骤
正弦波，频率 100 Hz，幅值 100 mV（有效值）	
正弦波，频率 5 kHz，幅值 50 mV（有效值）	
正弦波，频率 1 MHz，幅值 500 mV（有效值）	
方波，频率 10 kHz，峰值 1.2 V	

表 2.1.11　示波器的操作步骤

测量参数	操作步骤
测量信号发生器信号。正弦波，频率 100 Hz，幅值 100 mV（有效值），采用 CH1 通道，用 AUTO 功能	
测量信号发生器信号。正弦波，频率 5 kHz，幅值 50 mV（有效值），采用 CH2 通道	
测量信号发生器信号。正弦波，频率 1 MHz，幅值 500 mV（有效值），采用 CH1 通道	
测量信号发生器信号。方波，频率 10 kHz，峰值 1.2 V，采用 CH2 通道	

（5）分析图 2.1.2 中二极管电路的工作原理，在表 2.1.12 中画出输入输出波形。

表 2.1.12　电路原理及输出波形

内容	说明
分析二极管电路原理	
画出输入信号 U_i 有效值为 2 V 时，输出波形	
画出输入信号 U_i 有效值为 3 V 时，输出波形	

实验 2　晶体管共射极单管放大器

【实验目的】

（1）通过本实验学会放大器静态工作点的调试方法，分析静态工作点对放大器性能的影响。

（2）掌握放大器电压放大倍数、输入电阻、输出电阻及最大不失真输出电压的测试方法。

【实验原理】

共发射极放大器是晶体管放大电路中常用的一种基本电路，它能把频率为几十赫兹到几百千赫兹的信号进行不失真放大。

1. 共发射极放大器的组成及电路中各元件的作用

图 2.2.1 为电阻分压式工作点稳定单管放大器实验电路。图中 3DG6 是 NPN 型晶体管，起放大作用，是整个电路的核心。E_c 是直流稳压电源，它为发射极提供正向偏置电压，为集电极提供反向偏置电压也是信号放大的能源。R_{b1}、R_{b2} 及 R_e 组成直流偏置电路，它们和电源 E_c 一起为晶体管提供稳定的静态工作点，以保证晶体管能够不失真的放大信号。R_c 为集电极负载电阻，它的作用是将放大的集电极电流转化为信号电压输出，使放大电路具有电压放大的功能。R_L 为外接负载电阻。电容 C_1、C_2 的作用是“隔离直流，传送交流”，对直流来说，由于容抗无限大，此时电容相当于开路，因此，直流电源提供的电压不会加到信号源和负载上；对于交流信号，由于容抗很小，可近似看作短路，因此电容能够使输入与输出的交流信号顺利通过。旁路电容 C_e 用来消除 R_e 对放大倍数的影响。

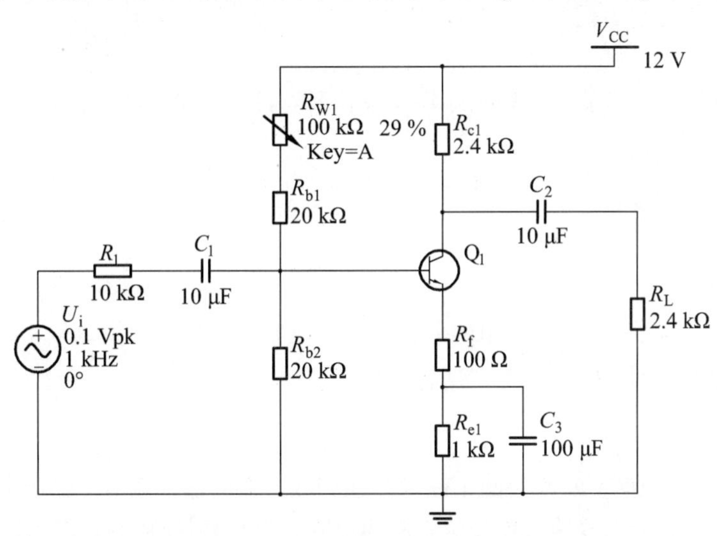

图 2.2.1　共射极单管放大器实验电路

2. 共发射极放大器的直流与交流参数

（1）共发射极放大器的直流参数。

共发射极放大器的直流参数主要有 I_{BQ}、I_{CQ} 及 U_{CEQ}、U_{BEQ}。这些直流参数的关系式如下：

将已知的 E_C、R_{b1}、R_{b2}、R_c、R_e 及 β 值代入（2.2.1），即可算出 I_{BQ}、I_{CQ} 及 U_{CEQ} 三个直流参数。

$$\left.\begin{aligned} U_{EQ} &= U_{BQ} - U_{BEQ} \approx E_C R_{b2} / (R_{b1} + R_{b2}) \\ I_{CQ} &= \beta I_{BQ} = U_{EQ} / R_e \\ U_{CEQ} &= E_C - I_{CQ} R_C - U_{EQ} \approx E_C - I_{CQ} R_C - U_{BQ} \end{aligned}\right\} \quad (2.2.1)$$

（2）共发射极放大器的交流参数。

共发射极放大器的交流参数主要有电压放大倍数 A_{uo}、输入电阻 R_i 与输出电阻 R_o、最大输出电压幅度 U_{om} 等。

① 电压放大倍数 A_{uo}。

$$A_{uo} = \frac{U_o}{U_i} = -\beta \frac{R'_L}{r_{be}} \quad (2.2.2)$$

式中负号表示输出电压与输入电压的相位是相反的。其中 $R'_L = R_c // R_L$，r_{be} 称为晶体管的动态输入电阻：

$$r_{be} \approx 300(\Omega) + \beta \frac{26(\text{mA})}{I_c(\text{mA})} \quad (2.2.3)$$

② 输入电阻 R_i 与输出电阻 R_o。

a. 输入电阻 R_i：从放大器输入端钮往放大器看进去所呈现的交流等效电阻叫作放大器的输入电阻。

$$R_i = \frac{U_i}{I_i} \approx r_{be} \quad (2.2.4)$$

b. 输出电阻 R_o：从放大器输出端钮往放大器看进去所呈现的交流等效电阻叫作放大器的输出电阻。

$$R_o \approx R_c \quad (2.2.5)$$

③ 最大输出电压幅度 U_{omax}。

放大器的最大输出电压幅度 U_{omax}（最大不失真输出电压幅度），是指不出现饱和失真和截止失真时，放大器所能输出的最大输出电压幅度。最大不失真输出电压的峰-峰值称为输出动态范围，用 $U_{op\text{-}p}$ 表示，$U_{op\text{-}p} = 2U_{omax}$。

3. 放大器的幅频特性

当幅度不变，频率不断改变的正弦信号加到放大器的输入端时，输出电压 U_o 的大小或电压放大倍数 A_u 会随着输入信号的频率而改变，这种特性称为幅频特性。

4. 放大器的测量和调试

放大器的测量和调试一般包括：放大器静态工作点的测量与调试，消除干扰与自激振荡及放大器各项动态参数的测量与调试等。

（1）放大器静态工作点的测量与调试。

① 静态工作点的测量。

仪用放大器的静态工作点，应在输入信号 $U_i = 0$ 的情况下进行，即将放大器输入端与地端短接，然后选用量程合适的直流毫安表和万用表的直流电压挡，分别测量晶体管的

集电极电流 I_C 以及各电极对地的电位 U_B、U_C 和 U_E。一般实验中，为了避免断开集电极，所以采用测量电压 U_E 或 U_C，然后算出 I_C 的方法，例如，只要测出 U_E，即可用 $I_C \approx I_E = \dfrac{U_E}{R_e}$ 算出 I_C（也可根据 $I_C = \dfrac{V_{CC} - U_C}{R_c}$，由 U_C 确定 I_C）。同时也能算出 $U_{BE}=U_B-U_E$，$U_{CE}=U_C-U_E$。

为了减小误差，提高测量精度，应选用内阻较高的万用表的直流电压挡。

② 静态工作点的调试。

放大器静态工作点的调试是指对三极管集电极电流 I_C（或 U_{CE}）的调整与测试。

静态工作点是否合适，对放大器的性能和输出波形都有很大影响。如工作点偏高，放大器在加入交流信号以后易产生饱和失真，此时 U_o 的负半周将被削底，如图 2.2.2（a）所示；如工作点偏低则易产生截止失真，即 U_o 的正半周被缩顶（一般截止失真不如饱和失真明显），如图 2.2.2（b）所示。这些情况都不符合不失真放大的要求。所以在选定工作点以后还必须进行动态调试，即在放大器的输入端加入一定的输入电压 U_i，检查输出电压 U_o 的大小和波形是否满足要求。如不满足，则应调节静态工作点的位置。

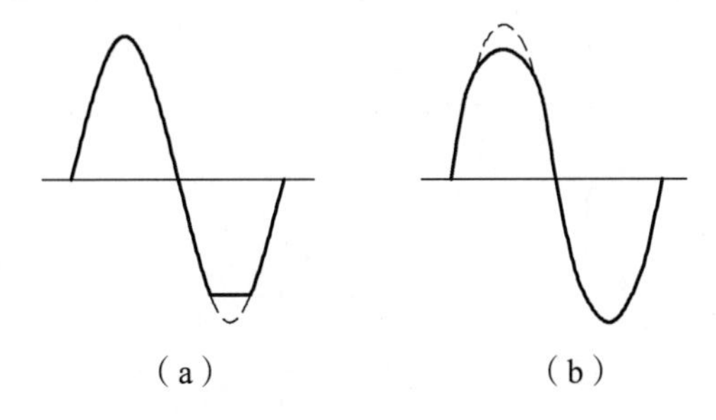

图 2.2.2　静态工作点对 u_O 波形失真的影响

改变电路参数 V_{CC}、R_c、R_b（R_{b1}、R_{b2}）都会引起静态工作点的变化，如图 2.2.3 所示。但通常多采用调节偏置电阻 R_{b2} 的方法来改变静态工作点，如减小 R_{b2}，则可使静态工作点提高等。

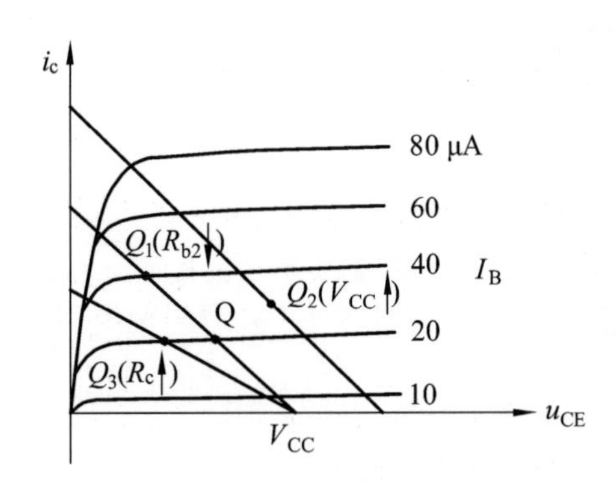

图 2.2.3　电路参数对静态工作点的影响

最后还要说明的是，上面所说的工作点“偏高”或“偏低”不是绝对的，应该是相对信号的幅度而言，如输入信号幅度很小，即使工作点较高或较低也不一定会出现失真。

所以确切地说，产生波形失真是信号幅度与静态工作点设置配合不当所致。如需满足较大信号幅度的要求，静态工作点最好尽量靠近交流负载线的中点。

（2）放大器动态指标测试。

放大器动态指标包括电压放大倍数、输入电阻、输出电阻、最大不失真输出电压（动态范围）和通频带等。

① 电压放大倍数 A_u 的测量。

调整放大器到合适的静态工作点，然后加入输入电压 U_i，在输出电压 U_o 不失真的情况下，用示波器测出 U_i 和 U_o 的有效值 U_i 和 U_o，则

$$A_u = \frac{U_o}{U_i} \tag{2.2.6}$$

② 输入电阻 R_i 的测量

为了仪用放大器的输入电阻，按图 2.2.4 电路在被测放大器的输入端与信号源之间串入一已知电阻 R，在放大器正常工作的情况下，用示波器测出 U_s 和 U_i，则根据输入电阻的定义可得

$$R_i = \frac{U_i}{I_i} = \frac{U_i}{\frac{U_R}{R}} = \frac{U_i}{U_S - U_i} R \tag{2.2.7}$$

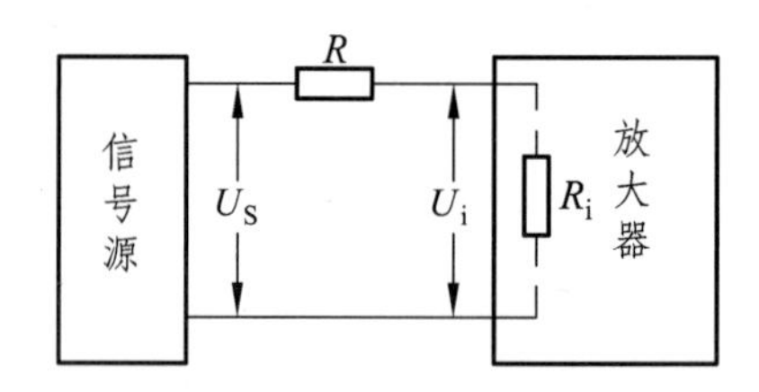

图 2.2.4 输入电阻的测量

测量时应注意下列几点：

a. 由于电阻 R 两端没有电路公共接地点，所以测量 R 两端电压 U_R 时必须分别测出 U_s 和 U_i，然后按 $U_R=U_s-U_i$ 求出 U_R 值。

b. 电阻 R 的值不宜取得过大或过小，以免产生较大的测量误差，通常取 R 与 R_i 为同一数量级为好，本实验可取 R=1 ~ 2 kΩ。

③ 输出电阻 R_0 的测量。

按图 2.2.5 电路，在放大器正常工作条件下，测出输出端不接负载 R_L 的输出电压 U_o 和接入负载后的输出电压 U_L，根据 $U_L = \frac{R_L}{R_o + R_L} U_o$ 即可求出

$$R_o = \left(\frac{U_o}{U_L} - 1 \right) R_L \tag{2.2.8}$$

在测试中应注意，必须保持 R_L 接入前后输入信号的大小不变。

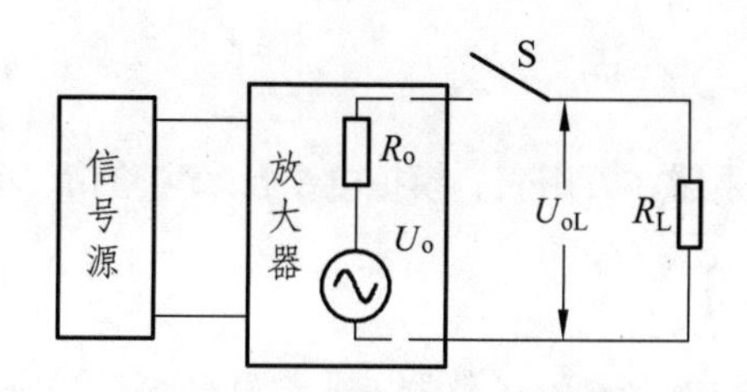

图 2.2.5　输出电阻的测量

④ 最大不失真输出电压 $U_{op\text{-}p}$ 的测量（最大动态范围）。

如上所述，为了得到最大动态范围，应将静态工作点调在交流负载线的中点。为此在放大器正常工作情况下，逐步增大输入信号的幅度，并同时调节 R_W（改变静态工作点），用示波器观察 U_o，当输出波形同时出现削底和缩顶现象（见图 2.2.6）时，说明静态工作点已调在交流负载线的中点。然后反复调整输入信号，使波形输出幅度最大，且无明显失真时，用示波器测出 U_o（有效值），则动态范围等于 $2\sqrt{2}U_o$ 或用示波器直接读出 $U_{op\text{-}p}$ 来。

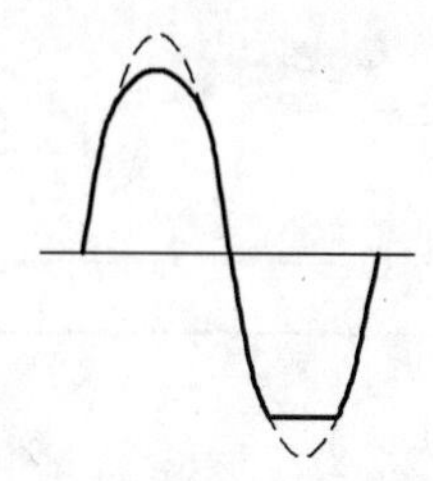

图 2.2.6　静态工作点正常，输入信号太大引起的失真

⑤ 放大器幅频特性的测量。

放大器的幅频特性是指放大器的电压放大倍数 A_u 与输入信号频率 f 之间的关系曲线。单管阻容耦合放大电路的幅频特性曲线如图 2.2.7 所示，A_{um} 为中频电压放大倍数，通常规定电压放大倍数随频率变化下降到中频放大倍数的 $1/\sqrt{2}$ 倍，即 0.7.07 A_{um} 所对应的频率分别称为下限频率 f_L 和上限频率 f_H，则通频带 $f_{BW}=f_H-f_L$ 放大器的幅率特性就是测量不同频率信号时的电压放大倍数 A_u。为此，可采用前述测 A_u 的方法，每改变一个信号频率，测量其相应的电压放大倍数，测量时应注意取点要恰当，在低频段与高频段应多测几点，在中频段可以少测几点。此外，在改变频率时，要保持输入信号的幅度不变，且输出波形不得失真。

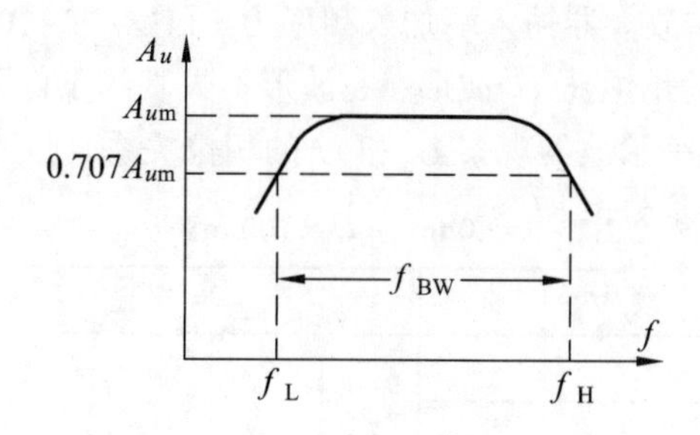

图 2.2.7　放大器幅步特性曲线

【实验设备】

数字示波器、信号发生器、万用表、模拟电子技术实验箱、单管共射放大电路实验板。

【实验内容及步骤】

按照图 2.2.8 所示框图连接各电子仪器。各仪器的公共端连在一起，同时信号源和示波器的引线应采用专用电缆线或屏蔽线。如使用屏蔽线，则屏蔽线的外包金属网应接在公共接地端上。

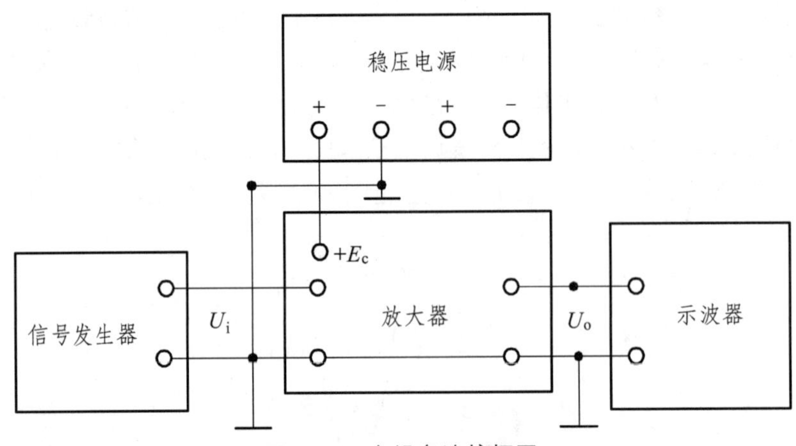

图 2.2.8　各设备连接框图

1. 调试静态工作点

接通+12 V 电源、调节 R_w，使 I_C=2.0 mA（即 U_E=2.0 V，用电压除电阻得电流值），用万用表的直流电压挡测量 U_B、U_E、U_C 及用万用电表测量 R_{b2} 值，记入表 2.2.1。测量 R_{b2} 时需关闭+12 V 电源。

表 2.2.1　I_C=2 mA

测　量　值				计　算　值		
U_B/V	U_E/V	U_C/V	R_{b2}/kΩ	U_{BE}/V	U_{CE}/V	I_C/mA

2. 测量电压放大倍数

调节信号发生器，在放大器输入端加入频率为 1 kHz，U_i=100 mV 的正弦信号 U_s，同时用示波器观察放大器输出电压 U_o 波形，在波形不失真的条件下用示波器测量下述三种情况下的 U_o 值，并用双踪示波器观察 U_o 和 U_i 的相位关系，记入表 2.2.2。

表 2.2.2　I=2.0 mA　U_i= 100 mV（有效值）

R_c/kΩ	R_L/kΩ	U_o/V	A_u	观察记录一组 U_o 和 U_i 波形
2.4	∞			u_i、u_o 坐标（O，t）
1.2	∞			
2.4	2.4			

*3. 观察静态工作点对电压放大倍数的影响

置 R_c=2.4 kΩ，R_L=∞，U_i适量，调节 R_w，用示波器监视输出电压波形，在 U_o不失真的条件下，测量数组 I_C 和 U_o 值，测量 I_C 电流时用万用表的电压挡间接测量，测量电压除以电阻值，得电流值，记入表 2.2.3。

表 2.2.3　R_c=2.4 kΩ　R_L=∞　U_i=100 mV（有效值）

I_C/mA			2.0		
U_o/V					
A_v					

测量 I_C 时，要先将信号源输出旋钮旋至零（输出关闭）。

*4. 观察静态工作点对输出波形失真的影响

置 R_c=2.4 kΩ，R_L=2.4 kΩ，U_i=0，调节 R_w 使 I_C=2.0 mA（即 U_E=2.0 V），测出 U_{CE} 值，再逐步加大输入信号，使输出电压 U_o 足够大但不失真。然后保持输入信号不变，分别增大和减小 R_w，使波形出现失真，绘出 U_0 的波形，并测出失真情况下的 I_C 和 U_{CE} 值，记入表 2.2.4 中。每次测 I_C 和 U_{CE} 值时都要将信号源的输出旋钮旋至零（输出关闭）。

表 2.2.4　R_C=2.4 kΩ　R_L=∞　U_i=　mV

I_C/mA	U_{CE}/V	U_o 波形	失真情况	管子工作状态
		u_o, t		
		u_o, t		
		u_o, t		

*5. 测量最大不失真输出电压

置 R_c=2.4 kΩ，R_L=2.4 kΩ，同时调节输入信号的幅度和电位器 R_w，用示波器测量 $U_{OP\text{-}P}$ 及 U_o 值，记入表 2.2.5。

表 2.2.5　R_C=2.4 kΩ　R_L=2.4 kΩ

I_C/mA	U_{im}/mV	U_{om}/V	$U_{OP\text{-}P}$/V

6. 测量输入电阻和输出电阻

置 R_C=2.4 kΩ，R_L=2.4 kΩ，I_C=2.0 mA。输入 U_s=100 mV，f=1 kHz 的正弦信号，在输出电压 U_o 不失真的情况下，用示波器测出 U_s，U_i 和 U_L 记入表 2.2.6。

保持 U_s 不变，断开 R_L，测量输出电压 U_o，记入表 2.2.6。

保持 U_s 不变，接入 R_L，测量输出电压 U_L，记入表 2.2.6。

表 2.2.6　I_c=2 mA　R_c=2.4 kΩ　R_L=2.4 kΩ

U_S/mV	U_i/mV	R_i/kΩ		U_L/V	U_o/V	R_o/kΩ	
		测量值	计算值			测量值	计算值
100							

表中 R_i 的测量值采用公式（2.2.7）求得，表中 R_o 的测量值采用公式（2.2.8）求得。表中计算值根据电路图进行理论计算推导得出。

*7. 测量幅频特性曲线

取 I_C=2.0 mA，R_C=2.4 kΩ，R_L=2.4 kΩ。保持输入信号 U_i 的幅度不变，改变信号源频率 f，逐点测出相应的输出电压 U_o，记入表 2.2.7。

表 2.2.7　U_i =100 mV

f/Hz	20	60	100	400	1 000	10 000	100 000	200 000	300 000	400 000	500 000
lg$f$											
U_o/v											
A_{uo}											

根据上表中数据，按图 2.2.7 所示，绘出幅频特性曲线。

【实验报告要求】

（1）实验目的。

（2）实验原理。

（3）实验电路图，标明元件的数值。

（4）列表整理测量结果，并把实测的静态工作点、电压放大倍数、输入电阻、输出电阻之值与理论计算值比较（取一组数据进行比较），分析产生误差的原因。

（5）总结 R_c、R_L 及静态工作点对放大器电压放大倍数、输入电阻、输出电阻的影响。

（6）讨论静态工作点变化对放大器输出波形的影响。

【预习要求】

（1）根据以下参数计算图 2.2.1 电路的性能指标。

3DG6 的 β=80，R_{b1}=20 kΩ，R_{b2}=60 kΩ，R_c=2.4 kΩ，R_L=2.4 kΩ。

估算放大器的静态工作点、电压放大倍数 A_u、输入电阻 R_i 和输出电阻 R_o 数据记入表 2.2.8。

表 2.2.8　电路的主要性能指标

静态工作点计算值				交流参数计算值		
U_B/V	U_E/V	U_C/V	I_c/mA	A_u	R_i	R_o

（2）当调节偏置电阻 R_{b2}，使放大器输出波形出现饱和或截止失真时，晶体管的管压降 U_{CE} 怎样变化？

（3）试述改变静态工作点对放大器的输入电阻 R_i 有无影响；改变外接电阻 R_L 对输出电阻 R_o 有无影响。

（4）在测试 A_u，R_i 和 R_o 时，应怎样选择输入信号的大小和频率？

（5）测试中，如果将函数信号发生器、示波器中任一仪器的二个测试端子接线换位（即各仪器的接地端不再连在一起），将会出现什么问题？

实验 3　场效应管放大器

【实验目的】

（1）了解场效应管共源极放大器的性能特点。
（2）掌握放大器主要性能指标的测试方法。

【实验原理】

1. 自偏压式场效应管共源极放大器的组成

场效应管共源极放大器具有以下特点：输入阻抗高，电压放大倍数较小。场效应管在组成放大器时，需要由偏置电路建立一个合适又稳定的静态工作点，由于场效应管是电压控制器件，因此，它只需要给栅极加上合适的偏压，一般采用自给偏压的方法给栅极加上合适的偏压。如图 2.3.1 所示的共源极放大器就是由 N 沟道结型场效应管构成的自给偏压电路。

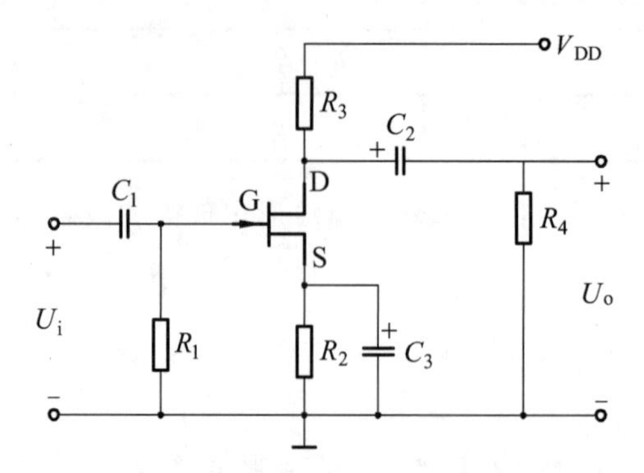

图 2.3.1　自偏压式场效应管共源极放大器

由于栅极电流 I_G 近似为零，所以栅极电阻 R_G 上的压降近似为零，栅极 G 与地同电位，即 U_G=0。对结型场效应管来说，即使在 U_{GS}=0 时，也存在漏极电流 I_D，因此在没有外加栅极电源的情况下，仍然有静态电流 I_{DQ} 流经源极电阻 R_S，在源极电阻 R_S 上产生压降 U_S（$U_S=I_{DQ}R_S$），使源极电位为正，结果在栅极与源极间形成一个负偏置电压：

$$U_{GSQ}=U_{GQ}-U_{SQ}=-I_{DQ}R_S \tag{2.3.1}$$

这个偏置电压是由场效应管本身的电流 I_{DQ} 产生的，所以称为自给偏压。

为了减小 R_S 对交流信号的影响，可在 R_S 两端并联一个交流旁路电容 C_S。

2. 场效应管共源极放大器的直流与交流参数

（1）场效应管共源极放大器的直流参数。

为了使放大器正常工作，必须对场效应管放大器设置合适的静态工作点，场效应管放大器的静态工作点是指直流量 U_{GSQ}、I_{DQ} 和 U_{DSQ}。静态工作点可采用图解法或计算法确定。在本实验中采用计算法来确定静态工作点。

根据图 2.3.1 电路可得到如下静态时的关系式。

$$U_{SDQ}=V_{DD}-I(R_S+R_4) \tag{2.3.2}$$

$$U_{GSQ}=-I_{DD}R_S \tag{2.3.3}$$

$$I_{DQ}=I_{DSS}\left(1-\frac{U_{GSQ}}{U_P}\right)^2 \tag{2.3.4}$$

将已知的 V_{DD}、R_S、R_d、U_P 和 I_{DSS} 代入以上方程，联立求解，就可算出静态工作点 U_{GSQ}、I_{DQ} 和 U_{DSQ}（U_P 和 I_{DSS} 分别为夹断电压和漏极饱和电流）。

（2）场效应管共源极放大器的交流参数。

场效应管共源极放大器的交流参数可由下几个式子求出：

① 电压放大倍数 A_u。

$$A_u = \frac{U_o}{U_i} = -g_m(R_d // R_L // r_{DS}) \approx -g_m(R_d // R_L) \quad (2.3.5)$$

其中负号表示输出电压的相位与输入电压相反，r_{DS}（约为几十千欧）是场效应管的动态电阻。由于结型场效应管的 g_m 较小，若要提高电压放大倍数，则应增大 R_d 和 R_L，相应地也要提高电源电压 V_{DD} 的值。

② 输入电阻 R_i。

$$R_i = \frac{U_i}{I_i} = R_G \quad (2.3.6)$$

③ 输出电阻 R_o：

$$R_o = R_d // r_{DS} \approx R_d \quad (2.3.7)$$

【实验设备】

数字示波器、信号发生器、万用表、模拟电子技术实验箱、场效应管共源极放大器实验板。

【实验内容及步骤】

（1）测量夹断电压 U_P。

图 2.3.2 所示连接电路，改变 U_{GS} 的大小使 I_D=50 μA。此时测出 U_{GS} 的值就得到夹断电压 U_P 的值。即此时的 $U_{GS}=U_P$。结型场效应管的 U_P 为负，其绝对值一般小于 9 V。

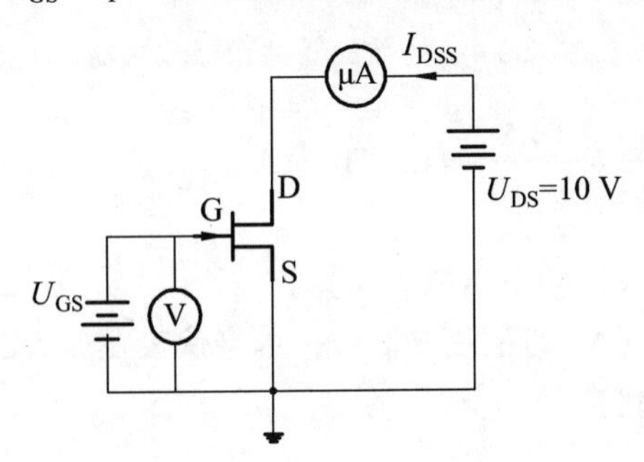

图 2.3.2　测量 U_P 的电路

（2）测量漏极饱和电流 I_{DSS}。

图 2.3.3 所示连接电路，U_{GS}=0，U_{DS}=10 V，此时测出的漏极电流就是饱和漏极电流 I_{DSS}。3DG6 型的 I_{DSS}<10 mA。在本实验中取 I_{DQ}=1.5 mA，将 I_{DQ} 和上面测出来的夹断电压 U_P、饱和电流 I_{DSS} 代入（2.3.4）式中，求出 U_{GSQ}。然后利用公式：$g_m = -\frac{2I_{DSQ}}{U_P}\left(1-\frac{U_{GSQ}}{U_P}\right)$ 求出跨导 g_m。

（3）按图 2.3.4（图中元件值分别取：R_d=3 kΩ，R_L=20 kΩ，R_G=1 MΩ，R_S=100 Ω，R_{W1}=1 kΩ，V_{DD}=12 V，C_1=0.1 μF，C_2=10 μF，C_S=100 μF），在实验板上安装和连接电路，检查无误后，接通直流电源，然后调节 R_{w1} 使 R_{C1} 两端的电压为 4.5 V，则场效应管放大

器的静态工作电流为

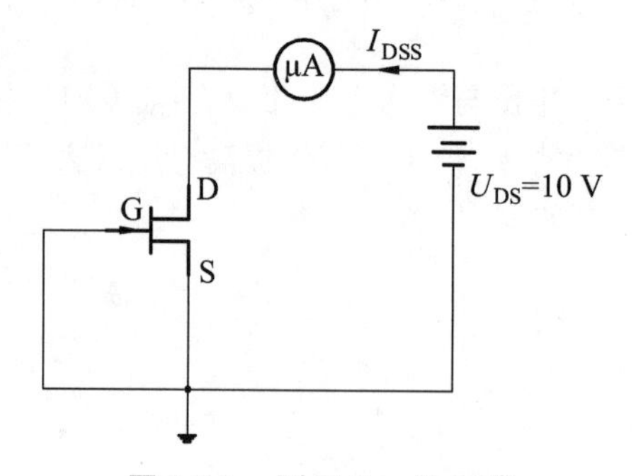

图 2.3.3　测量 I_{DSS} 的电路

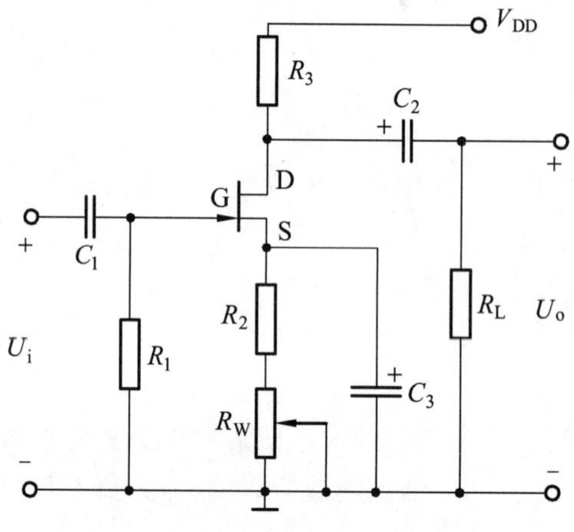

图 2.3.4　场效应管共源极放大器

$$I_{DQ}=\frac{U_{Rd}}{R_d}=\frac{4.5}{3\times10^3}=1.5\times10^{-3}(A)$$

（4）测量场效应管放大器的电压放大倍数 A_u。

输入 f=1 kHz，U_i=20 mV 的正弦波信号，用毫伏表在放大器的输出端测量输出电压 U_o。按下式算出电压放大倍数：

$$A_u=\frac{U_o}{U_i}$$

将上面算出的 A_u 值与用（2.3.5）式算出的电压放大倍数相比较。

（5）测量场效应管放大器的输入电阻 R_i。

按图 2.3.5 所示连接电路，先将输入信号 U_i=20 mV 接到放大器的输入端，将开关 S_1 板向上方触点，测出此时放大器的输出电 U_o；然后将开关 S_1 扳向下方触点，在放大器的输入端串接一个电位器 R_{W2}，输入信号电压 U_i=20 mV 接到电位器 R_{W2} 的一端，调节 R_{W2}，使放大器的输出电压 U'_o 下降到 U_i 接上方触点时输出电压 U_o 的一半，$U'_o=U_o/2$。接着去掉输入信号 U_i，用万用表的 10 kΩ挡测量电位器 R_{W2} 的电阻值，该阻值就是放大器的输入电阻 R_i。

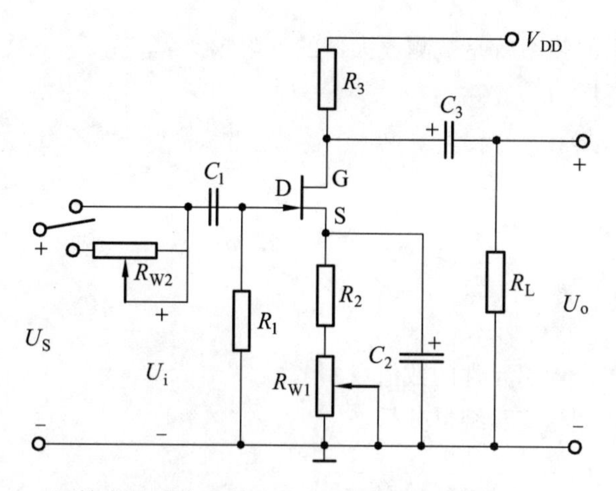

图 2.3.5　场效应管放大器输入电阻测量电路（图中：R_{W2}=2 MΩ）

（6）测量场效应管放大器的输出电阻 R_o。

按图 2.3.6 所示连接电路，保持输入电压 U_i=20 mV，将开关 S_2 断开，测出放大器不接负载时的输出电压 U_o；然后将开关 S_2 接通，在放大器的输出端接上一个电位器 R_{W3}，调节 R_{W3} 使放大器的输出电压 U_o' 下降到开关 S_2 断开时输出电压 U_o 的一半，即 $U_o'=U_o/2$。然后再将开关 S_2 断开，用万用表的 1 kΩ（或 100 Ω）挡测量电位器 R_{W3} 的电阻值，该阻值就是放大器的输出电阻 R_o。

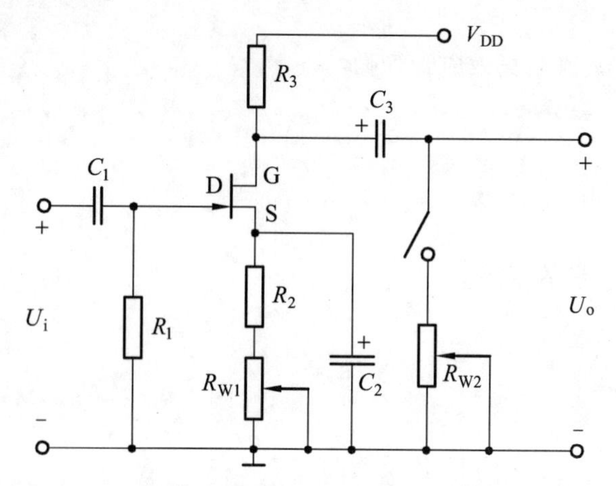

图 2.3.6　场效应管放大器输出阻抗测量电路（R_{W3}=10 kΩ）

（7）用示波器仪用放大器的上、下限频率。

调节 R_{W1}，使 I_{DQ}=3 mA，输入 f=1 kHz、U_i=20 mV 的正弦波信号，用示波器测出放大器的输出电压 U_o。调节示波器的“V/div”及其微调旋钮，使放大器输出波形的高度正好为五格。然后保持输入信号 U_i=20 mV 不变，逐渐升高放大器输入信号的频率，则输出波形的高度将会随着信号频率的升高而逐渐降低，当输出波形的高度降到原来高度的 0.7 时（即 3.5 格），信号发生器上所显示的频率就是被测放大器的上限频率 f_H。用同样的方法，从 1 kHz 开始，使放大器输出波形的高度正好为 5 格，保持输入信号 U_i=20 mV 不变。然后逐渐降低输入信号的频率，当输出波形的高度降到原来高度的 0.7 时（即 3.5 格），信号发生器上所显示的频率就是被测放大器的下限频率 f_L。

放大器的频带宽度为

$$BW=\Delta f=f_H-f_L$$

【实验报告要求】

（1）实验目的。

（2）实验原理。

（3）实验电路图，标明元件的数值。

（4）实验数据处理与实验结果分析。

【预习要求】

（1）场效应管共源极放大器的工作原理。

（2）计算图 2.3.4 所示电路的各参数值 A_u、R_i、R_o，其中 R_d=3 kΩ，R_L=20 kΩ，R_G=1 MΩ，R_S=100 Ω，R_{W1}=1 kΩ，V_{DD}=12 V，C_1=0.1 μF，C_2=10 μF，C_S=100 μF。

（3）如何用万用表判断场效应管管脚？

实验 4　负反馈放大器

【实验目的】

（1）加深理解放大电路中引入负反馈的方法。

（2）掌握负反馈对放大器各项性能指标的影响。

【实验原理】

负反馈在电子电路中有着非常广泛的应用，虽然它使放大器的放大倍数降低，但能在多方面改善放大器的动态指标。如，稳定放大倍数，改变输入、输出电阻，减小非线性失真和展宽通频带等。因此，几乎所有的实用放大器都带有负反馈。

负反馈放大器有四种组态，即电压串联、电压并联、电流串联、电流并联。本实验以电压串联负反馈为例，分析负反馈对放大器各项性能指标的影响。

图 2.4.1 为带有负反馈的两级阻容耦合放大电路，在电路中通过 R_f 把输出电压 u_o 引

回到输入端，加在晶体管 T_1 的发射极上，在发射极电阻 R_{F1} 上形成反馈电压 U_f。根据反馈的判断法可知，它属于电压串联负反馈。

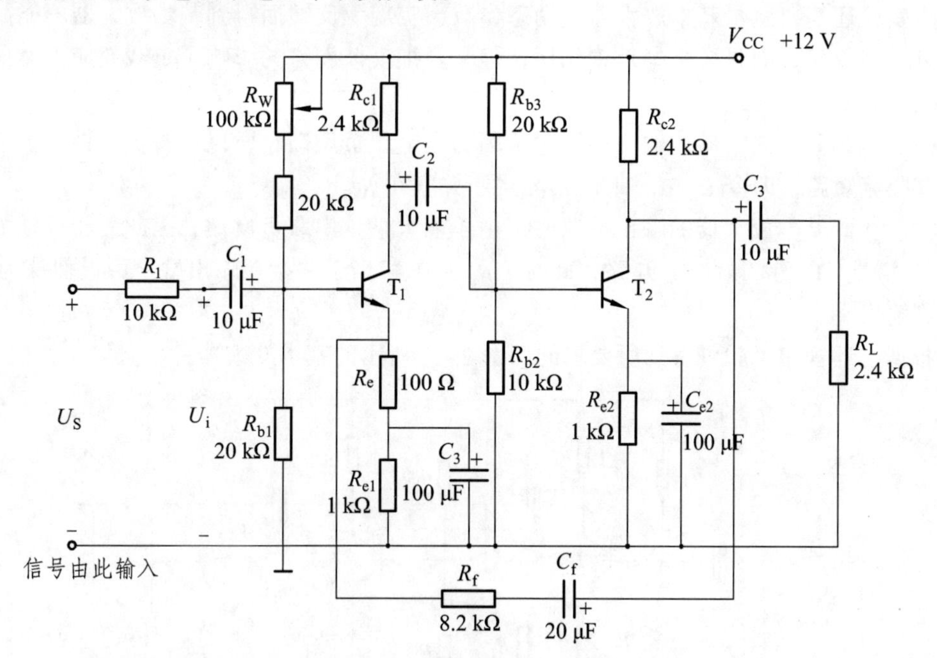

图 2.4.1　带有电压串联负反馈的两级阻容耦合放大器

1. 主要性能指标

（1）闭环电压放大倍数。

$$A_{uf}=\frac{A_u}{1+A_uF_u} \tag{2.4.1}$$

式中　$A_u=U_o/U_i$——基本放大器（无反馈）的电压放大倍数，即开环电压放大倍数；

$1+A_uF_u$——反馈深度，它的大小决定了负反馈对放大器性能改善的程度。

（2）反馈系数。

$$F_u=\frac{R_{F1}}{R_f+R_{f1}} \tag{2.4.2}$$

（3）输入电阻。

$$R_{if}=(1+A_uF_u)R_i \tag{2.4.3}$$

式中，R_i 为基本放大器的输入电阻。

（4）输出电阻。

$$R_{of}=\frac{R_o}{1+A_{uo}F_u} \tag{2.4.4}$$

式中　R_o——基本放大器的输出电阻；

A_{uo}——基本放大器 $R_L=\infty$时的电压放大倍数。

2. 动态参数

本实验还需要测量基本放大器的动态参数，实现无反馈而得到基本放大器不能简单地断开反馈支路，而是要去掉反馈作用，但又要把反馈网络的影响（负载效应）考虑到基本放大器中去。为此：

（1）在画基本放大器的输入回路时，因为是电压负反馈，所以可将负反馈放大器的输出端交流短路，即令 $U_o=0$，此时 R_f 相当于并联在 R_e 上。

（2）在画基本放大器的输出回路时，由于输入端是串联负反馈，因此需将反馈放大器的输入端（T_1 管的射极）开路，此时（R_f+R_e）相当于并接在输出端。可近似认为 R_f 并接在输出端。

根据上述规律，就可得到所要求的如图 2.4.2 所示的基本放大器。

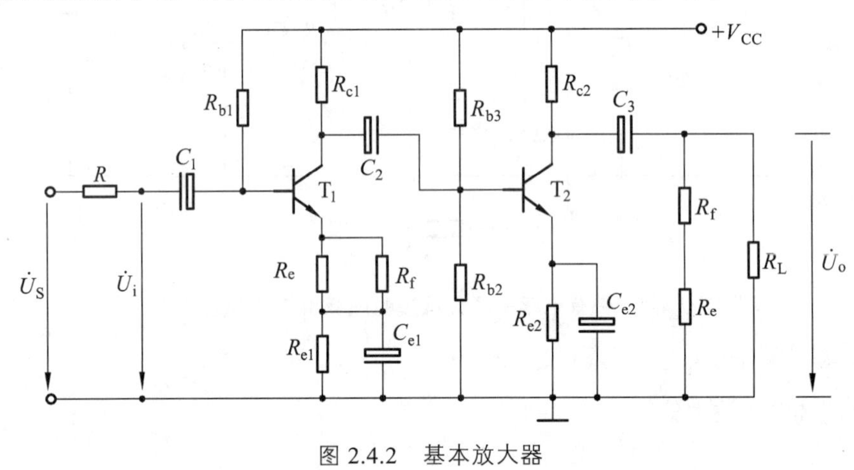

图 2.4.2　基本放大器

【实验设备】

数字示波器、信号发生器、万用表、模拟电子技术实验箱、负反馈放大器实验板。

【实验内容及步骤】

1. 测量静态工作点

按图 2.4.2 连接实验电路，取 V_{CC}=+12 V，U_i=0（信号发生器输出关闭），调节 R_{w1}、R_{w2}，使 $I_{C1}=I_{C2}$=2.0 mA（即 U_{E1}=2.0 V，U_{E2}=2.0 V 用电压除电阻得电流值）。用万用表的直流电压挡分别测量第一级、第二级的静态工作点，记入表 2.4.1。

表 2.4.1　测量静态工作点数据记录

	U_B/V	U_E/V	U_C/V	I_C/mA
第一级				
第二级				

2. 测试基本放大器的各项性能指标

（1）测量中频电压放大倍数 A_u、输入电阻 R_i 和输出电阻 R_o。

将实验电路按图 2.4.2 中 R_f 断开（开关 OFF 状态），其他连线不动。

以 f=1 kHz，$U_S \approx 50$ mV 正弦信号输入放大器，用示波器监视输出波形 U_o，调节 U_S 信号大小，在 U_o 不失真的情况下，用示波器测量 U_S、U_i、U_L，记入表 2.4.2 中。

保持 U_S 不变，断开 R_L，测量输出电压 U_o，记入表 2.4.2。

保持 U_S 不变，接入 R_L，测量输出电压 U_L，记入表 2.4.2。

表 2.4.2　基本放大器和负反馈放大器性能指标

基本放大器	U_S/mV	U_i/mV	U_L/V	U_o/V	A_u	R_i/kΩ	R_o/kΩ
负反馈放大器	U_S/mV	U_i/mV	U_L/V	U_o/V	A_{uf}	R_{if}/kΩ	R_{of}/kΩ

表中 R_i 的测量值采用公式（2.2.7）求得，表中 R_o 的测量值采用公式（2.2.8）求得。

（2）测量通频带。

接上 R_L，保持（1）中的 U_S 不变，然后增加和减小输入信号的频率，找出上、下限频率 f_H 和 f_L，记入表 2.4.3。

3. 测试负反馈放大器的各项性能指标

将实验电路按图 2.4.2 中 R_f 接入（开关 ON 状态），其他连线不动。

以 f=1 kHz，$U_S \approx 100$ mV 正弦信号输入放大器，用示波器监视输出波形 U_o，调节 U_S 信号大小，在 U_o 不失真的情况下，用示波器测量 U_S、U_i、U_L，记入表 2.4.3。在输出波形不失真的条件下，测量负反馈放大器的 A_{uf}、R_{if} 和 R_{of}，记入表 2.4.2；测量 f_{Hf} 和 f_{Lf}，记入表 2.4.3。

表 2.4.3　基本放大器和负反馈放大器通频带

基本放大器	f_L/kHz	f_H/kHz	Δf/kHz
负反馈放大器	f_{Lf}/kHz	f_{Hf}/kHz	Δf_f/kHz

*4. 观察负反馈对非线性失真的改善

（1）实验电路改接成基本放大器形式，在输入端加入 f=1 kHz 的正弦信号，输出端接示波器，逐渐增大输入信号的幅度，使输出波形开始出现失真，记下此时的波形和输出电压的幅度。

（2）再将实验电路改接成负反馈放大器形式，增大输入信号幅度，使输出电压幅度的大小与（1）相同，比较有负反馈时，输出波形的变化。

【实验报告要求】

（1）实验目的。

（2）实验原理。

（3）标有元件值的电路原理图。

（4）实验数据处理与实验结果分析。

① 将基本放大器和负反馈放大器动态参数的实测值和理论估算值列表进行比较。

② 根据实验结果，总结电压串联负反馈对放大器性能的影响。

【预习要求】

（1）按实验电路图 2.4.1 估算放大器的静态工作点，记入表 2.4.4 中（取 $\beta_1=\beta_2=100$，$R_W=60\ \text{k}\Omega$）。

表 2.4.4　估算放大器的静态工作点

	U_B/V	U_E/V	U_C/V	I_C/mA
第一级				
第二级				

（2）按实验电路图 2.4.1 估算基本放大器的交流参数数据记入表 2.4.5 中（取 $\beta_1=\beta_2=100$，$R_W=60\ \text{k}\Omega$）。计算第一级、第二级放大电路放大倍数。

表 2.4.5　估算基本放大器的交流参数

	A_u	R_i/kΩ	R_o/kΩ
第一级			
第二级			

（3）按深负反馈估算闭环电压放大倍数 A_{uf}，试写出计算推导过程。

（4）在 Multisim14 中搭建负反馈电路图 2.4.1，把仿真结果填入表 2.4.6 和表 2.4.7 中。

表 2.4.6　静态工作点仿真结果

	U_B/V	U_E/V	U_C/V	I_C/mA
第一级				
第二级				

表 2.4.7　交流参数仿真结果

	A_u	R_i/kΩ	R_o/kΩ
第一级			
第二级			
负反馈			

实验 5　差动放大器

【实验目的】

（1）加深对差动放大器性能及特点的理解。

（2）学习差动放大器主要性能指标的测试方法。

【实验原理】

差动放大器是基本放大电路之一，由于它具有抑制零点漂移的优异性能，因此得到广泛的应用，并成为集成电路中重要的基本单元电路，常作为集成运算放大器的输入级。

图 2.5.1 是差动放大器的基本结构。它由两个元件参数相同的基本共射放大电路组成。当开关 K 拨向左边时，构成典型的差动放大器。

当输入差模信号时，T_1 管的 I_{C1} 增加，T_2 管的 I_{C2} 减小，增减的量相等，因此两管的电流通过 R_e 的信号分量相等但方向相反，他们相互抵消，所以 R_e 可视为短路，这时图 2.5.1 中的差动放大器就变成了没有 R_e 的基本差动放大器电路，它对差模信号具有一定的放大能力。

对于共模信号，两管的共模电流在 R_e 上的方向是相同的，在取值较大的 R_e 上产生较大的反馈电压，深度的负反馈把放大倍数压得很低，因此抑制了零点漂移。调零电位器 R_W 用来调节 T_1、T_2 管的静态工作点，使得输入信号 U_i=0 时，双端输出电压 U_o=0。R_e 为两管共用的发射极电阻，它对差模信号无负反馈作用，因而不影响差模电压放大倍数，但对共模信号有较强的负反馈作用，故可以有效地抑制零漂，稳定静态工作点。

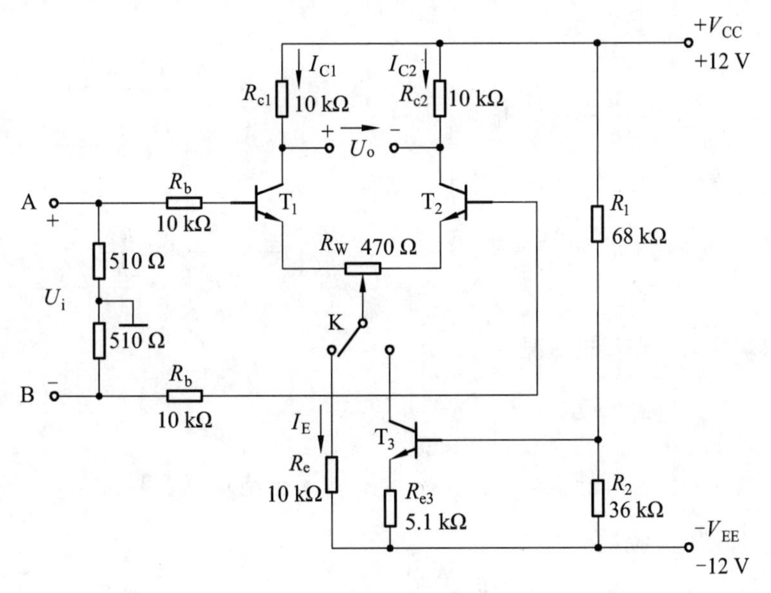

图 2.5.1　差动放大器实验电路

当开关 K 拨向右边时，构成具有恒流源的差动放大器。它用晶体管恒流源代替发射极电阻 R_e，可以进一步提高差动放大器抑制共模信号的能力。

1. 静态工作点的估算

典型电路：

$$I_E \approx \frac{|V_{EE}|-U_{BE}}{R_e} \text{（认为 } U_{B1}=U_{B2}\approx 0\text{）} \tag{2.5.1}$$

$$I_{C1}=I_{C2}=\frac{1}{2}I_E \tag{2.5.2}$$

恒流源电路

$$I_{C3}\approx I_{E3}\approx \frac{\frac{R_2}{R_1+R_2}(V_{CC}+|V_{EE}|)-U_{BE}}{R_{e3}} \tag{2.5.3}$$

$$I_{C1}=I_{C1}=\frac{1}{2}I_{C3} \tag{2.5.4}$$

2. 差模电压放大倍数和共模电压放大倍数

当差动放大器的射极电阻 R_e 足够大，或采用恒流源电路时，差模电压放大倍数 A_d 由输出端方式决定，而与输入方式无关。

双端输出：$R_e=\infty$，R_W 在中心位置时，

$$A_d=\frac{\Delta U_o}{\Delta U_i}=-\frac{\beta R_c}{R_b+r_{be}+\frac{1}{2}(1+\beta)R_W} \tag{2.5.5}$$

单端输出：

$$A_{d1}=\frac{\Delta U_{C1}}{\Delta U_i}=\frac{1}{2}A_d \tag{2.5.6}$$

$$A_{d2}=\frac{\Delta U_{C2}}{\Delta U_i}=-\frac{1}{2}A_d \tag{2.5.7}$$

当输入共模信号时，若为单端输出，则有

$$A_{C1}=A_{C2}=\frac{\Delta U_{C1}}{\Delta U_i}=\frac{-\beta R_c}{R_b+r_{be}+(1+\beta)\left(\frac{1}{2}R_W+2R_e\right)}\approx -\frac{R_c}{2R_e} \tag{2.5.8}$$

若为双端输出，在理想情况下

$$A_C=\frac{\Delta U_o}{\Delta U_i}=0 \tag{2.5.9}$$

实际上由于元件不可能完全对称，因此 A_C 也不会绝对等于零。

3. 共模抑制比 CMRR

为了表征差动放大器对有用信号（差模信号）的放大作用和对共模信号的抑制能力，

通常用一个综合指标来衡量，即共模抑制比。

$$\mathrm{CMRR}=\left|\frac{A_{\mathrm{d}}}{A_{\mathrm{c}}}\right| \text{或} \mathrm{CMRR}=20\mathrm{Log}\left|\frac{A_{\mathrm{d}}}{A_{\mathrm{c}}}\right|(\mathrm{dB}) \tag{2.5.10}$$

差动放大器的输入信号可采用直流信号也可采用交流信号。本实验由函数信号发生器提供频率 f=1 kHz 的正弦信号作为输入信号。

【实验设备】

数字示波器、信号发生器、万用表、模拟电子技术实验箱、差动放大器实验板。

【实验内容及步骤】

1. 典型差动放大器性能测试

按图 2.5.1 连接实验电路，开关 K 拨向左边构成典型差动放大器。

（1）测量静态工作点。

① 调节放大器零点。

信号源不接入，将放大器输入端 A、B 与地短接，接通±12 V 直流电源，用万用表的直流电压挡测量输出电压 U_{o}，调节调零电位器 R_{W}，使 U_{o}=0。调节要仔细，使 U_{o}尽量接近 0 即可。

② 测量静态工作点。

零点调好以后，用万用表的直流电压挡测量 T_1、T_2 管各电极电位及射极电阻 R_{e} 两端电压 $U_{R\mathrm{e}}$，记入表 2.5.1 中。

表 2.5.1　测量静态工作点数据记录

<table>
<tr><td rowspan="2">测量值</td><td>U_{C1}/V</td><td>U_{B1}/V</td><td>U_{E1}/V</td><td>U_{C2}/V</td><td>U_{B2}/V</td><td>U_{E2}/V</td><td>$U_{R\mathrm{e}}$/V</td></tr>
<tr><td></td><td></td><td></td><td></td><td></td><td></td><td></td></tr>
<tr><td rowspan="2">计算值</td><td colspan="2">I_{C}/mA</td><td colspan="2">I_{B}/mA</td><td colspan="3">U_{CE}/V</td></tr>
<tr><td colspan="2"></td><td colspan="2"></td><td colspan="3"></td></tr>
</table>

（2）测量差模电压放大倍数。

断开直流电源，将函数信号发生器的输出端接放大器输入 A 端，地端接放大器输入 B 端构成单端输入方式，调节输入信号为频率 f=1 kHz 的正弦信号，并使输出为零（关闭输出），用示波器监视输出端（集电极 C_1 或 C_2 与地之间）。接通±12 V 直流电源，逐渐增大输入电压 U_{i}（约 100 mV），在输出波形无失真的情况下，用示波器测量 U_{i}、U_{C1}、U_{C2} 有效值，记入表 2.5.2 中，并观察 U_{i}、U_{C1}、U_{C2} 之间的相位关系及 $U_{R\mathrm{e}}$ 随 U_{i} 改变而变化的情况。

（3）测量共模电压放大倍数。

将放大器 A、B 短接，信号发生器正端接 A 端，负端接地，构成共模输入方式，调节输入信号 f=1 kHz，U_{i}=1 V，在输出电压无失真的情况下，用示波器测量 U_{C1}、U_{C2} 有效值记入表 2.5.2 中，并观察 U_{i}、U_{C1}、U_{C2} 之间的相位关系及 $U_{R\mathrm{e}}$ 随 U_{i} 改变而变化的情况。

表 2.5.2　测量差模和共模电压放大倍数数据记录

	典型差动放大电路		具有恒流源差动放大电路	
	单端输入	共模输入	单端输入	共模输入
U_i	100 mV	1 V	100 mV	1 V
U_{C1}/V				
U_{C2}/V				
$A_{d1}=\dfrac{U_{C1}}{U_i}$		/		/
$A_d=\dfrac{U_o}{U_i}$		/		/
$A_{C1}=\dfrac{U_{C1}}{U_i}$	/		/	
$A_C=\dfrac{U_o}{U_i}$	/		/	
$\text{CMRR}=\left\|\dfrac{A_{d1}}{A_{C1}}\right\|$				

2. 具有恒流源的差动放大电路性能测试

将图 2.5.1 电路中开关 K 拨向右边，构成具有恒流源的差动放大电路。重复内容 2、3 的要求，记入表 2.5.2 中。

【实验报告要求】

（1）实验目的。

（2）实验原理。

（3）绘制实验电路图，标明元件的数值。

（4）整理实验数据，列表比较实验结果和理论估算值，分析误差原因。

① 静态工作点和差模电压放大倍数。

② 典型差动放大电路单端输出时的 CMRR 实测值与理论值比较。

③ 典型差动放大电路单端输出时 CMRR 的实测值与具有恒流源的差动放大器 CMRR 实测值比较。

（5）比较 U_i、U_{C1} 和 U_{C2} 之间的相位关系。

【预习要求】

（1）根据实验电路图 2.5.1 所示参数，计算典型差动放大器和具有恒流源的差动放大器的静态工作点（取 $\beta_1=\beta_2=100$），数据记入表 2.5.3 中。

（2）根据实验电路图 2.5.1 所示参数，计算典型差动放大器和具有恒流源的差动放大器的共模、差模放大倍数（取 $\beta_1=\beta_2=100$），数据记入表 2.5.4 中。

表 2.5.3　典型差动放大器和具有恒流源的差动放大器的静态工作点

<table>
<tr><td rowspan="4">典型差动放大器</td><td>U_{C1}/V</td><td>U_{B1}/V</td><td>U_{E1}/V</td><td>U_{C2}/V</td><td>U_{B2}/V</td><td>U_{E2}/V</td><td>U_{Re}/V</td></tr>
<tr><td></td><td></td><td></td><td></td><td></td><td></td><td></td></tr>
<tr><td colspan="2">I_C/mA</td><td colspan="2">I_B/mA</td><td colspan="3">U_{CE}/V</td></tr>
<tr><td colspan="2"></td><td colspan="2"></td><td colspan="3"></td></tr>
<tr><td rowspan="4">恒流源的差动放大器</td><td>U_{C1}/V</td><td>U_{B1}/V</td><td>U_{E1}/V</td><td>U_{C2}/V</td><td>U_{B2}/V</td><td>U_{E2}/V</td><td>U_{Re}/V</td></tr>
<tr><td></td><td></td><td></td><td></td><td></td><td></td><td></td></tr>
<tr><td colspan="2">I_C/mA</td><td colspan="2">I_B/mA</td><td colspan="3">U_{CE}/V</td></tr>
<tr><td colspan="2"></td><td colspan="2"></td><td colspan="3"></td></tr>
</table>

表 2.5.4　差模和共模放大倍数

	差模放大倍数	共模放大倍数
典型差动放大器		
恒流源的差动放大器		

（3）实验中怎样获得双端和单端输入差模信号？画出 A、B 端与信号源之间的连接图。

（4）实验中怎样获得共模信号？画出 A、B 端与信号源之间的连接图。

实验 6　集成运算放大器参数测试

【实验目的】

（1）掌握运算放大器主要指标的测试方法。

（2）对运算放大器 LM324 指标的测试，了解集成运算放大器组件的主要参数的定义和表示方法。

【实验原理】

集成运算放大器是一种线性集成电路，和其他半导体器件一样，它是用一些性能指标来衡量其质量的优劣。为了正确使用集成运放，就必须了解它的主要参数指标。集成运放组件的各项指标通常是由专用仪器进行测试的，这里介绍一种简易测试方法。

1. LM324 主要指标测试

（1）输入失调电压 U_{IO}。

理想运放组件，当输入信号为零时，其输出也为零。但是即使是最优质的集成组件，由于运放内部差动输入级参数的不完全对称，输出电压往往不为零。这种零输入时输出不为零的现象称为集成运放的失调。

输入失调电压 U_{IO} 是指输入信号为零时，输出端出现的电压折算到同相输入端的数值。

失调电压测试电路如图 2.6.1 所示。闭合开关 K_1 及 K_2，使电阻 R_b 短接，测量此时的输出电压 U_{o1} 即为输出失调电压，则输入失调电压

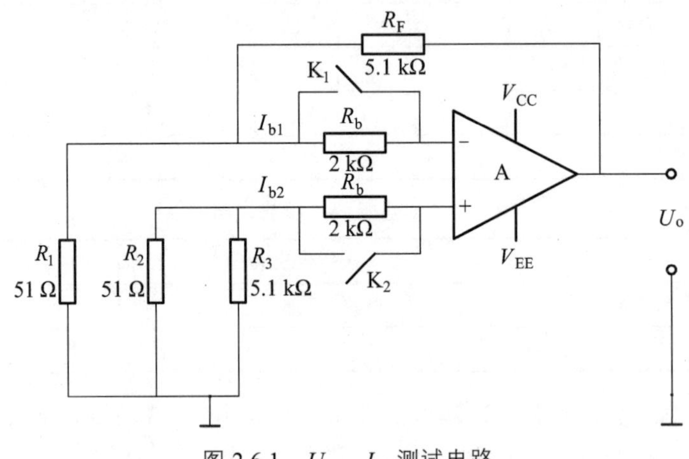

图 2.6.1　U_{oS}、I_{oS} 测试电路

$$U_{IO} = \frac{R_1}{R_1 + R_F} U_{o1} \tag{2.6.1}$$

实际测出的 U_{o1} 可能为正，也可能为负，一般在 1 ~ 5 mV，对于高质量的运放 U_{IO} 在 1 mV 以下。

测试中应注意：

① 将运放调零端开路。

② 要求电阻 R_1 和 R_2，R_3 和 R_F 的参数严格对称。

（2）输入失调电流 I_{IO}。

输入失调电流 I_{oS} 是指当输入信号为零时，运放的两个输入端的基极偏置电流之差：

$$I_{IO} = |I_{B1} - I_{B2}|$$

输入失调电流的大小反映了运放内部差动输入级两个晶体管 β 的失配度，由于 I_{B1}、I_{B2} 本身的数值已很小（微安级），因此它们的差值通常不是直接测量的，测试电路如图 2.6.1 所示，测试分两步进行：

① 闭合开关 K_1 及 K_2，在低输入电阻下，测出输出电压 U_{o1}，如前所述，这是由输入失调电压 U_{IO} 所引起的输出电压。

② 断开 K_1 及 K_2，两个输入电阻 R_b 接入，由于 R_b 阻值较大，流经它们的输入电流的差异，将变成输入电压的差异，因此，也会影响输出电压的大小，可见测出两个电阻 R_b 接入时的输出电压 U_{o2}，若从中扣除输入失调电压 U_{IO} 的影响，则输入失调电流 I_{IO} 为

$$I_{IO} = |I_{B1} - I_{B2}| = |U_{o2} - U_{o1}| \frac{R_1}{R_1 + R_F} \frac{1}{R_b} \tag{2.6.2}$$

一般，I_{IO}约为几十～几百纳安（10^{-9} A），高质量运放 I_{IO}低于 1 nA。

测试中应注意：

① 将运放调零端开路。

② 两输入端电阻 R_b 必须精确配对。

（3）开环差模放大倍数 A_{ud}。

集成运放在没有外部反馈时的直流差模放大倍数称为开环差模电压放大倍数，用 A_{ud} 表示。它定义为开环输出电压 U_o 与两个差分输入端之间所加信号电压 U_{id} 之比

$$A_{ud} = \frac{U_o}{U_{id}} \tag{2.6.3}$$

按定义 A_{ud} 应是信号频率为零时的直流放大倍数，但为了测试方便，通常采用低频（几十赫兹以下）正弦交流信号进行测量。由于集成运放的开环电压放大倍数很高，难以直接进行测量，故一般采用闭环测量方法。A_{ud} 的测试方法很多，现采用交、直流同时闭环的测试方法，如图 2.6.2 所示。

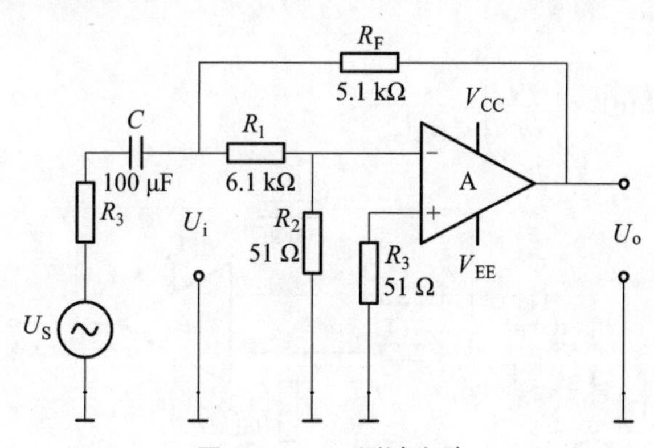

图 2.6.2 A_{ud} 测试电路

被测运放一方面通过 R_F、R_1、R_2 完成直流闭环，以抑制输出电压漂移，另一方面通过 R_F 和 R_S 实现交流闭环，外加信号 u_S 经 R_1、R_2 分压，使 U_{id} 足够小，以保证运放工作在线性区，同相输入端电阻 R_3 应与反相输入端电阻 R_2 相匹配，以减小输入偏置电流的影响，电容 C 为隔直电容。被测运放的开环电压放大倍数为

$$A_{ud} = \frac{U_o}{U_{id}} = (1 + \frac{R_1}{R_2})\frac{U_o}{U_i} \tag{2.6.4}$$

通常低增益运放 A_{ud} 约为 60～70 dB，中增益运放约为 80 dB，高增益在 100 dB 以上，可达 120～140 dB。

测试中应注意：

① 测试前电路应首先消振及调零。

② 被测运放要工作在线性区。

③ 输入信号频率应较低，一般用 50～100 Hz，输出信号幅度应较小，且无明显失真。

（4）共模抑制比 CMRR。

集成运放的差模电压放大倍数 A_d 与共模电压放大倍数 A_c 之比称为共模抑制比

$$\text{CMRR}=\left|\frac{A_d}{A_c}\right| \text{ 或 } \text{CMRR}=20\lg\left|\frac{A_d}{A_c}\right|(\text{dB}) \tag{2.6.5}$$

共模抑制比在应用中是一个很重要的参数，理想运放对输入的共模信号其输出为零，但在实际的集成运放中，其输出不可能没有共模信号的成分，输出端共模信号越小，说明电路对称性越好，也就是说运放对共模干扰信号的抑制能力越强，即 CMRR 越大。CMRR 的测试电路如图 2.6.3 所示。

集成运放工作在闭环状态下的差模电压放大倍数为

$$A_d=-\frac{R_F}{R_1} \tag{2.6.6}$$

当接入共模输入信号 U_{ic} 时，测得 U_{oc}，则共模电压放大倍数为

$$A_C=\frac{U_{oc}}{U_{ic}} \tag{2.6.7}$$

得共模抑制比

$$\text{CMRR}=\left|\frac{A_d}{A_c}\right|=\frac{R_F}{R_1}\frac{U_{ic}}{U_{oc}} \tag{2.6.8}$$

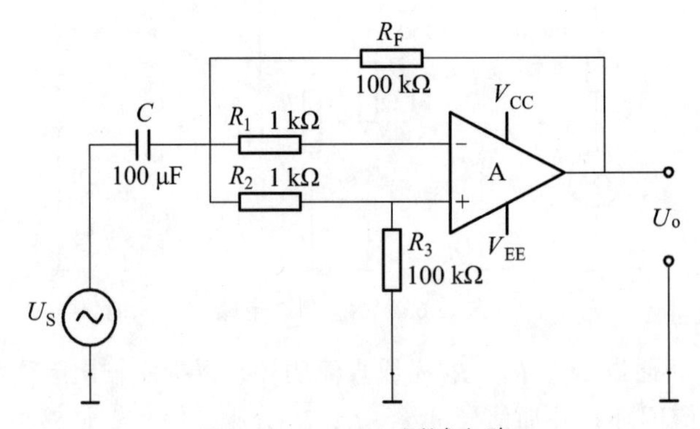

图 2.6.3　CMRR 测试电路

测试中应注意：

① 消振与调零。

② R_1 与 R_2、R_3 与 R_F 之间阻值严格对称。

③ 输入信号 U_{ic} 幅度必须小于集成运放的最大共模输入电压范围 U_{icm}。

（5）共模输入电压范围 U_{icm}。

集成运放所能承受的最大共模电压称为共模输入电压范围，超出这个范围，运放的 CMRR 会大大下降，输出波形产生失真，有些运放还会出现“自锁”现象以及永久性的损坏。

U_{icm} 的测试电路如图 2.6.4 所示。

被测运放接成电压跟随器形式，输出端接示波器，观察最大不失真输出波形，从而确定 U_{icm} 值。

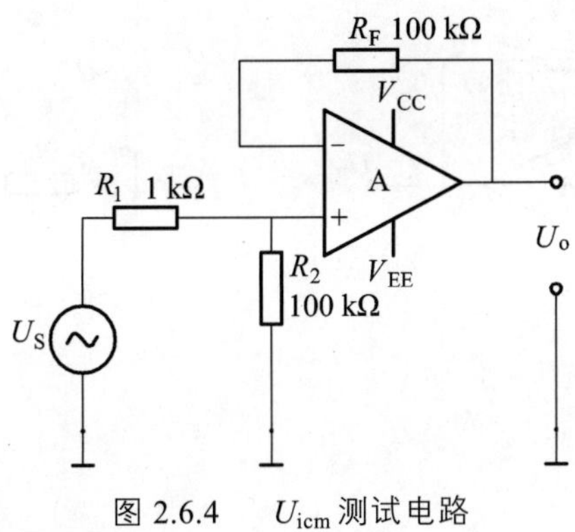

图 2.6.4　U_{icm} 测试电路

（6）输出电压最大动态范围 U_{oPP}。

集成运放的动态范围与电源电压、外接负载及信号源频率有关。测试电路如图 2.6.5 所示。

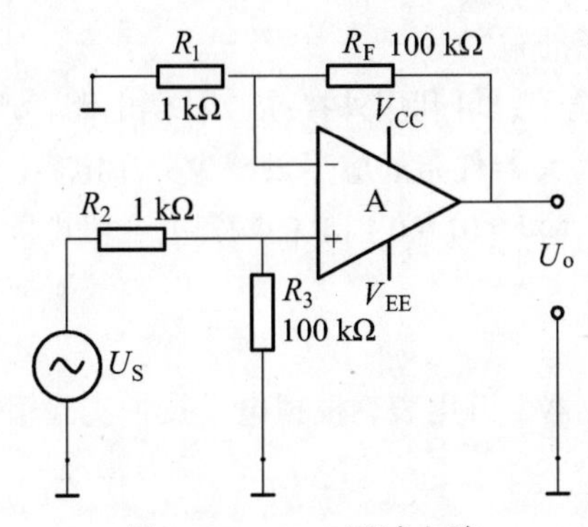

图 2.6.5　U_{oPP} 测试电路

改变 U_S 幅度，观察 U_o 削顶失真开始时刻，从而确定 U_o 的不失真范围，这就是运放在某一定电源电压下可能输出的电压峰峰值 U_{oPP}。

2. 集成运放在使用时应考虑的一些问题

（1）输入信号选用交、直流量均可，但在选取信号的频率和幅度时，应考虑运放的频响特性和输出幅度的限制。

（2）调零。为提高运算精度，在运算前，应首先对直流输出电位进行调零，即保证输入为零时，输出也为零。当运放有外接调零端子时，可按组件要求接入调零电位器 R_W，调零时，将输入端接地，调零端接入电位器 R_W，用万用表的直流电压挡测量输出电压 U_o，细心调节 R_W，使 U_o 为零（即失调电压为零）。如运放没有调零端子，若要调零，可按图 2.6.6 所示电路进行调零。

一个运放如不能调零，大致有如下原因：① 组件正常，接线有错误。② 组件正常，但负反馈不够强（R_F/R_1 太大），为此可将 R_F 短路，观察是否能调零。③ 组件正常，但由于它所允许的共模输入电压太低，可能出现自锁现象，因而不能调零。为此可将电源断开后，再重新接通，如能恢复正常，则属于这种情况。④ 组件正常，但电路有自激现象，应进行消振。⑤ 组件内部损坏，应更换好的集成块。

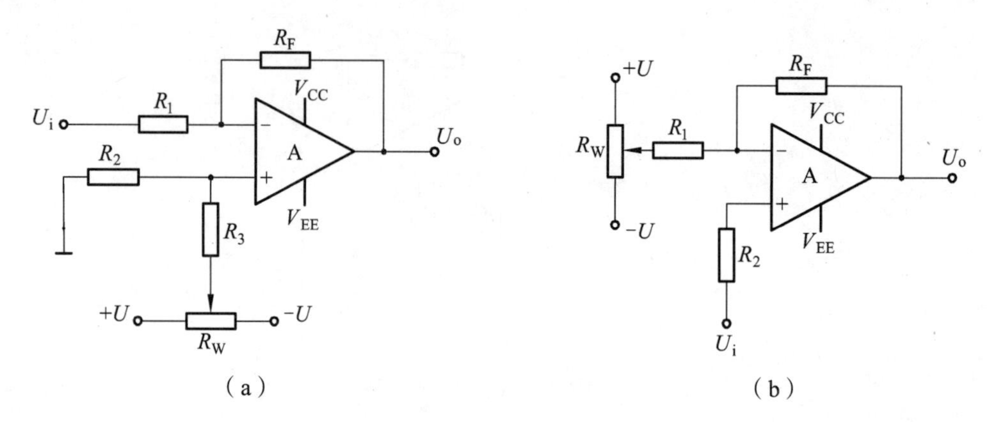

图 2.6.6 调零电路

（3）消振。一个集成运放自激时，表现为即使输入信号为零，也会有输出，使各种运算功能无法实现，严重时还会损坏器件。在实验中，可用示波器监视输出波形。为消除运放的自激，常采用如下措施

① 若运放有相位补偿端子，可利用外接 *RC* 补偿电路，产品手册中有补偿电路及元件参数提供。② 电路布线、元器件布局应尽量减少分布电容。③ 在正、负电源进线与地之间接上几十微法的电解电容和 0.01 ~ 0.1 μF 的陶瓷电容相并联以减小电源引线的影响。

【实验设备】

数字示波器、信号发生器、万用表、模拟电子技术实验箱、集成运算放大器实验板。

【实验内容及步骤】

实验前看清运放管脚排列及电源电压极性及数值，切忌正、负电源接反。

1. 测量输入失调电压 U_{IO}

按图 2.6.1 连接实验电路，闭合开关 K_1、K_2，用万用表的直流电压挡测量输出端电压 U_{o1}，并计算 U_{IO}，记入表 2.6.1。

表 2.6.1 测量输入失调电压数据记录

U_{o1}/V	U_{IO}/V

2. 测量输入失调电流 I_{oS}

实验电路如图 2.6.1，打开开关 K_1、K_2，用万用表的直流电压挡测量 U_{o2}，并计算 I_{IO}。记入表 2.6.2。

表 2.6.2 测量输入失调电流数据记录

U_{IO}/mV		I_{IO}/nA		A_{ud}/dB		*CMRR*/dB	
实测值	典型值	实测值	典型值	实测值	典型值	实测值	典型值
	2 ~ 10		50 ~ 100		100 ~ 106		80 ~ 86

3. 测量开环差模电压放大倍数 A_{ud}

按图 2.6.2 连接实验电路，运放输入端加频率 100 Hz，大小约 30 ~ 50 mV 正弦信号，用示波器监视输出波形。用示波器测量 U_o 和 U_i，并计算 A_{ud}。

4. 测量共模抑制比

按图 2.6.3 连接实验电路，运放输入端加 f=100 Hz，U_{ic}=1 ~ 2 V 正弦信号，监视输出波形。测量 U_{oc} 和 U_{ic}，计算 A_c 及 $CMRR$。

5. 测量共模输入电压范围 U_{icm} 及输出电压最大动态范围 U_{oPP}

自拟实验步骤及方法。

【实验报告要求】

（1）实验目的。
（2）实验原理。
（3）绘制实验电路图，标明元件的数值。
（4）整理实验数据，列表比较实验结果和理论估算值，分析误差原因。
① 将所测得的数据与典型值进行比较。
② 对实验结果及实验中碰到的问题进行分析、讨论。

【预习要求】

（1）查阅 LM324 典型参数指标及绘出管脚图。

（2）用 Multisim14 搭建图 2.6.1、图 2.6.2、图 2.6.3、图 2.6.4 电路，把相关测量参数填入表 2.6.3 中。

表 2.6.3　Multisim14 搭建相关图的测量数据

	U_{IO}	I_{IO}	A_{ud}	$CMRR$	U_{icm}
仿真值					

实验 7　集成运放的应用（一）

【实验目的】

（1）掌握由集成运算放大器组成的比例、加法、减法基本运算电路的功能。
（2）进一步熟悉电路的安装和电路参数的测试方法。
（3）了解运算放大器在实际应用时应考虑的一些问题。

【实验原理】

集成运算放大器是一种具有高电压放大倍数的直接耦合多级放大电路。当外部接入不同的线性或非线性元器件组成输入和负反馈电路时，可以灵活地实现各种特定的函数关系。在线性应用方面，可组成比例、加法、减法、积分、微分、对数等模拟运算电路。

1. 理想运算放大器特性

在大多数情况下，将运放视为理想运放，就是将运放的各项技术指标理想化，满足下列条件的运算放大器称为理想运放。

开环电压增益 $A_{ud}=\infty$

输入阻抗 $R_i=\infty$

输出阻抗 $R_o=0$

带宽 $f_{BW}=\infty$

失调与漂移均为零等。

2. 理想运放在线性应用时的两个重要特性

（1）输出电压 U_o 与输入电压之间满足关系式

$$U_o=A_{ud}（U_+-U_-） \tag{2.7.1}$$

由于 $A_{ud}=\infty$，而 U_o 为有限值，因此，$U_+-U_-\approx 0$。即 $U_+\approx U_-$，称为“虚短”。

（2）由于 $R_i=\infty$，故流进运放两个输入端的电流可视为零，即 $I_{IB}=0$，称为“虚断”。这说明运放对其前级吸取电流极小。

上述两个特性是分析理想运放应用电路的基本原则，可简化运放电路的计算。

3. 基本运算电路

（1）反相比例运算电路。

电路如图 2.7.1 所示。对于理想运放，该电路的输出电压与输入电压之间的关系为

$$U_o=-\frac{R_F}{R_1}U_i \tag{2.7.2}$$

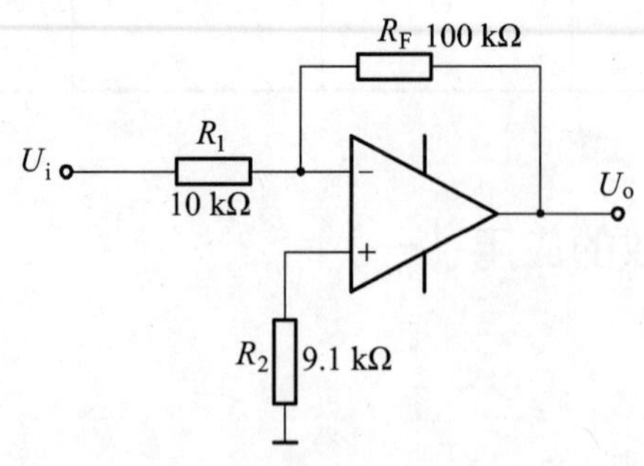

图 2.7.1 反相比例运算电路

为了减小输入级偏置电流引起的运算误差，在同相输入端应接入平衡电阻。

$$R_2=R_1//R_F$$

在实验过程中，平衡电阻也可以不接，通常不影响实验精度。R_2、R_3直接接地端。

（2）反相加法电路。

电路如图 2.7.2 所示，输出电压与输入电压之间的关系为

$$U_o=-\left(\frac{R_F}{R_1}U_{i1}+\frac{R_F}{R_2}U_{i2}\right)\qquad R_3=R_1//R_2//R_F \tag{2.7.3}$$

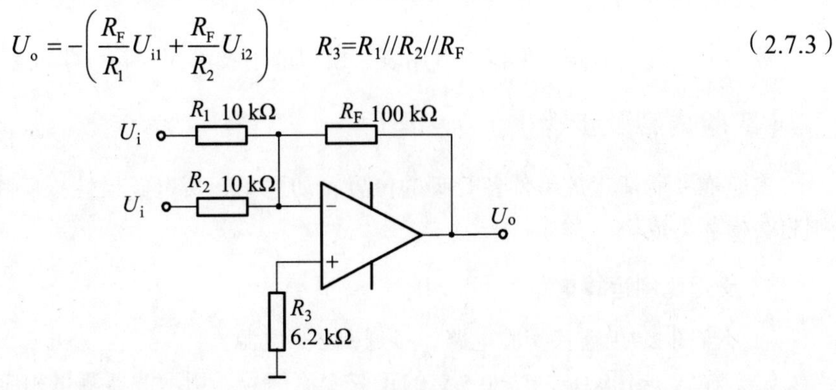

图 2.7.2　反相加法运算电路

（3）同相比例运算电路。

图 2.7.3（a）是同相比例运算电路，它的输出电压与输入电压之间的关系为

$$U_o=\left(1+\frac{R_F}{R_1}\right)U_i\qquad R_2=R_1//R_F \tag{2.7.4}$$

当 $R_1\to\infty$时，$U_o=U_i$，即得到如图 2.7.3（b）所示的电压跟随器。图中 $R_2=R_F$，用以减小漂移和起保护作用。一般 R_F 取 10 kΩ，R_F 太小起不到保护作用，太大则影响跟随性。

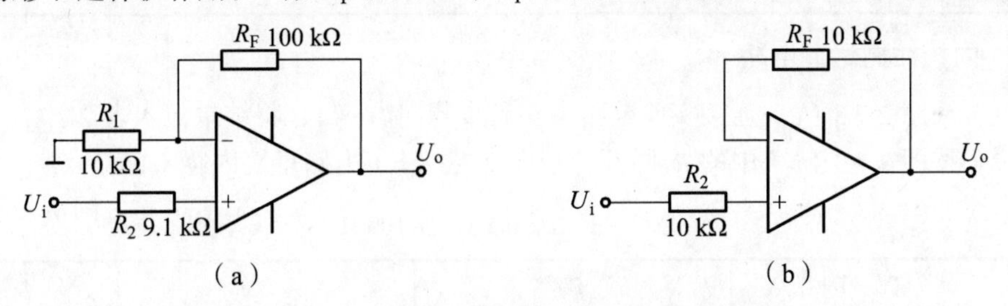

图 2.7.3　同相比例运算电路及电压跟随器

（4）差动放大电路（减法器）。

对于图 2.7.4 所示的减法运算电路，当 $R_1=R_2$，$R_3=R_F$时，有如下关系式

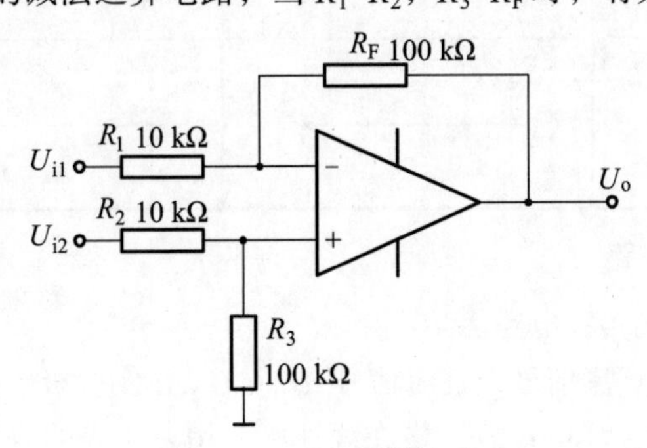

图 2.7.4　减法运算电路图

$$U_o = \frac{R_F}{R_1}(U_{i2} - U_{i1}) \quad (2.7.5)$$

【实验设备】

数字示波器、信号发生器、万用表、模拟电子技术实验箱、集成运算放大器实验板。

【实验内容及步骤】

实验前要看清运放组件各管脚的位置；切忌正、负电源极性接反和输出端短路，否则将会损坏集成块。

1. 反相比例运算电路

（1）按图 2.7.1 连接实验电路，接通±12 V 电源。

（2）输入 f=100 Hz，U_i=0.5 V 的正弦交流信号，用示波器测量相应的 U_o，并用示波器观察 U_o 和 U_i 的相位关系，记入表 2.7.1。其中计算值为直接根据图 2.7.1 所示图直接计算出的放大倍数。

表 2.7.1　U_i=0.5 V（有效值），f=100 Hz

U_i/V	U_o/V	U_i 波形	U_o 波形	A_u	
				实测值	计算值
		t	t		

2. 同相比例运算电路

（1）按图 2.7.3（a）连接实验电路。实验步骤同内容 1，将结果记入表 2.7.2。

（2）将图 2.7.3（a）中的 R_1 断开，得图 2.7.3（b）电路重复内容（1）。

表 2.7.2　U_i=0.5 V　f=100 Hz

	U_i/V	U_o/V	U_i 波形	U_o 波形	A_u	
同相比例			t	t	实测值	计算值
跟随器			t	t		

3. 反相加法运算电路

（1）按图 2.7.2 连接实验电路。

（2）输入信号采用直流信号，直流信号 U_{i1}、U_{i2} 在实验板上。实验时要注意选择合适的直流信号幅度以确保集成运放工作在线性区。用万用表的直流电压挡测量输入电压

U_{i1}、U_{i2} 及输出电压 U_o，调节直流信号产生部分电位器，改变 U_{i1}、U_{i2} 信号，重复测量数据，记入表 2.7.3。

表 2.7.3 反向加法运算电路测量数据

	第一组	第二组	第三组	第四组	第五组
U_{i1}/V					
U_{i2}/V					
U_o/V					

4. 减法运算电路

（1）按图 2.7.4 连接实验电路。

（2）采用直流输入信号，实验步骤同内容 3，记入表 2.7.4。

表 2.7.4 减法运算电路测量数据

	第一组	第二组	第三组	第四组	第五组
U_{i1}/V					
U_{i2}/V					
U_o/V					

【实验报告要求】

（1）实验目的。

（2）实验原理。

（3）整理实验数据，画出波形图（注意波形间的相位关系）。

（4）将理论计算结果和实测数据相比较，分析产生误差的原因。

（5）分析讨论实验中出现的现象和问题。

【预习要求】

（1）根据实验电路 2.7.1 到 2.7.4 中参数计算各电路输出电压的理论值。数据记入表 2.7.5 中。

表 2.7.5 各电路输出电压理论值

	反相比例	同相比例	跟随器	加法电路	减法电路
输入/输出关系					
放大倍数					

（2）为了不损坏集成块，实验中应注意什么问题？

实验 8　集成运放的应用（二）

【实验目的】

（1）了解运算放大器组成的积分器和微分器的工作原理及电路的基本形式。

（2）学会使用双踪示波器观察积分器和微分器的输出波形、输入波形，测量输出电压与输入电压之间的相位。

【实验原理】

积分器可以实现对输入信号的积分运算，图 2.8.1 是其电路原理。

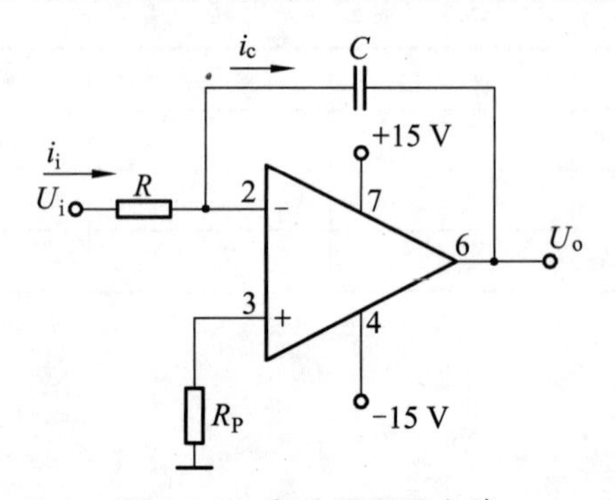

图 2.8.1　积分器原理电路

根据反相输入端为“虚地”的概念，有

$$i_i = \frac{u_i}{R} = i_c$$

因此

$$u_o(t) = -\frac{1}{C}\int_0^t i_c \mathrm{d}t = -\frac{1}{RC}\int_0^t u_i(t)\mathrm{d}t \tag{2.8.1}$$

输出电压是输入电压的积分，其中积分常数：

$$\tau = RC \tag{2.8.2}$$

积分器的输入电阻为

$$R_i=R$$

为了减少输入偏置电流的影响，同相端的平衡电阻应取

$$R_P=R$$

当 $u_i(t)$是幅度为 E 的阶跃电压时，

$$u_o(t) = -\frac{1}{RC}\int_0^t E\mathrm{d}t = -\frac{Et}{RC} \tag{2.8.3}$$

上式说明，在阶跃电压作用下，输出电压的相位与输入电压的相位相反，输出电压 $u_o(t)$随着时间的增长而$+U_{im}$线性下降，直到放大器出现饱和，如图 2.8.2（a）所示。从式（2.8.3）可知，当 $t=RC$ 时，$U_o(t)=-E$。

当 $u_i(t)$是对称方波时，输出电压 $u_o(t)$的波形为对称的三角波，且输出电压的相位与输入电压的相位相反，如图 2.8.2（b）所示。

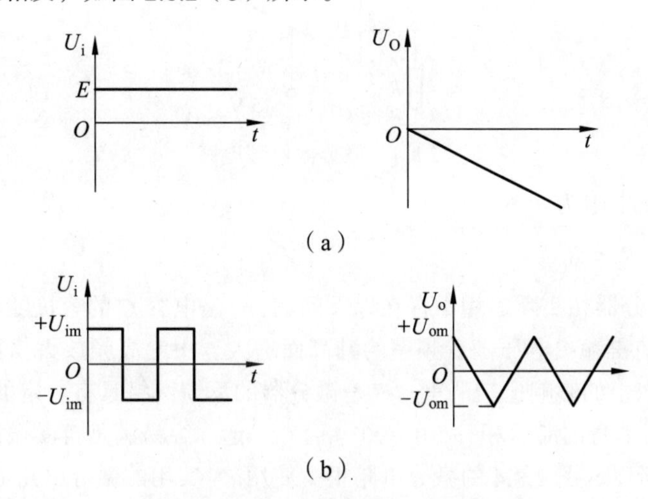

图 2.8.2　积分电路的输入与输出波

为了限制电路的低频增益，减少失调电压的影响，可在图 2.8.1 电路中，与电容 C 并联一个电阻 R_f,就得到了一个实用的积分电路，如图 2.8.3 所示。其中，平衡电阻 $R_P=R_1//R_F$。

图 2.8.3 中的元件值：R=10 kΩ，R_P=10 kΩ，R_F=100 kΩ，C=0.1 μF。

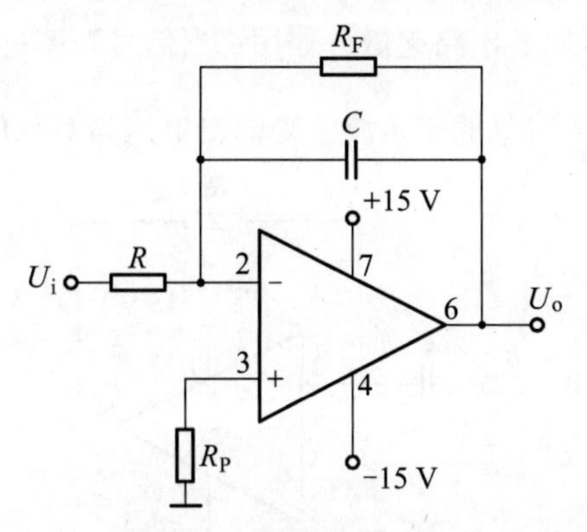

图 2.8.3　实用的积分电路

2. 微分器

微分器可以实现对输入信号的微分运算，微分是积分的逆运算，因此把积分器中的 R 与 C 的位置互换，就组成了最简单的微分器，如图 2.8.4 所示。

根据反相端为“虚地”的概念，由图 2.8.4 得：$i_i = C\dfrac{du_i}{dt}$，$i_i = i_f$。

所以：$u_o(t) = -i_f R_f = -R_f C\dfrac{du_i(t)}{dt}$ 时间常数 $\tau=R_fC$，负号表示运放为反相接法。

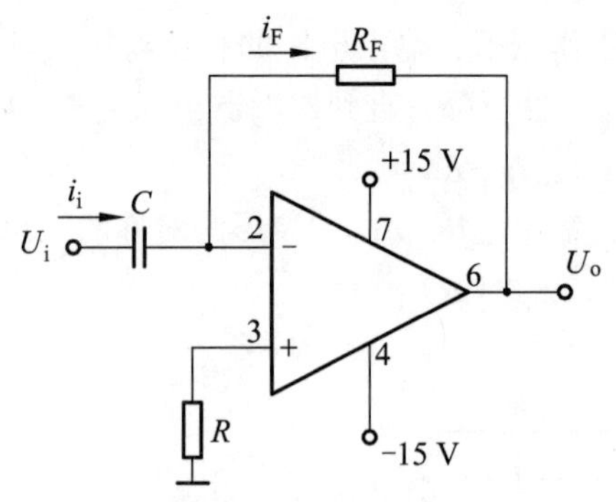

图 2.8.4　微分器原理电路

同相端的平衡电阻为：

$$R_P = R_f$$

图 2.8.4 的微分器在实际运用中存在以下问题：一是电容 C 的容抗随着输入信号频率的升高而减小，使得输出电压随着频率的升高而增大，引起高频放大倍数升高，因此高频噪声和干扰所产生的影响比较严重；二是微分器的反馈网络具有一定的滞后相移（0 ~ 90°），它和放大器本身的滞后相移（0 ~ 90°）合在一起，容易满足自激振荡的相位条件而产生自激振荡。所以，图 2.8.4 的微分电路很少使用。 实用的微分电路如图 2.8.5 所示，图中增加了小电阻 R，在低频区，$R \ll 1/\omega C$，因此在主要工作频率范围内，电阻 R 的作用不明显。在高频区，当电容器的容抗小于电阻 R 时，R 的存在限制了闭环增益的进一步增大，从而有效地抑制了高频噪声和干扰。但 R 的值不可过大，太大会引起微分运算误差，一般取 $R \leqslant 1\ \text{k}\Omega$比较合适。当（图中：$R_f$=$R_P$=680 Ω，$R$=100 Ω，$C$=0.1 μF）输入信号的频率低于：$f_o = \dfrac{1}{2\pi RC}$ 时，电路起微分作用；当信号频率远高于上式时，电路近似为反相器。若输入电压为一个对称的三角波，则输出电压为对称的方波，如图 2.8.6 所示。

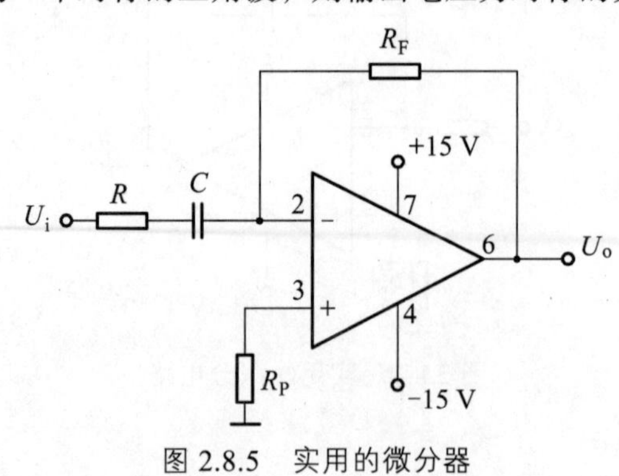

图 2.8.5　实用的微分器

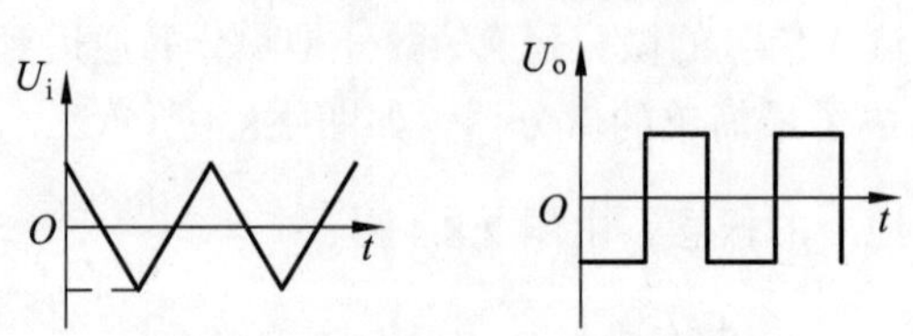

图 2.8.6　三角波—方波变换波形

【实验设备】

数字示波器、信号发生器、万用表、模拟电子技术实验箱、集成运算放大器实验板。

【实验内容及步骤】

1. 积分器

（1）按图 2.8.1 所示连接电路。

（2）输入频率为 1 000 Hz，幅度为 2 V 的正弦波信号 U_i，用双踪示波器同时观察并画下 U_o 和 U_i 的波形，记录 U_o 的幅度和相对于 U_i 的相位。

表 2.8.1　正弦波信号 U_i 和 U_o 波形

U_i/V	U_i 波形	U_o 波形
1 kHz 2 V 正弦波	t	t

（3）输入频率为 1 000 Hz，幅度为 2 V 的方波信号 U_i。用双踪示波器同时观察并画下 U_o 和 U_i 的波形，记录 U_o 的幅度和 U_o 相对于 U_i 的相位。

表 2.8.2　方波信号 U_i 和 U_o 波形

U_i/V	U_i 波形	U_o 波形
1 kHz 2 V 方波	t	t

（4）输入幅度为 2 V 的正弦波信号 U_i。频率从 20 Hz 开始，慢慢加大输入信号的频率，从示波器上同时观察输入波形和输出波形，对观察到的现象进行分析。

2. 微分器

（1）按图 2.8.5 所示连接电路。

（2）输入频率为 500 Hz，幅度为 2 V 的正弦波信号 U_i，用双踪示波器同时观察并画下 U_o 和 U_i 的波形，记录 U_o 的幅度和 U_o 相对于 U_i 的相位。

表 2.8.3　正弦波信号 U_o 和 U_i 波形

U_i/V	U_i 波形	U_o 波形
500 Hz 2 V 正弦波	t	t

（3）输入频率为 500 Hz，幅度为 2 V 的三角波信号 U_i，用双踪示波器同时观察并画下 U_o 和 U_i 的波形，记录 U_o 的幅度和 U_o 相对于 U_i 的相位。

表 2.8.4　三角波信号 U_o 和 U_i 波形

U_i/V	U_i 波形	U_o 波形
1 kHz 2 V 三角波	t	t

（4）输入频率为 500 Hz，幅度为 2 V 的方波信号 U_i。用双踪示波器同时观察并画下 U_o 和 U_i 的波形，记录 U_o 的幅度和 U_o 相对于 U_i 的相位。

表 2.8.5　方波信号 U_o 和 U_i 波形

U_i/V	U_i 波形	U_o 波形
500 Hz 2 V 方波	t	t

（5）输入幅度为 2 V 的正弦波信号 U_i。信号频率从 20 Hz 开始，慢慢加大输入信号的频率，从示波器上同时观察输入波形和输出波形，对观察到的现象进行分析。

【实验报告要求】

（1）实验目的。
（2）实验原理。
（3）绘制标有元件值的实验电路图，整理和分析实验数据。
（4）在坐标纸上画出所观察到的波形，根据波形分析实验现象。

【预习要求】

（1）分析图 2.8.1 积分器工作原理，画出输入为 1 kHz，2 V 方波信号时，输入与输出波形的关系。

（2）分析图 2.8.4 微分器工作原理，画出输入为 1 kHz，2 V 方波信号时，输入与输出波形的关系。

实验 9　*RC* 正弦波振荡器

【实验目的】

（1）掌握 *RC* 正弦波振荡器的组成及其振荡条件。

（2）学会测量、调试振荡器。

【实验原理】

正弦波振荡器是带选频网络的正反馈放大器。若用 R、C 元件组成选频网络，就称为 RC 振荡器，一般用来产生 1 Hz ~ 1 MHz 的低频信号。

1. RC 移相振荡器

电路形式如图 2.9.1 所示，选择 $R \gg R_i$。

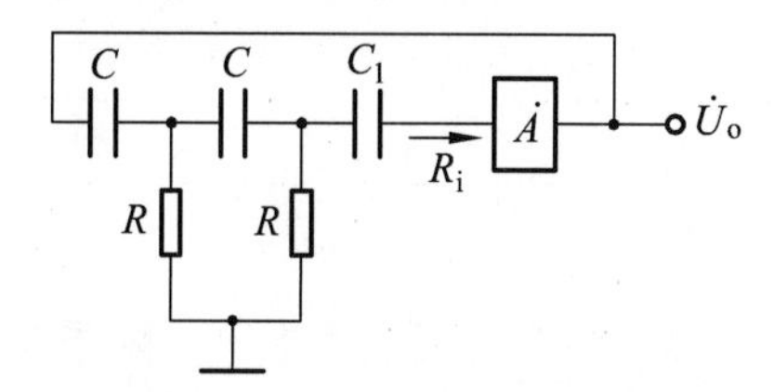

图 2.9.1　RC 移相振荡器原理图

振荡频率：$f_0 = \dfrac{1}{2\pi\sqrt{6}RC}$

起振条件：放大器 A 的电压放大倍数 $|\dot{A}| > 29$

电路特点：简便，但选频作用差，振幅不稳，频率调节不便，一般用于频率固定且稳定性要求不高的场合。

频率范围：几赫 ~ 数十千赫。

2. RC 串并联网络（文氏桥）振荡器

电路形式如图 2.9.2 所示。

振荡频率：$f_0 = \dfrac{1}{2\pi RC}$

起振条件：$|\dot{A}| > 3$

电路特点：可方便地连续改变振荡频率，便于加负反馈稳幅，容易得到良好的振荡波形。

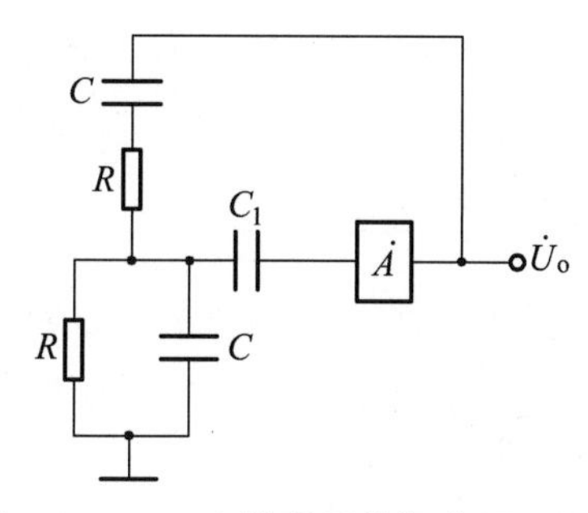

图 2.9.2　RC 串并联网络振荡器原理图

3. 双 T 选频网络振荡器

电路形式如图 2.9.3 所示。

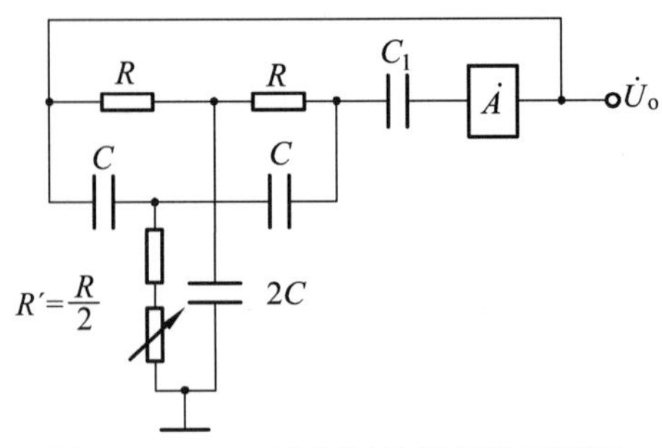

图 2.9.3 双 T 选频网络振荡器原理图

振荡频率：$f_0=\dfrac{1}{5RC}$

起振条件：$R'<\dfrac{R}{2}\ |\dot{A}\dot{F}|>1$

电路特点：选频特性好，调频困难，适于产生单一频率的振荡。

注：本实验采用两级共射极分立元件放大器组成 *RC* 正弦波振荡器。

【实验设备】

数字示波器、信号发生器、万用表、模拟电子技术实验箱。

【实验内容及步骤】

1. *RC* 串并联选频网络振荡器

（1）按图 2.9.4 组接线路。

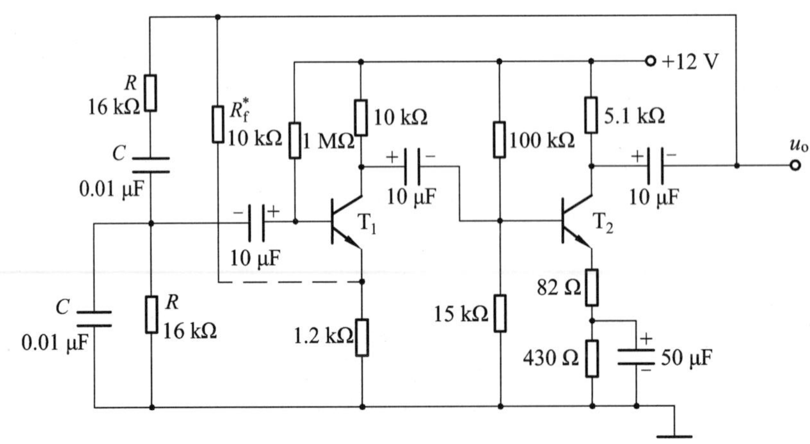

图 2.9.4 *RC* 串并联选频网络振荡器

（2）断开 *RC* 串并联网络，测量放大器静态工作点及电压放大倍数，记入表 2.9.1 中。

表 2.9.1 放大器静态工作点及放大倍数

测 量 值						
U_{B1}/V	U_{E1}/V	I_{c1}/V	U_{B2}/V	U_{E2}/V	I_{c2}/V	A_u

（3）接通 RC 串并联网络，并使电路起振，用示波器观测输出电压 U_o 波形，调节 R_f 使获得满意的正弦信号，记录波形及其参数于表 2.9.2 中。

表 2.9.2　各参数值

测　量　值		
R	C	R_f

（4）测量振荡频率，并与计算值进行比较。

（5）改变 R 或 C 值，观察振荡频率变化情况（见表 2.9.3）。

表 2.9.3　各参数值与频率之间的关系

测　量　值		
R	C	频率/Hz

（6）RC 串并联网络幅频特性的观察。

将 RC 串并联网络与放大器断开，用函数信号发生器的正弦信号注入 RC 串并联网络，保持输入信号的幅度不变（约 3 V），频率由低到高变化，RC 串并联网络输出幅值将随之变化，当信号源达某一频率时，RC 串并联网络的输出将达最大值（约 1 V）。且输入、输出同相位，此时信号源频率为

$$f = f_o = \frac{1}{2\pi RC}$$

2. 双 T 选频网络振荡器

（1）按图 2.9.5 组接线路。

（2）断开双 T 网络，调试 T_1 管静态工作点，使 U_{C1} 为 6 ~ 7 V，记入表 2.9.4 中。

表 2.9.4　放大器静态工作点及放大倍数

测　量　值						
U_{B1}/V	U_{E1}/V	I_{c1}/V	U_{B2}/V	U_{E2}/V	I_{c2}/V	A_u

（3）接入双 T 网络，用示波器观察输出波形。若不起振，调节 R_{W1}，使电路起振。

（4）测量电路振荡频率，并与计算值比较（见表 2.9.5）。

表 2.9.5　各参数值与频率之间的关系

测　量　值		
R	C	频率/Hz

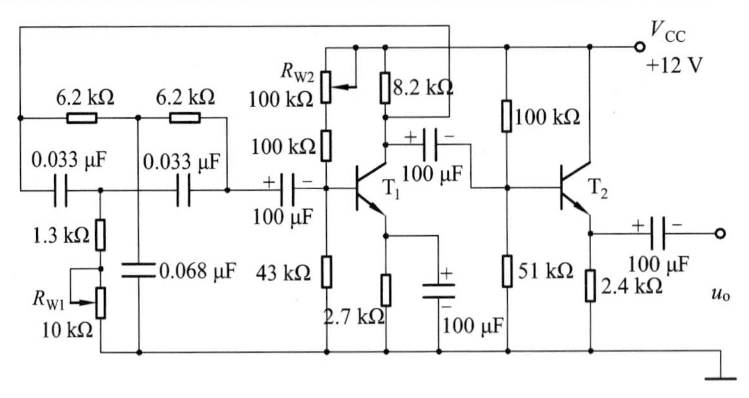

图 2.9.5　双 T 网络 *RC* 正弦波振荡器

*3. *RC* 移相式振荡器的组装与调试

（1）按图 2.9.6 组接线路。

（2）断开 *RC* 移相电路，调整放大器的静态工作点，用放大器电压放大倍数。

（3）接通 *RC* 移相电路，调节 R_{b2} 使电路起振，并使输出波形幅度最大，用示波器观测输出电压 U_o 波形，同时用频率计和示波器测量振荡频率，并与理论值比较。

*参数自选，时间不够可不做。

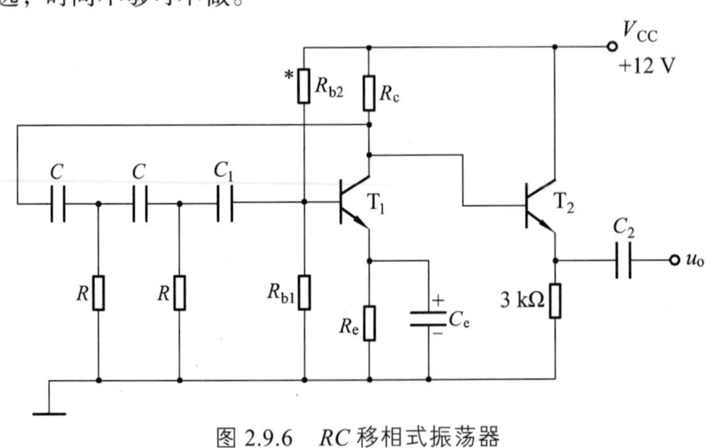

图 2.9.6　*RC* 移相式振荡器

【实验报告要求】

（1）实验目的。

（2）实验原理。

（3）整理实验数据，画出波形图（注意波形间的相位关系）。
（4）将理论计算结果和实测数据相比较，分析产生误差的原因。
（5）由给定电路参数计算振荡频率，并与实测值比较，分析误差产生的原因。
（6）总结三类 RC 振荡器的特点。
（7）分析讨论实验中出现的现象和问题。

【预习要求】

（1）计算图 2.9.4 电路的各点的静态工作点及放大倍数（见表 2.9.6）。

表 2.9.6　放大器静态工作点及放大倍数

测　量　值						
U_{B1}/V	U_{E1}/V	I_{c1}/V	U_{B2}/V	U_{E2}/V	I_{c2}/V	A_u

（2）计算图 2.9.5 电路的各点的静态工作点及放大倍数（见表 2.9.7）。

表 2.9.7　放大器静态工作点及放大倍数

测　量　值						
U_{B1}/V	U_{E1}/V	I_{c1}/V	U_{B2}/V	U_{E2}/V	I_{c2}/V	A_u

实验 10　OTL 功率放大器

【实验目的】

（1）进一步理解 OTL 功率放大器的工作原理。
（2）学会 OTL 电路的调试及主要性能指标的测试方法。

【实验原理】

图 2.10.1 所示为 OTL 低频功率放大器。其中由晶体晶体管 T_1 组成推动级（也称前置放大级），T_2、T_3 是一对参数对称的 NPN 和 PNP 型晶体管，它们组成互补推挽 OTL 功放电路。由于每一个管子都接成射极输出器形式，因此具有输出电阻低，负载能力强等优点，适合于作功率输出级。T_1 管工作于甲类状态，它的集电极电流 I_{C1} 由电位器 R_{W1} 进行调节。I_{C1} 的一部分流经电位器 R_{W2} 及二极管 D，给 T_2、T_3 提供偏压。调节 R_{W2}，可以使 T_2、T_3 得到合适的静态电流而工作于甲、乙类状态，以克服交越失真。静态时要求输出端中点 A 的电位 $U_A=\frac{1}{2}V_{CC}$，可以通过调节 R_{W1} 来实现，又由于 R_{W1} 的一端接在 A 点，因此在电路中引入交、直流电压并联负反馈，一方面能够稳定放大器的静态工作点，同

时也改善了非线性失真。

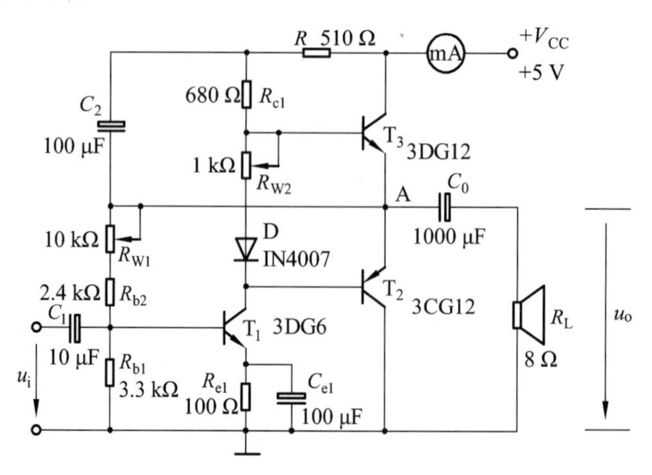

图 2.10.1 OTL 功率放大器实验电路

当输入正弦交流信号 U_i 时，经 T_1 放大、倒相后同时作用于 T_2、T_3 的基极，U_i 的负半周使 T_2 管导通（T_3 管截止），有电流通过负载 R_L，同时向电容 C_0 充电，在 U_i 的正半周，T_3 导通（T_2 截止），则已充好电的电容器 C_0 起着电源的作用，通过负载 R_L 放电，这样在 R_L 上就得到完整的正弦波。C_2 和 R 构成自举电路，用于提高输出电压正半周的幅度，以得到大的动态范围。

OTL 电路的主要性能指标包含最大不失真输出功率 P_{om}、效率 η、频率响应、输入灵敏度四项。

1. 最大不失真输出功率 P_{om}

理想情况下，$P_{om}=\dfrac{1}{8}\dfrac{V_{CC}^2}{R_L}$，在实验中可通过测量 R_L 两端的电压有效值，来求得实际的 $P_{om}=\dfrac{U_O^2}{R_L}$。

2. 效率 η

$$\eta=\frac{P_{om}}{P_E}100\%$$

P_E 为直流电源供给的平均功率。

理想情况下，η_{max}=78.5%。在实验中，可测量电源供给的平均电流 I_{dC}，从而求得 $P_E=V_{CC}\cdot I_{dC}$，负载上的交流功率已用上述方法求出，因而也就可以计算实际效率了。

3. 频率响应

详见实验二有关部分内容

4. 输入灵敏度

输入灵敏度是指输出最大不失真功率时，输入信号 U_i 之值。

【实验设备】

数字示波器、信号发生器、万用表、模拟电子技术实验箱。

【实验内容及步骤】

在整个测试过程中，电路不应有自激现象。

1. 静态工作点的测试

按图 2.10.1 连接实验电路，将输入信号旋钮旋至零（U_i=0）电源进线中串入直流毫安表，电位器 R_{W2} 置最小值，R_{W1} 置中间位置。接通+5 V 电源，观察毫安表指示，同时用手触摸输出级管子，若电流过大，或管子温升显著，应立即断开电源检查原因（如 R_{W2} 开路，电路自激，或输出管性能不好等）。如无异常现象，可开始调试。

（1）调节输出端中点电位 U_A。

调节电位器 R_{W1}，用万用表的直流电压挡测量 A 点电位，使 $U_A = \frac{1}{2}V_{CC}$。

（2）调整输出极静态电流及测试各级静态工作点。

调节 R_{W2}，使 T_2、T_3 管的 $I_{C2}=I_{C3}=5\sim10$ mA。从减小交越失真角度而言，应适当加大输出极静态电流，但该电流过大，会使效率降低，所以一般以 5 ~ 10 mA 左右为宜。由于毫安表是串在电源进线中，因此测得的是整个放大器的电流，但一般 T_1 的集电极电流 I_{C1} 较小，从而可以把测得的总电流近似当作末级的静态电流。如要准确得到末级静态电流，则可从总电流中减去 I_{C1} 之值。

调整输出级静态电流的另一方法是动态调试法。先使 R_{W2}=0，在输入端接入 f=1 kHz 的正弦信号 U_i。逐渐加大输入信号的幅值，此时，输出波形应出现较严重的交越失真（注意：没有饱和和截止失真），然后缓慢增大 R_{W2}，当交越失真刚好消失时，停止调节 R_{W2}，恢复 U_i=0，此时直流毫安表读数即为输出级静态电流。一般数值也应在 5 ~ 10 mA 左右，如过大，则要检查电路。

输出极电流调好以后，测量各级静态工作点，记入表 2.10.1。

表 2.10.1　$I_{C2}=I_{C3}=$　　mA，U_A=2.5 V

	T_1	T_2	T_3
U_B/V			
U_C/V			
U_E/V			

注意：

① 在调整 R_{W2} 时，一是要注意旋转方向，不要调得过大，更不能开路，以免损坏输出管

② 输出管静态电流调好，如无特殊情况，不得随意旋动 R_{W2} 的位置。

2. 最大输出功率 P_{om} 和效率 η 的测试

（1）测量 P_{om}。

输入端接 f=1 kHz 的正弦信号 U_i，输出端用示波器观察输出电压 U_o 波形。逐渐增大 U_i，使输出电压达到最大不失真输出，用示波器测出负载 R_L 上的电压 U_{om}，则 $P_{om}=\dfrac{U_{om}^2}{R_L}$。

（2）测量 η。

当输出电压为最大不失真输出时，读出直流毫安表中的电流值，此电流即为直流电源供给的平均电流 I_{dC}（有一定误差），由此可近似求得 $P_E=V_{CC}I_{dc}$，再根据上面测得的 P_{om}，即可求出 $\eta=\dfrac{P_{om}}{P_E}$。

3. 输入灵敏度测试

根据输入灵敏度的定义，只要测出输出功率 $P_o=P_{om}$ 时的输入电压值 U_i 即可。

4. 频率响应的测试

测试方法同实验 2。记入表 2.10.2。

表 2.10.2　U_i=　　mV

			f_L			f_o			f_H		
f/Hz						1 000					
U_o/V											
A_V											

在测试时为保证电路的安全，应在较低电压下进行，通常取输入信号为输入灵敏度的 50%。在整个测试过程中，应保持 U_i 为恒定值，且输出波形不得失真。

5. 研究自举电路的作用

（1）测量有自举电路，且 $P_o=P_{omax}$ 时的电压增益 $A_u=\dfrac{U_{om}}{U_i}$。

（2）将 C_2 开路，R 短路（无自举），再测量 $P_o=P_{omax}$ 的 A_u。

用示波器观察（1）、（2）两种情况下的输出电压波形，并将以上两项测量结果进行比较，分析研究自举电路的作用。

6. 噪声电压的测试

测量时将输入端短路（U_i=0），观察输出噪声波形，并用示波器测量输出电压，即为噪声电压 U_N，本电路若 $U_N<15$ mV，即满足要求。

7. 试听

输入信号改为录音机输出，输出端接试听音箱及示波器。开机试听，并观察语言和音乐信号的输出波形。

【实验报告要求】

（1）实验目的。

（2）实验原理。

（3）整理实验数据，计算静态工作点、最大不失真输出功率 P_{om}、效率 η 等，并与理论值进行比较。画频率响应曲线。

（4）分析自举电路的作用。

（5）讨论实验中发生的问题及解决办法。

【预习要求】

（1）简述 OTL 工作原理部分内容。

（2）交越失真产生的原因是什么？怎样克服交越失真？

（3）电路中电位器 R_{W2} 如果开路或短路，对电路工作有何影响？

（4）为了不损坏输出管，调试中应注意什么问题？

实验 11　串联型晶体管稳压电源

【实验目的】

（1）研究单相桥式整流、电容滤波电路的特性。

（2）掌握串联型晶体管稳压电源主要技术指标的测试方法。

【实验原理】

电子设备一般都需要直流电源供电。这些直流电除了少数直接利用干电池和直流发电机外，大多数是采用把交流电（市电）转变为直流电的直流稳压电源。

直流稳压电源由电源变压器、整流、滤波和稳压电路四部分组成，其原理框图如图 2.11.1 所示。电网供给的交流电压 U_1（220 V，50 Hz）经电源变压器降压后，得到符合电路需要的交流电压 U_2，然后由整流电路变换成方向不变、大小随时间变化的脉动电压 U_3，再用滤波器滤去其交流分量，就可得到比较平直的直流电压 U_i。但这样的直流输出电压，还会随交流电网电压的波动或负载的变动而变化。在对直流供电要求较高的场合，还需要使用稳压电路，以保证输出直流电压更加稳定。

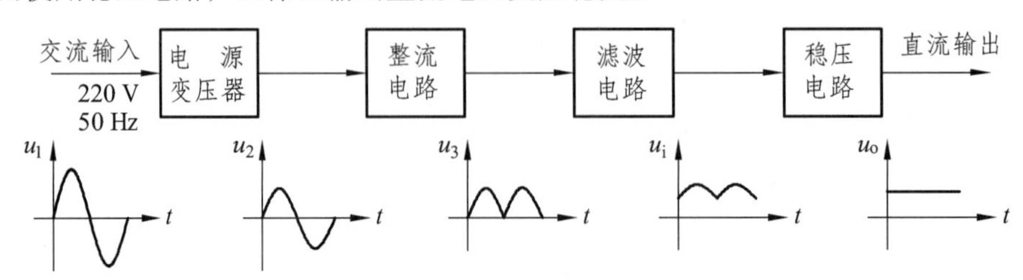

图 2.11.1　直流稳压电源框图

图 2.11.2 是由分立元件组成的串联型稳压电源的电路图。其整流部分为单相桥式整流、电容滤波电路。稳压部分为串联型稳压电路，它由调整元件（晶体管 T_1）；比较放大器 T_2、R_7；取样电路 R_1、R_2、R_W，基准电压 D_W、R_3 和过流保护电路 T_3 管及电阻 R_4、R_5、R_6 等组成。整个稳压电路是一个具有电压串联负反馈的闭环系统，其稳压过程为：当电网电压波动或负载变动引起输出直流电压发生变化时，取样电路取出输出电压的一部分送入比较放大器，并与基准电压进行比较，产生的误差信号经 T_2 放大后送至调整管 T_1 的基极，使调整管改变其管压降，以补偿输出电压的变化，从而达到稳定输出电压的目的。

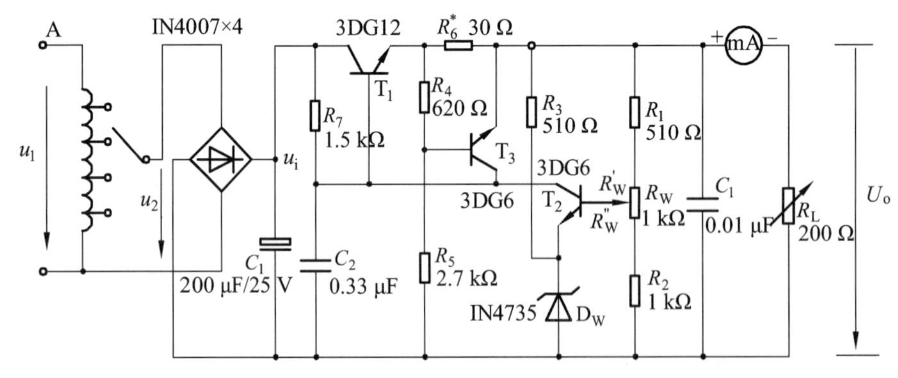

图 2.11.2　串联型稳压电源实验电路

在稳压电路中，调整管与负载串联，流过它的电流与负载电流一样大。当输出电流过大或发生短路时，调整管会因电流过大或电压过高而损坏，需要对调整管加以保护。在图 2.11.2 电路中，晶体管 T_3、R_4、R_5、R_6 组成减流型保护电路。此电路设计在 $I_{0P}=1.2I_0$ 时开始起保护作用，此时输出电流减小，输出电压降低。故障排除后电路应能自动恢复正常工作。在调试时，若保护提前作用，应减少 R_6 值；若保护作用滞后，则应增大 R_6 之值。

稳压电源的主要性能指标：

（1）输出电压 U_o 和输出电压调节范围。

$$U_o = \frac{R_1 + R_W + R_2}{R_2 + R''_W}(U_Z + U_{BE2}) \tag{2.11.1}$$

调节 R_W 可以改变输出电压 U_o。

（2）最大负载电流 I_{om}。

（3）输出电阻 R_o。

输出电阻 R_o 定义为：当输入电压 U_i（指稳压电路输入电压）保持不变，由于负载变化而引起的输出电压变化量与输出电流变化量之比，即

$$R_O = \left.\frac{\Delta U_o}{\Delta I_o}\right| U_i = 常数 \tag{2.11.2}$$

（4）稳压系数 S（电压调整率）。

稳压系数定义为：当负载保持不变，输出电压相对变化量与输入电压相对变化量之比，即

$$S = \left.\frac{\Delta U_o / U_o}{\Delta U_i / U_i}\right| R_L = 常数 \tag{2.11.3}$$

由于工程上常把电网电压波动±10%作为极限条件，因此也有将此时输出电压的相对变化 $\Delta U_o / U_o$ 作为衡量指标，称为电压调整率。

（5）纹波电压。

输出纹波电压是指在额定负载条件下，输出电压中所含交流分量的有效值（或峰值）。

【实验设备】

数字示波器、信号发生器、万用表、模拟电子技术实验箱。

【实验内容及步骤】

1. 整流滤波电路测试

按图 2.11.3 连接实验电路。取可调工频电源电压为 16 V，作为整流电路输入电压 U_2。

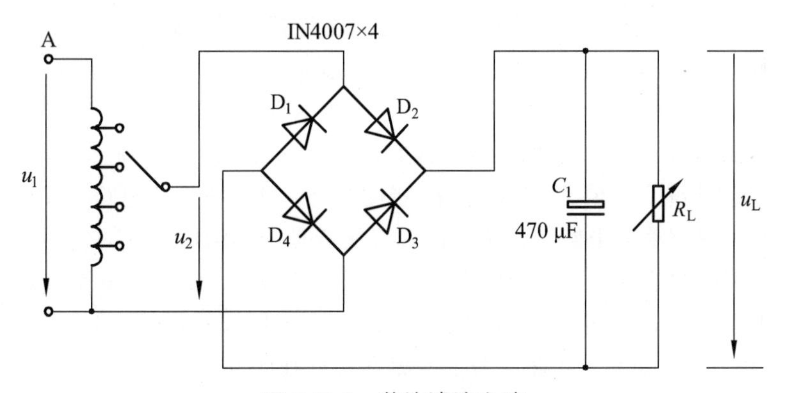

图 2.11.3　整流滤波电路

（1）取 R_L=240 Ω，不加滤波电容，测量直流输出电压 U_L 及纹波电压 $\tilde{U}_L$，并用示波器观察 U_2 和 U_L 波形，记入表 2.11.1。

（2）取 R_L=240 Ω，C=470 μF，重复内容（1）的要求，记入表 2.11.1。

（3）取 R_L=120 Ω，C=470 μF，重复内容（1）的要求，记入表 2.11.1。

表 2.11.1　U_2=16 V

电路形式		U_L/V	$\tilde{U}_L$/V	u_L 波形
R_L=240 Ω	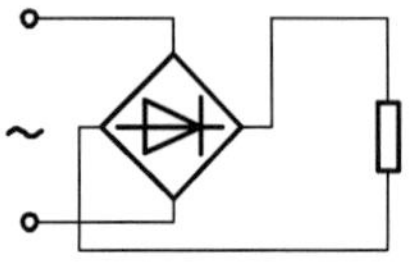 ~			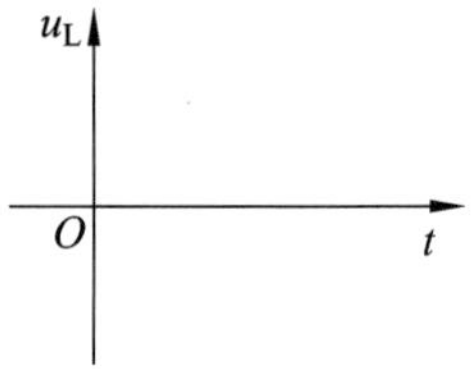 u_L O t
R_L=240 Ω C=470 μF	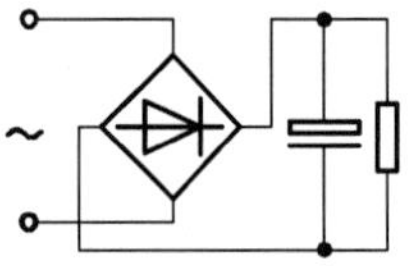 ~			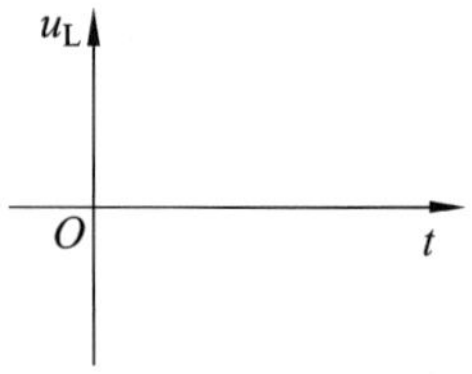 u_L O t
R_L=120 Ω C=470 μF	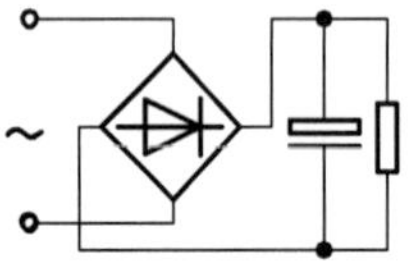 ~			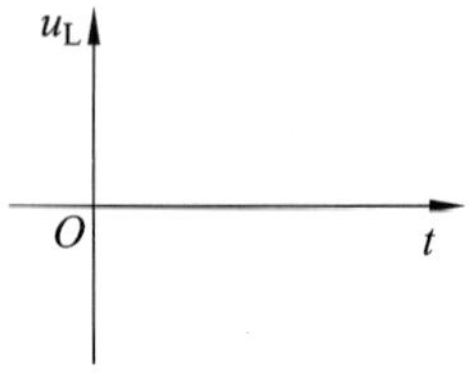 u_L O t

注意：

① 每次改接电路时，必须切断工频电源。

② 在观察输出电压 u_L 波形的过程中，“Y 轴灵敏度”旋钮位置调好以后，不要再变动，否则将无法比较各波形的脉动情况。

2. 串联型稳压电源性能测试

切断工频电源，在图 2.11.3 基础上按图 2.11.2 连接实验电路。

（1）初测。

稳压器输出端负载开路，断开保护电路，接通 16 V 工频电源，测量整流电路输入电压 U_2，滤波电路输出电压 U_i（稳压器输入电压）及输出电压 U_o。调节电位器 R_W，观察 U_o 的大小和变化情况，如果 U_o 能跟随 R_W 线性变化，这说明稳压电路各反馈环路工作基本正常。否则，说明稳压电路有故障，因为稳压器是一个深负反馈的闭环系统，只要环路中任一个环节出现故障（某管截止或饱和），稳压器就会失去自动调节作用。此时可分别检查基准电压 U_Z，输入电压 U_i，输出电压 U_o，以及比较放大器和调整管各电极的电位（主要是 U_{BE} 和 U_{CE}），分析它们的工作状态是否都处在线性区，从而找出不能正常工作的原因。排除故障以后就可以进行下一步测试。

（2）测量输出电压可调范围。

接入负载 R_L（滑线变阻器），并调节 R_L，使输出电流 I_o≈100 mA。再调节电位器 R_W，测量输出电压可调范围 U_{omin} ~ U_{omax}。且使 R_W 动点在中间位置附近时 U_o=12 V。若不满足要求，可适当调整 R_1、R_2 之值。

（3）测量各级静态工作点。

调节输出电压 U_o=12 V，输出电流 I_o=100 mA，测量各级静态工作点，记入表 2.11.2。

表 2.11.2　U_2=16 V　U_o=12 V　I_o=100 mA

	T_1	T_2	T_3
U_B/V			
U_C/V			
U_E/V			

（4）测量稳压系数 S。

取 I_o=100 mA，改变整流电路输入电压 U_2（模拟电网电压波动），分别测出相应的稳压器输入电压 U_i 及输出直流电压 U_o，记入表 2.11.3。

表 2.11.3　I_o=100 mA

测 试 值		计算值
I_o/mA	U_o/V	R_o/Ω
空 载		R_{o12}= R_{o23}=
50	12	
100		

（5）测量输出电阻 R_o。

取 U_2=16 V，改变滑线变阻器位置，使 I_o 为空载、50 mA 和 100 mA，测量相应的 U_o 值，记入表 2.11.4。

表 2.11.4　U_2=16 V

测 试 值			计算值
U_2/V	U_i/V	U_o/V	S
14			S_{12}= S_{23}=
16		12	
18			

（6）测量输出纹波电压。

取 U_2=16 V，U_o=12 V，I_o=100 mA，测量输出纹波电压 U_o 并记录。

（7）调整过流保护电路。

① 断开工频电源，接上保护回路，再接通工频电源，调节 R_W 及 R_L 使 U_o=12 V，I_o=100 mA，此时保护电路应不起作用。测出 T_3 管各极电位值。

② 逐渐减小 R_L，使 I_o 增加到 120 mA，观察 U_o 是否下降，并测出保护起作用时 T_3 管各极的电位值。若保护作用过早或迟后，可改变 R_6 之值进行调整。

③ 用导线瞬时短接一下输出端，测量 U_o 值，然后去掉导线，检查电路是否能自动恢复正常工作。

【实验报告要求】

（1）实验目的。

（2）实验原理。

（3）对表 2.11.1 所测结果进行全面分析，总结桥式整流、电容滤波电路的特点。

（4）根据表 2.11.3 和表 2.11.4 所测数据，计算稳压电路的稳压系数 S 和输出电阻 R_o，并进行分析。

（5）分析讨论实验中出现的故障及其排除方法。

【预习要求】

（1）简述稳压电源原理，并根据实验电路 2.11.2 参数估算 U_o 的可调范围及 U_o=12 V 时 T_1、T_2、T_3 管的静态工作点（假设调整管的饱和压降 U_{CE1S}≈1 V），记入表 2.11.5 中。

表 2.11.5　静态工作点

三极管	V_a	V_b	V_c
T_1			
T_2			
T_3			

（2）说明中 U_2、U_I、U_o 及 $\tilde{U}_o$ 的物理意义。

（3）在桥式整流电路中，如果某个二极管发生开路、短路或反接三种情况，将会出现什么问题?

（4）分析保护电路的工作原理。

第 3 章　模拟电路提高型实验

在学生完成了基础型实验的基础上，为了培养学生具有初步设计简单电路的能力，要求学生在掌握课堂知识的基础上，根据提高型题目的指标要求，查阅有关的参考资料，在教师的指导下进行电路设计，并对方案中的单元电路设计计算，选用元器件和计算电路参数，最后画出总体电路原理图。进行电路的安装、调试和测试，实验完毕后要写出设计性总结报告。

实验 1　共射极放大器的设计

【实验目的】

（1）掌握单管共射极放大器设计方法。

（2）练习安装技术，学会检查、调整、测量电路的工作状态。

（3）掌握仪用放大器的电压放大倍数、频率响应曲线和动态范围的方法。

【设计方法】

共射极放大器的设计，是指根据技术指标要求，确定电路方案、选择晶体管和直流电源电压，确定静态工作点和电路元件的数值。对于信号幅度较大的放大器，除了应有适当的电压放大倍数外，还应有足够的动态范围（指放大器最大不失真输出信号的峰峰值）。这时对工作点的选择必须考虑外接负载的影响，只有恰当的选择 E_C、R_c 和静态工作点 Q，才能达到所需的动态范围。

设计一个共射极放大器，通常是给出所要达到的放大倍数 A_u、负载电阻 R_L 的值、输出电压幅度 U_{om}（或动态范围 $U_{op\text{-}p}$）和某一温度范围内的工作条件。然后根据这些指标进行电路的设计和参数的计算。

1. 动态范围与电路参数的关系

对于图 3.1.1 所示的放大器，当输出信号的动态范围有一定的要求时，应根据给定的负载电阻 R_L 的值和动态范围 $U_{op\text{-}p}$ 以及发射极电压 U_{EQ} 来选择电源电压 E_C、确定直流负载 R_c 和静态工作点 Q。

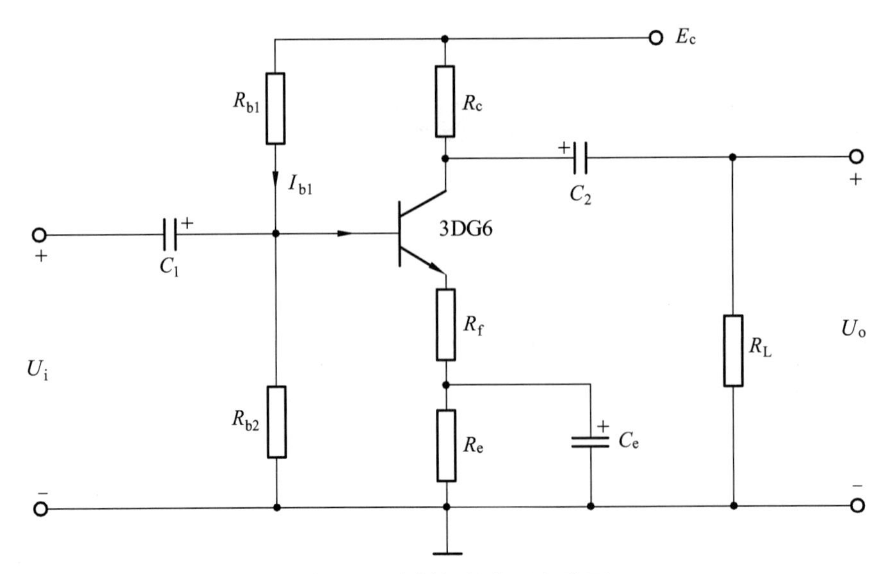

图 3.1.1　共射极放大器电路图

具体步骤如下：

（1）选择电源电压 E_C。

通常稳定条件为

$$U_B = (5 \sim 10)U_{BE},\ U_B = (5 \sim 10)U_{BEQ} \tag{3.1.1}$$

$$I_{b1} = (5 \sim 10)I_{BQ} \tag{3.1.2}$$

$$E_C \geqslant 1.5(U_{op\text{-}p} + U_{CES}) + U_{EQ} \tag{3.1.3}$$

U_{CES} 为晶体管的反向饱和压降，一般小于 1 V，计算时取 1 V，$U_{EQ} \approx U_B$。

（2）确定直流负载 R_c。

$$R_c = \left(\frac{E_C' - U_{CES}}{U_{om}} - 2\right)R_L \tag{3.1.4}$$

其中，$E_C' = E_C - U_{EQ}$

（3）确定静态工作点 Q。

$$I_{CQ} = \beta I_{BQ} \tag{3.1.5}$$

$$U_{CEQ} \approx E_C - I_{CQ}R_c - U_B \tag{3.1.6}$$

另外根据图 3.1.2 所示放大器的电压最大输出范围可得

$$U_{CEQ} = U_{om} + U_{CES} \tag{3.1.7}$$

$$I_{CQ} = \frac{(E_C' - U_{CES}) - U_{om}}{R_c} \tag{3.1.8}$$

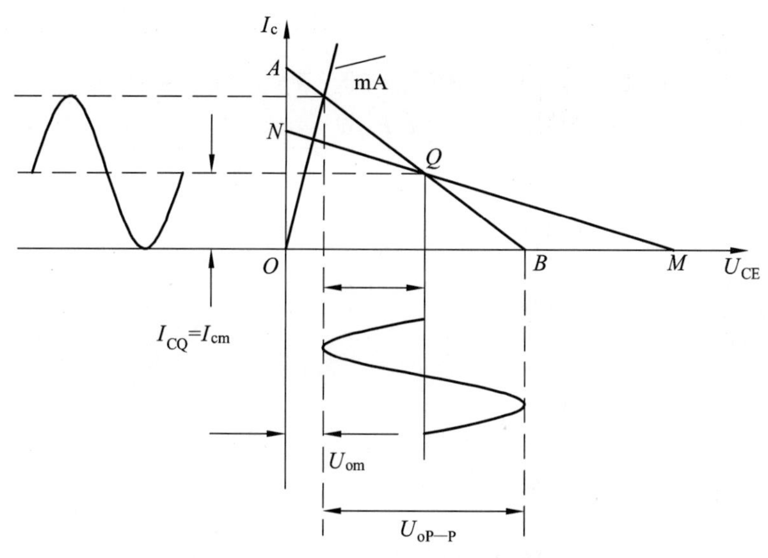

图 3.1.2 放大器的电压最大输出范围

（4）偏置电路元件计算公式。

$$R_{b1}=\frac{E_C-U_B}{I_{b1}} \tag{3.1.9}$$

$$R_{b2}=\frac{U_B}{I_{b1}-I_B}\approx\frac{U_B}{I_{b1}} \tag{3.1.10}$$

$$R_e=\frac{U_E}{I_{EQ}}\approx\frac{U_B-U_{BE}}{I_{CQ}} \tag{3.1.11}$$

2. 单管共射极放大器的设计方法举例

主要技术指标为

① 电压放大倍数 $A_u \geqslant 80$。

② 输出电压峰峰值 $U_{op\text{-}p}=6$ V。

③ 负载电阻 $R_L=3.6$ kΩ。

④ 信号源内阻 $R_s=600$ Ω。

⑤ 带宽 $\Delta f=100$ Hz ~ 100 kHz。

⑥ 有较好的温度稳定性。

设计步骤：

（1）确定电路方案，选择晶体管。

要求有较好的温度稳定性，放大器的静态工作点必须比较稳定，为此采用具有电流负反馈的共射极放大器，如图 3.1.1 所示。因放大器的上限频率要求较高，故选用高频小功率管 3DG6，其特性参数为

$$I_{CM}=20\text{ mA}，\beta U_{CEO}\geqslant 20\text{ V}，f_T\geqslant 150\text{ MHz}，\beta=60$$

由于 $\beta U_{CEO}>E_C$，$I_{CM}>I_C$ 一倍以上，因此可以满足要求。

（2）选择电源电压 E_C。

根据式（3.1.3），$U_{EQ} \approx U_B = (5 \sim 10)U_{BE} = 3.5 \sim 7$ V，对于硅管，$U_{EQ}=3 \sim 5$ V，现取 $U_{EQ}=4$ V，饱和压降 U_{CES} 一般取 1 V，于是 E_C 为

$$E_C \geqslant 1.5(U_{op\text{-}p} + U_{CES}) + U_{EQ}$$
$$=1.5（6+1）+4=14.5（V）$$

取 $E_C=15$ V。

（3）计算 R_c。

直流负载电阻 R_c 与放大倍数、动态范围等都有关系。在本例中，要求有较大的动态范围，故应用下式计算 R_c 的值：

$$R_c = \left(\frac{E'_C - U_{CES}}{U_{om}} - 2\right) R_L$$

其中 $$E'_C = E_C - U_{EQ} = 15-4=11$$

$$R_c = \left(\frac{11-1}{3} - 2\right) \times 3.6 \times 10^3$$
$$=4.8 \times 10^3（\Omega）$$
$$=4.8（k\Omega）$$

（4）确定静态工作点。

静态工作点的电流 I_{CQ} 和电压 U_{CEQ} 分别为

$$I_{CQ} = \frac{(E'_C - U_{CES}) - U_{om}}{R_c}$$

$$= \frac{11-1-3}{4.8} = 1.46 \times 10^{-3}(A)$$

$$U_{CEQ} = U_{om} + U_{CES} = 3+1 = 4(A)$$

（5）校核放大器倍数：

$$A_u = \frac{-\beta R'_L}{r_{be}}$$

其中 $$R'_L = R_L // R_c$$

$$r_{be} = r_{bb'} + (1+\beta)\frac{26(mV)}{I_{EQ}(mA)}$$

$$= 300 + (1+60)\frac{26}{1.46}$$
$$= 1386(\Omega)$$
$$\approx 1.4(k\Omega)$$

$$R_L' = \frac{R_c R_L}{(R_c + R_L)}$$

$$= \frac{4.8\times10^3\times3.6\times10^3}{(4.8+3.6)\times10^3}$$

$$\approx 2.1\times10^3(\Omega)$$

$$A_u = \frac{-\beta R_L}{r_{be}}$$

$$= \frac{-60\times2.1\times10^3}{1.4\times10^3}$$

$$\approx -86$$

所以 A_u 值达到指标要求。

（6）计算偏置电路元件 R_{b1}、R_{b2} 与 R_e 等。

从式（3.1.2)、式（3.1.5）可得：$I_{BQ} = I_{CQ}/\beta$，$I_{b1} = 8I_{BQ}$，因要求 Q 点较稳定，故 I_{b1} 取大点，于是

$$I_{b1} = 8I_{BQ}$$

$$= 8\frac{I_{CQ}}{\beta}$$

$$= \frac{8\times1.46\times10^{-3}}{60}$$

$$= 0.195\times10^{-3}(A) = 0.195(mA)$$

$$R_{b1} = \frac{E_C - U_B}{I_{b1}}$$

$$= \frac{15-4-0.7}{0.195\times10^{-3}}$$

$$= 52.8\times10^3(\Omega)$$

$$= 52.8(k\Omega)$$

$$R_{b2} = \frac{U_{BQ}}{I_{b1}}$$

$$= \frac{4+0.7}{0.195\times10^{-3}}$$

$$= 24.1\times10^3(\Omega)$$

$$= 24.1(k\Omega)$$

$$R_e = \frac{U_{EQ}}{I_{EQ}}$$

$$= \frac{4}{1.46\times10^{-3}}$$

$$= 2.74\times10^3(\Omega)$$

$$= 2.74(k\Omega)$$

其中：$U_{BQ}=U_{EQ}+U_{BEQ}$=4+0.7=4.7（V）；实验时，R_{b1}可用 4.7 kΩ电阻与 100 kΩ电位器串联来代替，R_{b2}取 24 kΩ，R_e取 2.7 kΩ，R_c取 4.7 kΩ，R_L为 3.6 kΩ。

（7）选择电容 C_1、C_2和 C_e。

单级放大器的低频响应是由 C_1、C_2和 C_e决定的，如果放大器的下限频率 f_L已知，可按下列公式估算 C_1、C_2和 C_e：

$$C_1 \geqslant (3\sim10)\frac{1}{2\pi f(R_s+r_{be})}$$

$$=(3\sim10)\times\frac{1}{2\times3.14\times100\times(600+1386)}$$

$$=(3\sim10)\times0.8\times10^{-6}\text{（F）}$$

$$C_2 \geqslant (3\sim10)\frac{1}{2\pi f(R_c+R_L)}$$

$$=(3\sim10)\times\frac{1}{2\times3.14\times100\times(4800+3600)}$$

$$=(3\sim10)\times0.19\times10^{-6}\text{（F）}$$

$$C_e \geqslant (1\sim3)\frac{1+\beta}{2\pi f(R_s+r_{be})}$$

$$=(1\sim3)\times\frac{1+60}{2\times3.14\times100\times(600+1386)}$$

$$=(1\sim3)\times4.89\times10^{-5}\text{（F）}$$

取 C_1=C_2=10 μF，C_e=100 μF 的电解电容，就可满足要求。

【实验内容与步骤】

（1）设计共射极放大器。其技术指标如下：

① 电压放大倍数 A_u>60。

② 输出电压峰峰值 $U_{op\text{-}p}$=4 V。

③ 负载电阻 R_L=3 kΩ。

④ 信号源内阻 R_s=600 Ω。

⑤ 带宽Δf=20 Hz ~ 200 kHz。

⑥ 有较好的温度稳定性。

（2）实验步骤：

① 根据技术要求选好放大器电路后，计算放大器各元件的参数值。

② 将设计好的电路先在计算机上仿真，适当改变元件的参数，确定最佳值。

③ 按设计好的电路进行安装、调试与参数测量（参看基础型实验 3）。

④ 把测量参数的值填入表 3.1.1、3.1.2 中。

表 3.1.1 静态工作点 I_C=2 mA

测 量 值				计 算 值		
U_B/V	U_E/V	U_C/V	R_{b2}/kΩ	U_{BE}/V	U_{CE}/V	I_C/mA

表 3.1.2 测量的技术指标

测 量 值					计 算 值		
$U_{op\text{-}p}$/V	A_u/V	R_i/kΩ	R_o/kΩ	F/Hz	$U_{op\text{-}p}$/V	A_u/V	f/Hz

【实验报告要求】

（1）实验目的。

（2）实验原理。

（3）根据给定的指标要求，计算元件参数，列出计算机仿真的结果。

（4）绘出设计的电路图，并标明元件的数值。

（5）实验数据处理，分析测量值与设计要求的偏差的原因。

【预习要求】

（1）根据设计要求的技术指标计算电路参数，记入表 3.1.3 中。

表 3.1.3 电路参数

参数	R_{b1}	R_{b2}	R_c	R_e	R_f	C_1	C_2	C_3	V_{CC}
计算值									

（2）用 Multisim14 仿真设计电路，验证设计结果，记入表 3.1.4 中。

表 3.1.4 验证设计结果

参数	U_b	U_c	U_e	A_u	U_i	U_o	U_L
仿真值							

实验 2 多级交流放大器的设计

【实验目的】

（1）学习多级交流放大器的设计方法。

（2）掌握多级交流放大器的安装、调试与测量方法。

【设计方法】

当需要放大低频范围内的交流信号时，可用集成运算放大器组成具有深度负反馈的交流放大器。由于交流放大器的级与级之间可以采用电容耦合方式，所以不用考虑运算放大器的失调参数和漂移的影响。因此，用运算放大器设计的交流放大器具有组装简单、调试方便、工作稳定等优点。

如果需要组成具有较宽频带的交流放大器，应选择宽带集成放大器，并使其处于深度负反馈。若要得到较高增益的宽带交流放大器，可用两个或两个以上的单级交流放大器级联组成。

在设计小信号多级宽带交流放大器时，输入到前级运算放大器的信号幅值较小，为了减小动态误差，应选择宽带运算放大器，并使它处于深度负反馈。由于运放的增益带宽积是一个常数，因此，加大负反馈深度，可以降低电压放大倍数，从而达到扩展频带宽度的目的。由于输入到后级运放的信号幅度较大，因此，后级运放在大信号的条件下工作，这时，影响误差的主要因素是运放的转换速率，运放的转换速率越大，误差越小。

【设计方法与设计举例】

1. 设计方法与步骤

（1）确定放大器的级数 n。

根据多级放大器的电压放大倍数 $A_{u\Sigma}$ 和所选用的每级放大器的放大倍数 A_{ui}，确定多级放大器的级数 n。

（2）选择电路形式。

（3）选择集成运算放大器。

先初步选择一种类型的运放，然后根据所选运放的单位增益带宽 BW，计算出每级放大器的带宽。

$$f_{Hi}=\frac{BW}{A_{ui}} \tag{3.2.1}$$

并按式（3.2.1）算出。

$$f'_{Hi}=f_{Hi}\sqrt{2^{\frac{1}{n}}-1} \tag{3.2.2}$$

多级放大器的总带宽 f_H 必须满足：

$$f_H \leqslant f'_{Hi} \tag{3.2.3}$$

若 $f_H > f'_{Hi}$，就不能满足技术指标提出的带宽要求，此时可再选择增益带宽积更高的运放。一直到多级放大器的总带宽 f_H 满足（3.2.3）式为止。

当所选择的运放满足带宽要求后，对末级放大器所选用的运放，其转换速率 S_R 必须满足：

$$S_R \geqslant 2\pi f_{max}\cdot U_{om} \tag{3.2.4}$$

否则会使输出波形严重失真。

（4）选择供电方式。

在交流放大器中的运放可以采用单电源供电或正负双电源供电方式。单电源供电与正负双电源供电的区别是：单电源供电的电位参考点为负电源端（此时负电源端接地），而正负双电源供电的参考电位是总电源的中间值（当正负电源的电压值相等时，参考电位为零）。

（5）计算各电阻值。

根据交流放大器的输入电阻和对第一级电压放大倍数的要求，先确定出第一级的输入电阻和负反馈支路的电阻，然后再根据第二级电压放大倍数的要求，确定出第二级的输入电阻和负反馈支路的电阻。按此顺序，逐步把每级的电阻值确定下来。

（6）计算耦合电容。

当信号源的内阻和运放的输出电阻被忽略时，信号源与输入级之间、级与级之间的耦合电容可按下式计算。

$$C=\frac{(1\sim 10)}{2\pi f_{\mathrm{L}}R_{\mathrm{i}}} \tag{3.2.5}$$

上式中，R_{i} 是耦合电容 C 所在级的输入电阻。类似地输出电容可按下式计算。

$$C=\frac{(1\sim 10)}{2\pi f_{\mathrm{L}}R_{\mathrm{L}}} \tag{3.2.6}$$

2. 设计举例

要求设计一个交流放大器，性能指标如下。

中频电压放大倍数：$A_u=1\,000$

输入电阻：$R_{\mathrm{i}}=20\ \mathrm{k\Omega}$

通频带：$\Delta f=f_{\mathrm{H}}-f_{\mathrm{L}}$，其中 $f_{\mathrm{L}}\leqslant 20\ \mathrm{Hz}$，$f_{\mathrm{H}}\geqslant 10\ \mathrm{kHz}$

最大不失真输出电压：$U_{\mathrm{om}}=5\ \mathrm{V}$

已知负载电阻：$R_{\mathrm{L}}=2\ \mathrm{k\Omega}$

设计步骤：

（1）确定放大器的级数 n。

由于所要求的电压放大倍数 $A_u=1\,000$，同相放大器的电压放大倍数为 1 ~ 100，反相放大器的电压放大倍数为 0.1 ~ 100，因此采用两级就可以满足设计要求。在本例中放大器的级数选用两级。

（2）选择电路形式。

由于同相放大器的输入电阻比较高，在不接同相端平衡电阻 R_{P} 时，同相放大器的输入电阻为 10 ~ 100 MΩ，接了同相端平衡电阻 R_{P} 后，输入电阻主要由 R_{P} 的值决定。反相放大器的输入电阻 $R_{\mathrm{i}}=R_1$，R_1 的取值一般在 1 kΩ ~ 1 MΩ，对于所设计的交流放大器，要求输入电阻 $R_{\mathrm{i}}=20\ \mathrm{k\Omega}$，因此输入级无论采用同相放大器还是反相放大器都能满足要求。

由于交流放大器所要求的最大不失真输出电压 $U_{\mathrm{om}}=5\ \mathrm{V}$，因此最大不失真输出电流为

$$I_{om}=\frac{U_{om}}{R_L}=\frac{5}{2\times10^3}=2.5\times10^{-3}(\text{A})=2.5(\text{mA})$$

对于普通运放，其输出电流一般都在几毫安与十几毫安之间，因此无须采用扩流方式。根据以上分析，采用图 3.2.1 所示两极交流放大电路。

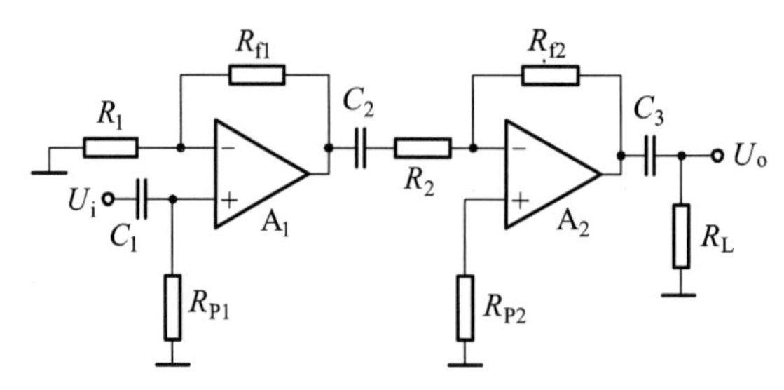

图 3.2.1　两极交流放大电路

在图 3.2.1 的交流放大电路中，第一级采用同相放大器，选择其电压放大倍数 A_{u1}=10，以降低放大电路的信噪比。第二级采用反相放大器，选择其电压放大倍数 A_{u2}=100。此时，第一级运放工作在小信号情况下，第二级运放工作在大信号的情况下。

（3）选择集成运算放大器。

第一级交流放大器中，$A_{u1}=10$，若该级运放选择 μA741，由于其单位增益带宽 $BW=1\,\text{MHz}$，因此第一级交流放大器的带宽 f_{H1} 为

$$f_{H1}=\frac{BW}{A_{u1}}=\frac{10^6}{10}=10^5(\text{Hz})=100(\text{kHz})$$

$$f'_{H1}=f_{H1}\sqrt{2^{\frac{1}{n}}-1}=100\times10^3\times\sqrt{2^{\frac{1}{2}}-1}=64.4\times10^3\ (\text{Hz})$$

因此 $f'_{H1}>f_H\geqslant10$ kHz，故第一级交流放大器采用 μA741 型运放，可满足设计要求。

第二级交流放大器中，$A_{u2}=100$，若该级运放也选择 μA741，则该级放大器的带宽为

$$f_{H2}=\frac{BW}{A_{u2}}=\frac{10^6}{100}=10^4\ (\text{Hz})=10(\text{kHz})$$

$$f'_{H2}=f_{H2}\sqrt{2^{\frac{1}{n}}-1}=10\times10^3\times\sqrt{2^{\frac{1}{2}}-1}=6.44\times10^3\ (\text{Hz})$$

因此 $f'_{H2}<f_H$（其中 $f_H\geqslant10$ kHz），若第二级交流放大器采用 μA741，就不能满足设计要求。

若选用 LF347（或 μA774），由于 LF347 的单位增益带宽为 4MHz，转换速率 $S_R=13$ V/us。因此第二级的带宽为

$$f_{H2}=\frac{BW}{A_{u2}}=\frac{4\times10^6}{100}=4\times10^4=40(\text{kHz})$$

$$f_{H2}=f_{H2}\sqrt{2^{\frac{1}{2}}-1}=40\times10^3\times\sqrt{2^{\frac{1}{2}}-1}=25.7\times10^3\ (\text{Hz})$$

因此 $f'_{H2}>f_H$，能满足设计的指标要求。

由于第二级运算放大器工作在大信号情况下，因此选择运放时，除了要考虑集成运放的增益带宽积外，还要考虑运放的转换速率 S_R，要求所选运放的转换速率 S_R 满足

$$S_R \geqslant 2\pi f_{max} \cdot U_{om}$$

将 $U_{om} = 5\ V$，$f_{max} = 10\ kHz$ 代入上式，可求得 $S_R \geqslant 0.314\ V/\mu s$，对于 LF347 集成运放，其转换速率 $S_R = 13\ V/us > 0.31413\ V/us$，因此满足设计要求。

（4）选择供电方式。

在本设计课题中采用正负双电源供电方式。

（5）计算电阻值。

根据性能指标要求，输入电阻 $R_i = 20\ k\Omega$，第一级放大器的输入电阻 R_{P1} 既是平衡电阻，也是整个放大器的输入电阻，因此取 $R_{P1} = R_i = 20\ k\Omega$，由 $R_{P1} = R_{f1} // R_1$ 和 $A_{u1} = 1 + R_{f1}/R_1 = 10$，可得：$R_1 = 22\ k\Omega$，$R_{f1} = 200\ k\Omega$。

对于第二级放大器，$A_{u2} = -\dfrac{R_{f2}}{R_2} = -100$，取 $R_2 = 10\ k\Omega$，则 $R_{f2} = 1\ M\Omega$，$R_{P2} = R_2 // R_{f2} = 10\ k\Omega$，$R_{i2} = R_2 = 10\ k\Omega$。

（6）计算耦合电容。

对于交流同相放大器，耦合电容为

$$C_1 = \frac{(1 \sim 10)}{2\pi f_L R_i} = \frac{(1 \sim 10)}{2\pi \times 20 \times 20 \times 10^3} = (0.398 \sim 3.98) \times 10^{-6}\ (\text{F})$$

取标称值，得：C_1=1 μF。

第一级放大器与第二级放大器之间的耦合电容为

$$C_2 = \frac{(1 \sim 10)}{2\pi f_L R_{i2}} = \frac{(1 \sim 10)}{2\pi \times 20 \times 10 \times 10^3} = (0.796 \sim 7.96) \times 10^{-6}\ (\text{F})$$

其中，R_{i2}=R_2=10 kΩ，电容取标称值，得 C_2=1 μF。

第二级放大器输出端的耦合电容为

$$C_3 = \frac{(1 \sim 10)}{2\pi f_L R_L} = \frac{(1 \sim 10)}{2\pi \times 20 \times 2 \times 10^3} = (3.98 \sim 39.8) \times 10^{-6}\ (\text{F})$$

取标称值，得：C_3=4.7 μF。

（7）调试方法。

① 按图 3.2.2 所示连接第一级交流放大器。图中：R_{P1}=20 kΩ，R_1=22 kΩ，R_{f1}=200 kΩ，C_1=1 μF，C_2=1 μF，R_2=10 kΩ。其中，R_2 是第一级交流放大器的第二级交流放大器的输入电阻 R_{i2}，C_2 是第一级交流放大器与第二级交流放大器之间的耦合电容。

② 从放大器的输入端输入频率为 1 kHz，幅度 U_{im}=5 mV 的交流信号，用示波器在放大器的输出端测出输出电压的幅值 U_{o1m}，根据 U_{im} 与 U_{o1m} 算出该级电压放大倍数 A_{u1}。然后将输入信号的频率改为 20 Hz，输入信号的幅度保持 5 mV 不变，测出对应的输出电压 U'_{o1m}，若 U'_{o1m}=0.707U_{o1m}，说明已达到指标要求；若 U_{o1m}<0.707U_{o1m}，说明 C_1、C_2 的值取得太小，此时应先加大 C_1 的值，同时观察对应的输出电压 U'_{o1m}，然后再改变 C_2 的值，

一直调节到 U_{o1m}=0.707U_{o1m}为止；若 U_{o1m}>0.707U_{o1m}，说明 C_1、C_2的值取得太大，此时应先减小 C_1 的值，同时观察对应的输出电压 U'_{o1m}，然后再改变 C_2 的值，一直调节到 U_{o1m}=0.707U_{o1m}。此时，第一级放大器就已经调试好了，接着就可以调试第二级放大器。

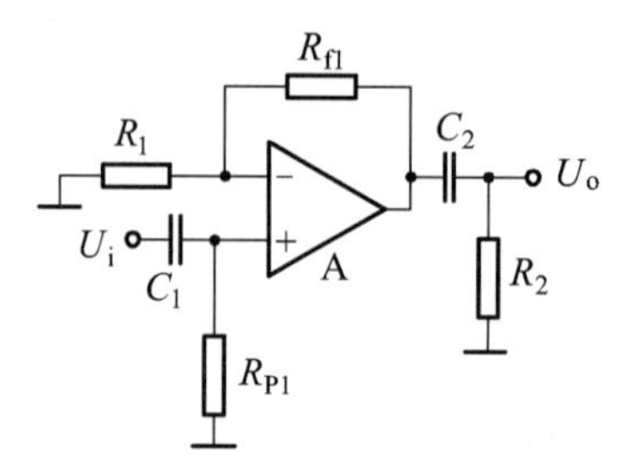

图 3.2.2 第一级交流放大器

按图 3.2.3 所示连接第二级放大器，在第二级交流放大器的输入端输入频率为 1 kHz，幅度 U_{im}=50 mV 的交流信号，用示波器在放大器的输出端测出输出电压的幅值 U_{o2m}，根据 U_{im}与 U_{o2m}算出该级电压放大倍数 A_{u2}。然后将输入信号的频率改为 20 Hz，输入信号的幅度保持不变，测出对应的输出电压 U'_{o2m}，若 U_{o1m}=0.707U_{o1m}，说明已达到指标要求；若 U_{o2m}<0.707U_{o2m}，图中：C_2取第一级交流放大器调试后的值，说明 C_2、C_3的值取得太小，此时应先加大 C_2，R_{P2}=9.1 kΩ，R_{f2}=1 MΩ，C_3=4.7 μF，R_L=2 kΩ 的值，同时观察对应的输出电压 U'_{o2m}，然后再改变 C_3 的值，一直调节到 U_{o1m}=0.707U_{o1m} 为止；若 U_{o2m}>0.707U'_{o2m}，说明 C_2、C_3的值取得太大，此时应先减小 C_2的值，同时观察对应的输出电压 U'_{o2m}，然后再改变 C_3的值，一直调节到 U_{o2m}=0.707U_{o2m}。此时第二级放大器就已经调试好了，接着就可以将两级放大器连接起来调试。

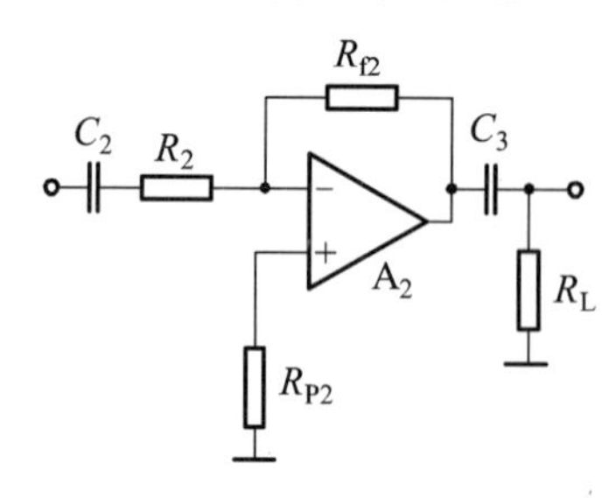

图 3.2.3 第二级交流放大器

④ 按图 3.2.3 所示连接两级交流放大器（图中的元件值取：R_{P1}=20 kΩ，R_1=22 kΩ，R_{f1}=200 kΩ，R_2=10 kΩ，R_{P2}=10 kΩ，R_{f2}=1 MΩ，R_L=2 kΩ，C_1、C_2，C_3取前面调试后的值）。

从放大器的输入端输入频率为 1 kHz，幅度 U_{im}=5 mV 的交流信号，用示波器在放大器的输出端测量输出电压的幅值 U_{om}，根据 U_{im}与 U_{om}算出总的电压放大倍数 $A_{u\Sigma}$。然后将输入信号的频率改为 20 Hz，保持输入信号的幅度不变，测出对应的输出电压 U'_{om}，若 U'_{om}=0.707U_{om}，说明已达到指标要求，若 U'_{om}<0.707U_{om}，可适当加大 C_1 的值，同时观察对应的输出电压 U'_{om}，然后再改变 C_2与 C_3的值，一直调节到 U'_{om}=0.707U_{om}时为止；若 U'_{om}>0.707U_{om}，可适当减小 C_1的值，同时观察对应的输出电压 U'_{om}，然后再改变 C_2与 C_3的值，一直调节到 U'_{om}=0.707U_{om}。此时两级放大器就已经调试好了。接着可以进行其它性能的测试。

【实验内容与步骤】

（1）设计一个交流放大器，性能指标如下。

中频电压放大倍数：$A_u = 1\,000$

输入电阻：$R_i = 20\ \text{k}\Omega$

通频带：$\Delta f = f_H - f_L$，其中 $f_L \leqslant 20\ \text{Hz}$，$f_H \geqslant 20\ \text{kHz}$

最大不失真输出电压：U_{om}=5 V

已知负载电阻：$R_L = 3\ \text{k}\Omega$

（2）实验步骤：

① 根据技术要求选好放大器电路后，计算放大器各元件的参数值。

② 将设计好的电路先在计算机上仿真，适当改变元件的参数，确定最佳值。

③ 按设计好的电路进行安装、调试与参数测量。

④ 电路正常工作后，测出交流放大器的性能参数：中频电压放大倍数 A_u、输入电阻 R_i、输出电阻 R_o、交流放大器的下限频率 f_L 和上限频率 f_H，记入表 3.2.1 中。

表 3.2.1　交流放大器的性能参数

参数	A_u	R_i	R_o	f_L	f_H
测量值					

【实验报告要求】

（1）实验目的。

（2）实验原理。

（3）列出设计题目和技术指标要求。

（4）列出设计步骤和电路中各参数的计算结果。

（5）画出标有元件值的电路图。

（6）列出性能指标的测试过程。

（7）整理实验数据，并与理论值进行比较。

【预习要求】

（1）根据指标要求的设计多级交流放大器，计算出多级交流放大器中各元件的参数，记入表 3.2.2 中，画出标有元件值的电路图。

表 3.2.2　交流放大器各元件的参数

参数	R_1	R_{f1}	C_1	R_{P1}	C_2	R_2	R_{f2}	R_{P2}	C_3	R_L
设计值										

（2）根据设计参数，用 Multisim14 仿真电路，验证设计，记入表 3.2.3 中。

表 3.2.3　验证设计参数

参数	A_u	R_i	R_o	f_L	f_H
测量值					

实验 3　仪用放大器的设计

【实验目的】

（1）学习仪用放大器的设计方法。

（2）掌握仪用放大器的调试方法。

【设计方法】

仪用放大器由两个同相放大器和一个差动放大器组成，如图 3.3.1 所示。该电路具有输入阻抗高、电压放大倍数容易调节、输出不包含共模信号等优点。

仪用放大器的第一级由两个同相放大器采用并联方式，组成同相并联差动放大器，如图 3.3.2 所示。该电路的输入电阻很大。若不接 R 时，该电路的差模输入电阻 $R_{id}\approx 2r_{ic}$；共模输入电阻 $R_{ic}\approx r_{ic}/2$。由于运放的共模输入电阻 r_{ic} 很大，当接入电阻 R 后，由于 R 小，则 R 与 R_{id} 或 R_{ic} 并联后，该电路的输入电阻就近似等于 R。

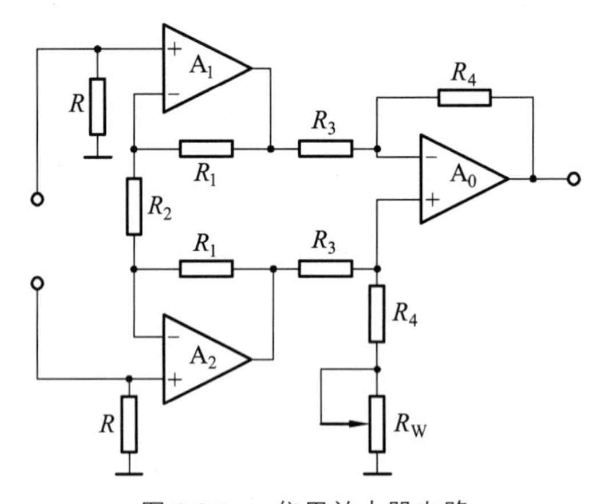

图 3.3.1　仪用放大器电路

图 3.3.1 电路的差模电压放大倍数为

$$A_{uo21}=\frac{u_{o2}-u_{o1}}{u_i}=1+\frac{2R_2}{R_1} \tag{3.3.1}$$

由上式可知，改变 R_1 的值就能改变电路的电压放大倍数。通常用一个电位器与一个固定电阻串联来代替 R_1。这样调节电位器的值，就能改变电路的电压放大倍数。

图 3.3.2 电路的优点是输入电阻很大，电压放大倍数调节简单，适用于不接地的“浮动”负载。缺点是把共模信号按 1∶1 的比例传送到输出端。

仪用放大器的第二级由运算放大器 A_0 与电阻 R_3、R_4、R_W 一起组成基本差动放大器。如图 3.3.3 所示。该电路的差模输入电阻：$R_{id}=2R_3$。

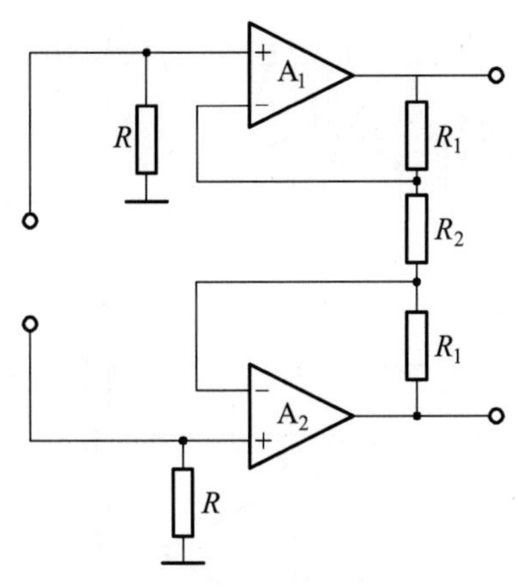

图 3.3.2　同相并联差动放大器

共模输入电阻为

$$R_{ic} = R_3 + R_4 \tag{3.3.2}$$

差模电压放大倍数为

$$A_{uo3} = \frac{R_4}{R_3} \tag{3.3.3}$$

因此图 3.3.1 仪用放大器的输入阻抗由 R 的值决定。放大器差模电压放大倍数为

$$A_{uo} = A_{uo12} \cdot A_{uo3} = \left(1 + \frac{2R_2}{R_1}\right) \cdot \frac{R_4}{R_3} \tag{3.3.4}$$

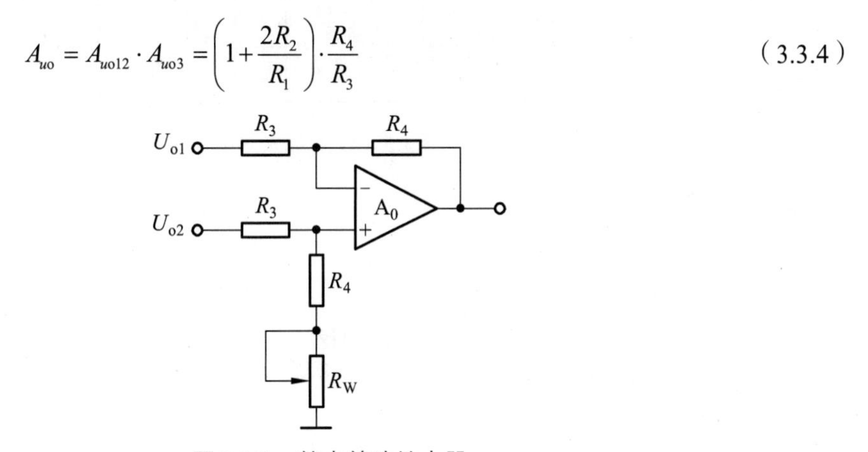

图 3.3.3　基本差动放大器

设计及调试时的注意事项：

（1）设计时要考虑电路的实际性能和方便调试。要注意增益的分配，若一级增益过大则不容易测量，而且输出失调电压也将加大。R_3、R_4 不可太小，要考虑到前级运算放大器的带负载能力。R 的选取与输入电阻的要求和运放的偏置电流有关。

（2）调试时要一级一级地进行。实验中的信号 U_i 是浮空的交流信号，而调试的信号源则一端接地，另一端输出往往叠加有直流电平，因此输入端的接法可采用图 3.3.4 所示电路。其中，C_1 是隔直电容，对低频特性有影响，故不能取得太小。C_2 使另一端的交流接地，且不影响直流平衡。在测量高通滤波器的截止频率时，由于截止频率 f_L 为 1 Hz，不容易测量，故可用相位法来测量。在f_L处U_o与U_i相差90°，此时观察到的是一个正椭圆。

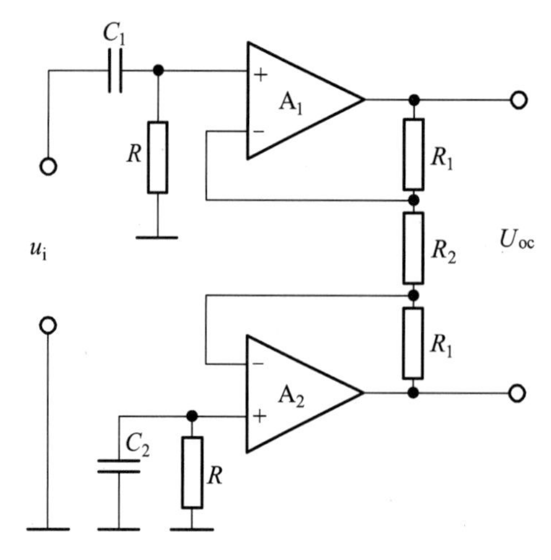

图 3.3.4　单端输入的同相并联差动放大器

【实验内容及步骤】

（1）设计一个如图 3.3.5 所示的仪用放大器：

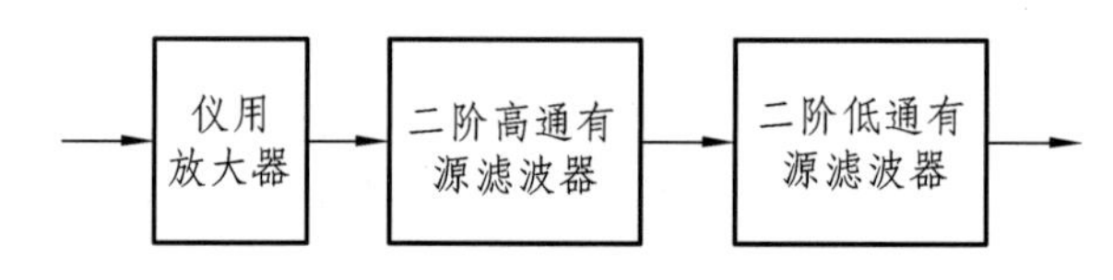

图 3.3.5　仪用放大器框图

指标要求：

① 当输入信号峰峰值$U_{ip\text{-}p}=1\,\text{mV}$时，输出电压信号峰峰值$U_{op\text{-}p}=1\,\text{V}$。

② 输入阻抗：R_i>1 MΩ。

③ 频带宽度：Δf（-3 dB）=1 Hz ~ 1 kHz。

④ 共模抑制比：$CMRR$>70 dB。

（2）实验步骤：

① 根据技术要求选好放大器电路后，计算放大器各元件的参数值。

② 将设计好的电路先在计算机上仿真，适当改变元件的参数，确定最佳值。

③ 按设计好的电路进行安装、调试与参数测量。

④ 电路正常工作后，测出仪用放大器的性能参数：放大倍数 Au，输入阻抗，共模抑制比，记入表 3.3.1 中

表 3.3.1　仪用放大器的性能参数

参数	A_u	R_i	$CMRR$
测量值			

【实验报告要求】

（1）实验报告。
（2）实验原理。
（3）写出设计过程。
（4）写出各项指标的测量方法、测量条件和测试结果。
（5）对实验中的问题、误差等进行分析。

【预习要求】

（1）根据技术指标要求，设计一个仪用放大器。把参数填入表 3.3.2 中。

表 3.3.2　仪用放大器参数

第一级	R_1		R_2		R
设计值					
第二级	R_1	R_2	R_3	R_4	R_W
设计值					

（2）根据设计参数，用 Multisim14 仿真电路，验证设计，记入表 3.3.3 中。

表 3.3.3　验证设计参数

参数	A_u	R_i	Δf	$CMRR$
仿真值				

实验 4　有源滤波器的设计

【实验目的】

（1）学习有源滤波器的设计方法。
（2）掌握有源滤波器的安装与调试方法。
（3）了解电阻、电容和 Q 值对滤波器性能的影响。

【设计方法】

有源滤波器的形式有好几种，下面只介绍具有巴特沃斯响应的二阶滤波器的设计。

巴特沃斯低通滤波器的幅频特性为

$$|A_u(j\omega)| = \frac{A_{uo}}{\sqrt{1+\left(\frac{\omega}{\omega_c}\right)^{2n}}}, \quad n=1，2，3，\cdots \qquad (3.4.1)$$

写成

$$\left|\frac{A_u(\mathrm{j}\omega)}{A_{uo}}\right|=\frac{1}{\sqrt{1+\left(\dfrac{\omega}{\omega_c}\right)^{2n}}}\left|A_u(\mathrm{j}\omega)\right| \tag{3.4.2}$$

其中 A_{uo} 为通带内的电压放大倍数，ω_c 为截止角频率，n 称为滤波器的阶。从（3.4.2）式中可知，当ω=0 时，（3.4.2）式有最大值 1；$\omega=\omega_c$时，（3.4.2）式等于 0.707，即 A_u 衰减 n=23 dB；n 取得越大，随着ω的增加，滤波器输出电压衰的减越快，滤波器的幅频特性越接近于理想特性。如图 3.4.1 所示。

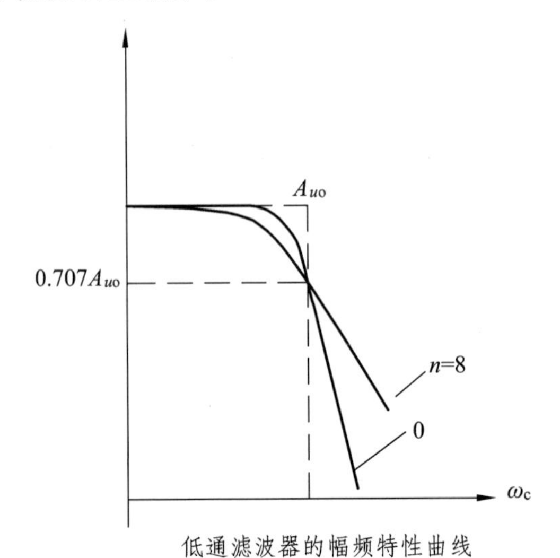

图 3.4.1　低通滤波器的幅频特性曲

当$\omega \gg \omega_c$时，

$$\left|\frac{A_u(\mathrm{j}\omega)}{A_{uo}}\right|\approx\frac{1}{\left(\dfrac{\omega}{\omega_c}\right)^{n}} \tag{3.4.3}$$

两边取对数，得

$$20\lg\left|\frac{A_u(\mathrm{j}\omega)}{A_{uo}}\right|\approx -20n\lg\frac{\omega}{\omega_c} \tag{3.4.4}$$

此时阻带衰减速率为−20 ndB/十倍频或−6 ndB/倍频，该式称为衰减估算式。

表 3.4.1 列出了归一化的、n 为 1 ~ 8 阶的巴特沃斯低通滤波器传递函数的分母多项式。

表 3.4.1　归一化的巴特沃斯低通滤波器传递函数的分母多项式

n	归一化的巴特沃斯低通滤波器传递函数的分母多项式
1	s_L+1
2	$s_L^2+\sqrt{2}s_L+1$

续表

n	归一化的巴特沃斯低通滤波器传递函数的分母多项式
3	$(s_L^2+s_L+1)\cdot(s_L+1)$
4	$(s_L^2+0.76537s_L+1)\cdot(s_L^2+1.84776s_L+1)$
5	$(s_L^2+0.61807s_L+1)\cdot(s_L^2+1.61803s_L+1)\cdot(s_L+1)$
6	$(s_L^2+0.51764s_L+1)\cdot(s_L^2+\sqrt{2}s_L+1)\cdot(s_L^2+1.93185s_L+1)$
7	$(s_L^2+0.44504s_L+1)\cdot(s_L^2+1.24698s_L+1)\cdot(s_L^2+1.80194s_L+1)\cdot(s_L+1)$
8	$(s_L^2+0.39018s_L+1)\cdot(s_L^2+1.11114s_L+1)\cdot(s_L^2+1.66294s_L+1)\cdot(s_L^2+1.96157s_L+1)$

在表 3.4.1 的归一化巴特沃斯低通滤波器传递函数的分母多项式中，$s_L=\dfrac{s}{\omega_c}$，ω_c是低通滤波器的截止频率。

对于一阶低通滤波器，其传递函数：

$$A_u(s)=\frac{A_{uo}\omega_c}{s+\omega_c} \tag{3.4.5}$$

归一化的传递函数：

$$A_u(s_L)=\frac{A_{uo}}{s_L+1} \tag{3.4.6}$$

对于二阶低通滤波器，其传递函数：

$$A_u(s)=\frac{A_{uo}\omega_c^2}{s^2+\dfrac{\omega_c}{Q}s+\omega_c^2} \tag{3.4.7}$$

归一化后的传递函数：

$$A_u(s_L)=\frac{A_{uo}}{s_L^2+\dfrac{1}{Q}s_L+1} \tag{3.4.8}$$

由表 3.4.1 可以看出，任何高阶滤波器都可由一阶和二阶滤波器级联而成。对于 n 为偶数的高阶滤波器，可以由 $\dfrac{n}{2}$ 节二阶滤波器级联而成；而 n 为奇数的高阶滤波器可以由 $\dfrac{n-1}{2}$ 节二阶滤波器和一节一阶滤波器级联而成，因此一阶滤波器和二阶滤波器是高阶滤波器的基础。

有源滤波器的设计，就是根据所给定的指标要求，确定滤波器的阶数 n，选择具体的电路形式，算出电路中各元件的具体数值，安装电路和调试，使设计的滤波器满足指标要求，具体步骤如下：

（1）根据阻带衰减速率要求，确定滤波器的阶数 n。

（2）选择具体的电路形式。

（3）根据电路的传递函数和表 3.4.1 归一化滤波器传递函数的分母多项式，建立起系数的方程组。

（4）解方程组求出电路中元件的具体数值。

（5）安装电路并进行调试，使电路的性能满足指标要求。

【例 3.4.1】要求设计一个有源低通滤波器，指标为：截止频率 f_c=1 kHz，通带电压放大倍数：A_{uo}=2，在 f=10f_c 时，要求幅度衰减大于 30 dB。

设计步骤：

（1）由衰减估算式：−20 ndB/十倍频，算出 n=2。

（2）选择图 3.4.2 电路作为低通滤波器的电路形式。

该电路的传递函数：

$$A_u(s)=\frac{A_{uo}\omega_c^2}{s^2+\frac{\omega_c}{Q}s+\omega_c^2} \tag{3.4.9}$$

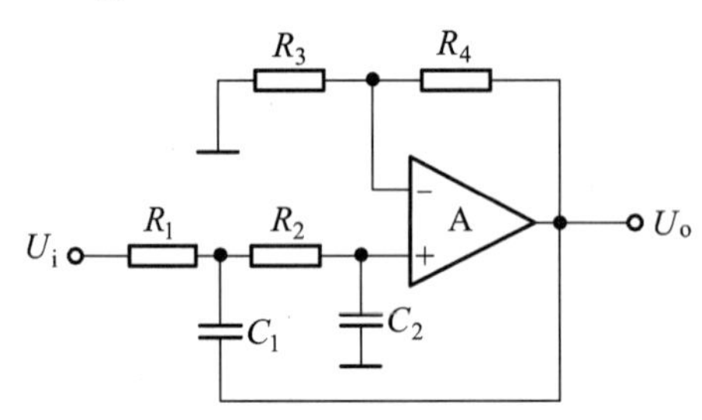

图 3.4.2　例 3.4.1 电路

其归一化函数为

$$A_u(s_L)=\frac{A_{uo}}{s_L^2+\frac{1}{Q}s_L+1} \tag{3.4.10}$$

将上式分母与表 1 归一化传递函数的分母多项式比较得

$$\frac{1}{Q}=\sqrt{2}$$

通带内的电压放大倍数为

$$A_{uo}=A_f=1+\frac{R_4}{R_3}=2 \tag{3.4.11}$$

滤波器的截止角频率为

$$\omega_c=\frac{1}{\sqrt{R_1R_2C_1C_2}}=2\pi f_c=2\pi\times10^3 \tag{3.4.12}$$

$$=2\pi\times10^3\times\sqrt{2} \tag{3.4.13}$$

$$R_1+R_2=R_3//R_4 \tag{3.4.14}$$

在式（3.4.11）~（3.4.14）中共有 6 个未知数，3 个已知量，因此有许多元件组可满足给定特性的要求，这就需要先确定某些元件的值，元件的取值有以下四种。

① 当 $A_f=1$ 时，先取 $R_1=R_2=R$，然后再计算 C_1 和 C_2。

② 当 $A_f \neq 1$ 时，取 $R_1=R_2=R$，$C_1=C_2=C$。

③ 先取 $C_1=C_2=C$，然后再计算 R_1 和 R_2。此时 C 必须满足：$C_1=C_2=C=\dfrac{10}{f_c}(\mu F)$

④ 先取 C_1，接着按比例算出 $C_2=KC_1$，然后再算出 R_1 和 R_2 的值。

其中 K 必须满足条件：$K \leqslant A_f-1+\dfrac{1}{4Q^2}$

对于本例，由于 $A_f=2$，因此先确定电容 $C_1=C_2$ 的值，即取：

$$C_1=C_2=C=\frac{10}{f_0}(\mu F)=\frac{10}{10^3}(\mu F)=0.01(\mu F)\text{，}$$

将 $C_1=C_2=C$ 代入（3.4.12）和（3.4.13）式，可分别求得：

$$R_1=\frac{Q}{\omega_c C}=\frac{1}{2\pi\times 10^3\times\sqrt{2}\times 0.01\times 10^{16}}=11.26\times 10^3(\Omega)$$

$$R_2=\frac{1}{Q\omega_c C}=\frac{\sqrt{2}}{2\pi\times 10^3\times 0.01\times 10^{-6}}=22.52\times 10^3(\Omega)$$

$$R_4=A_f(R_1+R_2)=2\times(11.26+22.52)\times 10^3=67.56\times 10^3(\Omega)$$

$$R_3=\frac{R_4}{A_f-1}=\frac{67.56\times 10^3}{2-1}=67.56\times 10^3(\Omega)$$

【例 3.4.2】 要求设计一个有源高通滤波器，指标要求为：截止频率 $f_c=500\text{ Hz}$，通带电压放大倍数为：$A_{uo}=1$，在 $f=0.1f_c$ 时，要求幅度衰减大于 50 dB。

设计步骤：

（1）由衰减估算式：$-20\,n\text{dB}/$十倍频，算出 $n=3$。

（2）一阶高通滤波电路构成该高通滤波器。如图 3.4.3 所示，该电路的传递函数为

$$A_u(s)=A_{u1}(s)\cdot A_{u2}(s)$$

$$=\frac{A_{uo1}s^2}{s^2+\dfrac{\omega_{c1}}{Q}s+\omega_{c1}^2}\cdot\frac{A_{uo2}s}{s+\omega_{c2}} \tag{3.4.15}$$

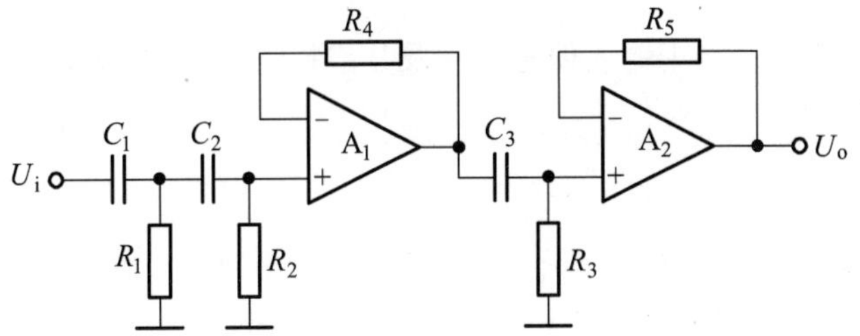

图 3.4.3　三阶高通滤波器

将上式归一化：

$$A_u(s_L)=\frac{A_{uo}}{\left(1+\frac{1}{Q}s_L+s_L^2\right)\cdot(1+s_L)} \tag{3.4.16}$$

将上式分母与表 3.4.1 归一化传递函数的分母多项式比较得

$$\frac{1}{Q}=1$$

因为通带内的电压放大倍数为

$$A_{uo}=A_{uo1}\cdot A_{uo2}=1$$

所以取：

$$A_{uo1}=A_{uo2}=1$$

第一级二阶高通滤波器的截止角频率：

$$\omega_{c1}=\frac{1}{\sqrt{R_1R_2C_1C_2}}=2\pi f_c=2\pi\times 500\ \omega_c \tag{3.4.17}$$

$$\frac{\omega_{c1}}{Q}=\frac{1}{R_2C_1}+\frac{1}{R_2C_2}+(1-A_{uo1})\frac{1}{R_1C_1}=2\pi\times 500\times 1 \tag{3.4.18}$$

第二级一阶高通滤波器的截止角频率：

$$\omega_{c2}=\frac{1}{R_3C_3}=\omega_c=2\pi f_c \tag{3.4.19}$$

式（3.4.17）~（3.4.19）中共有 6 个未知数，先确定其中 3 个元件的值，

取 $C_1=C_2=C_3=C=\frac{10}{f_c}(\mu F)=\frac{10}{500}(\mu F)=0.02\ (\mu F)$

将 C_1=C_2=C_3=C 代入（3.4.17）、（3.4.18）和（3.4.19）式，可求得

$$R_1=\frac{1}{2Q\omega_{c1}C}=\frac{1}{2\times 1\times 2\pi\times 500\times 0.02\times 10^{-6}}=7.962\times 10^3\ (\Omega)$$

$$R_2=\frac{2Q}{\omega_{c1}C}=\frac{2\times 1}{2\pi\times 500\times 0.02\times 10^{-6}}=31.85\times 10^3\ (\Omega)$$

$$R_3=\frac{1}{\omega_{c2}C}=\frac{1}{2\pi\times 500\times 0.02\times 10^{-6}}=15.92\times 10^3\ (\Omega)$$

为了达到静态平衡，减小输入偏置电流及其漂移对电路的影响，

取 $R_4=R_2=31.85\times 10^3\Omega$

$$R_5=R_3=15.92\times 10^3\Omega$$

【例 3.4.3】要求设计一个有源二阶带通滤波器，指标要求为通带中心频率 $f_0=500$ Hz，通带中心频率处的电压放大倍数 $A_{uo}=10$，带宽 $\Delta f=50$ Hz。

设计步骤：

（1）选用图 3.4.4 电路。

（2）该电路的传输函数。

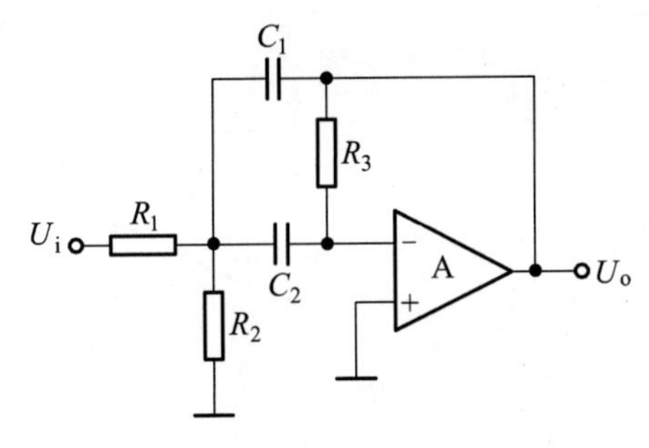

图 3.4.4　例 3.4.3 电路

（3）$A_u(s)=\dfrac{A_{uo}\dfrac{\omega_0}{Q}s}{s^2+\dfrac{\omega_0}{Q}s+\omega_0^2}$ （3.4.20）

品质因数为

$$Q=\frac{f_0}{\Delta f}=\frac{500}{50}=10 \tag{3.4.21}$$

通带的中心角频率为

$$\omega_0=\sqrt{\frac{1}{R_3C^2}\left(\frac{1}{R_1}+\frac{1}{R_2}\right)}=2\pi\times500 \tag{3.4.22}$$

通带中心角频率 ω_0 处的电压放大倍数为

$$A_{uo}=-\frac{R_3}{2R_1}=-10 \tag{3.4.23}$$

$$\frac{\omega_0}{Q}=\frac{2}{CR_3} \tag{3.4.24}$$

取 $C=\dfrac{10}{f_0}(\mu F)=\dfrac{10}{500}(\mu F)=0.02\ (\mu F)$，则

$$R_1=-\frac{Q}{CA_{uo}\omega_0}=-\frac{10}{0.02\times10^{-6}\times(-10)\times2\pi\times500}=15.92\times10^3\ (\Omega)$$

$$R_3=\frac{2Q}{C\omega_0}=\frac{2\times10}{0.02\times10^{-6}\times2\pi\times500}=318.5\times10^3\ (\Omega)$$

$$R_2=\frac{Q}{C\omega_0(2Q^2+A_{uo})}=\frac{10}{0.02\times10^{-6}\times2\pi\times500\times(2\times10^2-10)}=838\ (\Omega)$$

【例 3.4.4】要求设计一个有源二阶带阻滤波器，指标要求为：通带中心频率 $f_0=500\ \text{Hz}$，通带电压放大倍数 $A_{uo}=1$，带宽 $\Delta f=50\ \text{Hz}$。

设计步骤：

（1）选用图 3.4.5 电路。

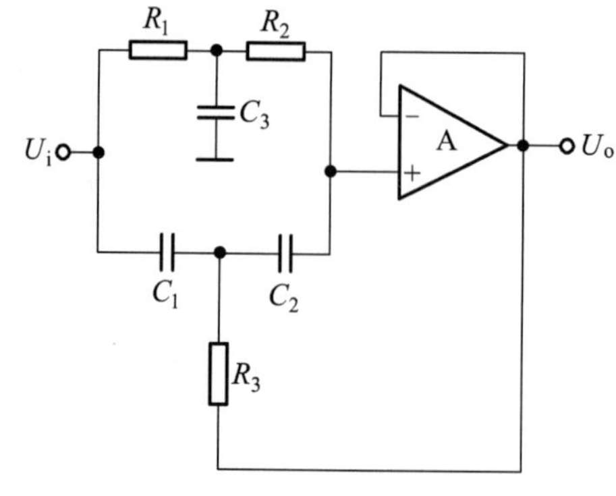

图 3.4.5　例 3.4.4 图

（2）该电路的传递函数为

$$A_u(s)=\frac{A_f\left(s^2+\dfrac{1}{C^2R_1R_2}\right)}{s^2+\dfrac{2}{R_2C}s+\dfrac{1}{R_1R_2C^2}}=\frac{A_{uo}(\omega_0^2+s^2)}{s^2+\dfrac{\omega_0}{Q}s+\omega_0^2} \tag{3.4.25}$$

其中，通带的电压放大倍数为

$$A_f=A_{uo}=1$$

阻带中心处的角频率为

$$\omega_0=\sqrt{\frac{1}{R_1R_2C^2}}=2\pi f_0=2\pi\times500 \tag{3.4.26}$$

品质因数为

$$Q=\frac{f_0}{\Delta f}=\frac{500}{50}=10 \tag{3.4.27}$$

阻带带宽为

$$BW=\frac{\omega_0}{Q}=\frac{2}{R_2C} \tag{3.4.28}$$

$$\frac{1}{R_3}=\frac{1}{R_1}+\frac{1}{R_2} \tag{3.4.29}$$

取 $C=\dfrac{10}{f_0}(\mu F)=\dfrac{10}{500}(\mu F)=0.02\ (\mu F)$，

则

$$R_1=\frac{1}{2Q\omega_0C}=\frac{1}{2\times10\times2\pi\times500\times0.02\times10^{-6}}=796.2\ (\Omega)$$

$$R_2 = \frac{2Q}{\omega_0 C} = \frac{2\times10}{2\pi\times500\times0.02\times10^{-6}} = 318.5\times10^3\ (\Omega)$$

$$R_3 = \frac{R_1 R_2}{R_1 + R_2} = \frac{796.2\times318.5\times10^3}{796.2+318.5\times10^3} = 794.2\ (\Omega)$$

【实验内容与步骤】

（1）按以下指标要求设计滤波器，计算出电路中元件的值。

① 设计一个低通滤波器，指标要求为：截止频率 $f_c = 1\,\text{kHz}$，通带电压放大倍数 $A_{uo} = 1$，在 $f = 10f_c$ 时，要求幅度衰减大于 35 dB。

② 设计一个高通滤波器，指标要求为：截止频率 $f_c = 500\,\text{Hz}$，通带电压放大倍数 $A_{uo} = 5$，在 $f = 0.1f_c$ 时，幅度至少衰减 30 dB。

③（选作）设计一个带通滤波器，指标要求为：通带中心频率 $f_0 = 1\,\text{kHz}$，通带电压放大倍数 $A_{uo} = 2$，通带带宽 $\Delta f = 100\,\text{Hz}$。

（2）按照所设计的电路，将元件安装在实验板上。

（3）对安装好的电路按以下方法进行调整和测试。

① 仔细检查安装好的电路，确定元件与导线连接无误后，接通电源。

② 在电路的输入端加入 U_i=1 V 的正弦信号，慢慢改变输入信号的频（注意保持 U_i 的值不变），用示波器观察输出电压的变化，在滤波器的截止频率附近，观察电路是否具有滤波特性，若没有滤波特性，应检查电路，找出故障原因并排除。

③ 若电路具有滤波特性，可进一步进行调试。对于低通和高通滤波器首先应观测其截止频率是否满足设计要求。若不满足设计要求，应根据有关的公式，确定应调整哪一个元件，才能使截止频率既能达到设计要求，又不会对其它的指标参数产生影响。然后观测电压放大倍数是否满足设计要求，若达不到要求，应根据相关的公式调整有关的元件，使其达到设计要求。

④ 当各项指标都满足技术要求后，保持 U_i=2 V 不变，改变输入信号的频率，分别测量滤波器的输出电压，根据测量结果画出幅频特性曲线，并将测量的截止频率 f_c、通带电压放大倍数 A_{uo} 与设计值进行比较。

（4）测量实验数据填入表 3.4.2 ~ 3.1.4 中。

表 3.4.2　低通滤波器测量数据

参数	截止频率 f_c	放大位数 A_u	$10f_c$ 时衰减
测量值			

表 3.4.3　高通滤波器测量数据

参数	截止频率 f_c	放大位数 A_u	$0.1f_c$ 时衰减
测量值			

表 3.4.4　带通滤波器测量数据

参数	中心频率 f_0	放大位数 A_u	Δf 带宽
测量值			

【实验报告要求】

（1）实验目的。
（2）实验原理。
（3）根据给定的指标要求，计算元件参数。
（4）绘出设计的电路图，并标明元件的数值。
（5）实验数据处理，作出 A_u-f 曲线图。
（6）对实验结果进行分析。

【预习要求】

（1）根据滤波器的技术指标要求，选用滤波器电路，计算电路中各元件的数值，记入表 3.4.5 中。设计出满足技术指标要求的滤波器。

表 3.4.5　电路各元件的数值

参数	R_1	R_2	R_3	C_1	C_2	C_3
设计值						

（2）根据设计结果，用 Multisim14 仿真，验证设计，记入表 3.4.6 中。

表 3.4.6　验证设计结果

参数	A_u	f_c	Δf
仿真值			

实验 5　函数发生器的设计

【实验目的】

掌握函数发生器的基本设计方法。

【设计方法】

函数发生器能自动产生方波-三角波-正弦波及锯齿波、阶梯波等电压波形。其电路中使用的器件可以是分立器件（如低频信号发生器 S101 全部采用晶体管），也可以是集成电路（如单片集成电路函数发生器 ICL8038）。

本实验主要介绍由集成运算放大器组成的方波-三角波-正弦波函数发生器的设计方法。

产生正弦波、方波、三角波的方案有多种，如先产生正弦波，然后通过整形电路将正弦波变换成方波，再由积分电路将方波变成三角波；也可以先产生三角波-方波，再将三角波变换成正弦波或将方波变成正弦波。

本设计中先产生方波-三角波，再将三角波变换成正弦波的电路设计方法，其电路组成框图如图 3.5.1 所示。

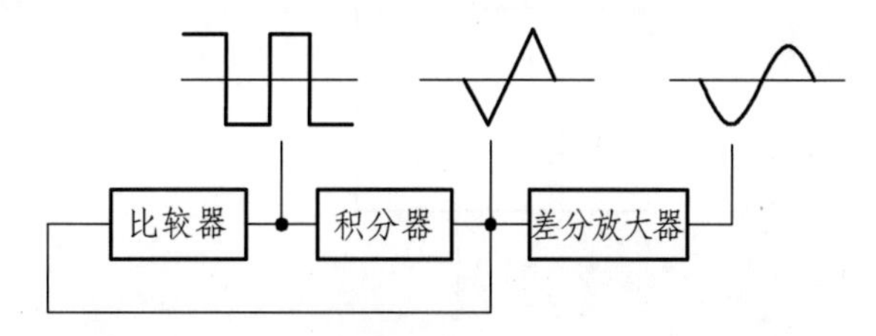

图 3.5.1　函数发生器组成框图

1. 产生方波-三角波

电路如图 3.5.2 所示。

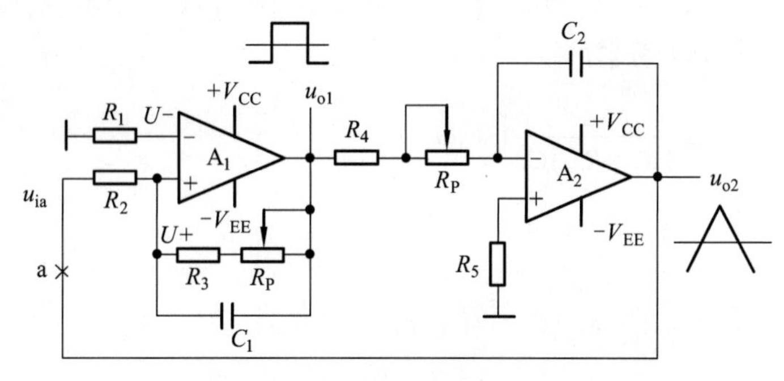

图 3.5.2　方波-三角波产生电路

电路工作原理如下：若 a 点断开，运放 A_1 与 R_1、R_2、R_3、R_{P1} 组成电压比较器。R_1 称为平衡电阻，C_1 称为加速电容，可加速比较器的翻转；运放的反相端接基准电压，即 $U_-=0$；同相端接输入电压 U_{ia}；比较器的输出 U_{o1} 的高电平等于正电源电压 $+V_{CC}$，低电平等于负电源电压 $-V_{EE}$。当输入端 $U_+=U_-=0$ 时，比较器翻转，U_{o1} 从高电平 $+V_{CC}$ 跳到低电平 $-V_{EE}$，或从低电平 $-V_{EE}$ 跳到高电平 $+V_{CC}$。设 $U_{o1}=+V_{CC}$，则

$$U_+=\frac{R_2}{R_2+R_3+R_{P1}}(+V_{CC})+\frac{R_3+R_{P1}}{R_2+R_3+R_{P1}}U_{ia}=0 \tag{3.5.1}$$

整理上式，得比较器的下门限电位为

$$U_{ia-}=\frac{-R_2}{R_3+R_{P1}}(+V_{CC})=\frac{-R_2}{R_3+R_{P1}}V_{CC} \tag{3.5.2}$$

若 $U_{o1}=-V_{CC}$，则比较器的上门限电位为

$$U_{ia+}=\frac{-R_2}{R_3+R_{P1}}(-V_{EE})=\frac{-R_2}{R_3+R_{P1}}V_{CC} \tag{3.5.3}$$

比较器的门限宽度 U_H 为 $U_H=U_{ia+}-U_{ia-}=2\dfrac{R_2}{R_3+R_{P1}}V_{CC}$

由上面公式可得比较器的电压传输特性，如图 3.5.3 所示。

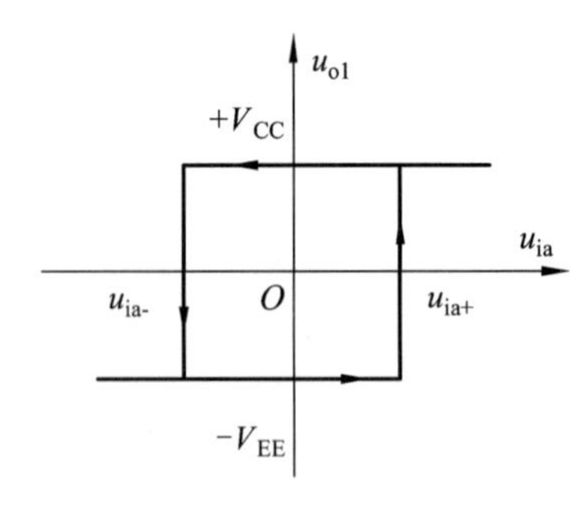

图 3.5.3　比较器的电压传输特性

从电压传输特性可见，当输入电压 U_{ia} 从上门限电位 U_{ia+} 下降到下门限电位 U_{ia-} 时，输出电压 U_{o1} 由高电平 $+V_{CC}$ 突变到低电平 $-V_{CC}$。a 点断开

后，运算放大器 A_2 与 $R4$、R_{P2}、$R5$、C_2 组成反相积分器，其输入信号

为方波 U_{o1} 时，则积分器的输出

$$U_{o2}=\frac{-1}{(R_4+R_{P4})C_2}\int U_{o1}\mathrm{d}t \tag{3.5.4}$$

当 $U_{o1}=+V_{CC}$ 时，

$$U_{o2}=\frac{-(+V_{CC})}{(R_4+R_{P2})C_2}t=\frac{-V_{CC}}{(R_4+R_{P2})C_2}t \tag{3.5.5}$$

当 $U_{o1}=-V_{CC}$ 时，

$$U_{o2}=\frac{-(1V_{EE})}{(R_4+R_{P2})C_2}t=\frac{V_{CC}}{(R_4+R_{P2})C_2}t \tag{3.5.6}$$

可见，当积分器的输入为方波时，输出是一个上升速率与下降速率相等的三角波，其波形关系如图 3.5.4 所示。

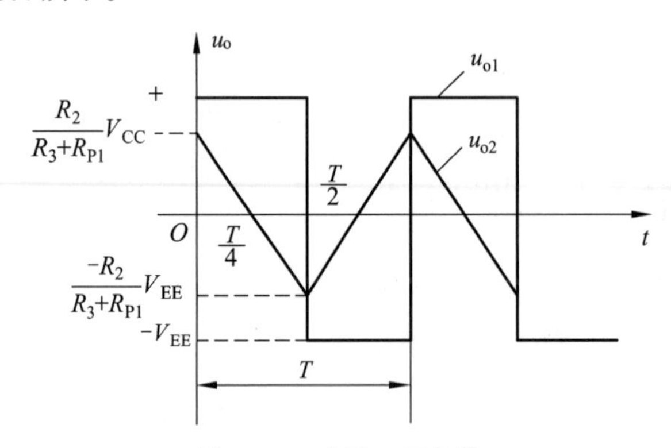

图 3.5.4　方波—三角波

a 点闭合，形成闭环电路，则自动产生方波-三角波，三角波的幅度

$$U_{o2m}=\frac{R_2}{R_3+R_{P1}}V_{CC} \tag{3.5.7}$$

方波-三角波的频率

$$f = \frac{R_3 + R_{P1}}{4R_2(R_4 + R_{P2})C_2} \tag{3.5.8}$$

由式上式可见：

（1）调节电位器 R_{P2}，可调节方波-三角波的频率，但不会影响其幅度。若要求输出频率范围较宽，可用 C_2 改变频率，R_{P2} 实现频率微调。

（2）方波的输出幅度约等于电源电压$+V_{CC}$，三角波的输出幅度不会超过电源电压$+V_{CC}$。电位器 R_{P1} 可实现幅度微调，但会影响方波-三角波的频率。

2. 三角波变正弦波电路

在三角波电压固定频率或频率变化范围很小的情况下，可以考虑采用低通滤波的方法将三角波变换为正弦波，电路框图如图 3.5.5（a）所示。输入电压和输出电压的波形如图 3.5.5（b）所示，u_o 的频率等于 U_i 基波的频率。

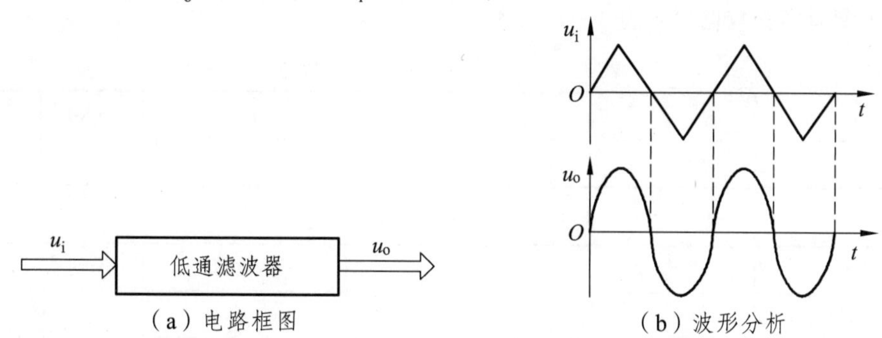

（a）电路框图　　（b）波形分析

图 3.5.5　利用低通滤波将三角波变换成正弦波

将三角波按傅里叶级数展开：

$$u_i(\varpi t) = \frac{8}{\pi^2}U_m\left(\sin\varpi t - \frac{1}{9}\sin 3\varpi t + \frac{1}{25}\sin 5\varpi t - \cdots\right) \tag{3.5.9}$$

其中 U_m 示三角波的幅值。根据上式可知，低通滤波器的通带截止频率应大于三角波的基波频率且小于三角波的三次谐波频率。当然，也可利用带通滤波器来实现上述变换。例如，若三角波的频率范围为 100 ~ 200 Hz，则低通滤波器的通带截止频率可取 250 Hz，带通滤波器的通频带可取 50 ~ 250 Hz。但是，如果三角波的最高频率超过其最低频率的 3 倍，就要考虑采用其他方法来实现变换了。

【实验内容及步骤】

1. 函数发生器的性能指标

输出波形：正弦波、方波、三角波。

频率范围：1 ~ 10 Hz，10 ~ 100 Hz，100 Hz ~ 1 kHz，1 ~ 10kHz，10 ~ 100 kHz，100 kHz ~ 1 MHz。

输出电压：一般指输出波形的峰-峰值，即 $U_{P\text{-}P} = 2U_m$。

表征三角波特性的参数是非线性系数 γ△，一般要求 γ△ < 2%；表征方波特性的参数是上升时间 t_r，一般要求 $t_r < 100$ ns（1 kHz，最大输出时）。

2. 电路安装与调试技术

（1）方波-三角波发生器的装调由于比较器 A_1 与积分器 A_2 组成正反馈闭环电路，同时输出方波与三角波，故这两个单元电路需同时安装。要注意的是，在安装电位器 R_{P1} 与 R_{P2} 之前，先将其调整到设计值，否则电路可能会不起振。如果电路接线正确，则在接通电源后，A_1 的输出 U_{o1} 为方波，A_2 的输出 U_{o2} 为三角波，在低频点时，微调 R_{P1}，使三角波的输出幅度满足设计指标要求，再调节 R_{P2}，则输出频率连续可变。

（2）误差分析：方波输出电压 $U_{p\text{-}p} \leqslant 2V_{CC}$，是因为运放输出级由 NPN 型或 PNP 型两种晶体管组成的复合互补对称电路，输出方波时，两管轮流截止与饱和导通，由于导通时输出电阻的影响，使方波输出幅度小于电源电压值。方波的上升时间 t_r，主要受运放转换速率的限制。如果输出频率较高，则可接入加速电容 C_1（C_1 一般为几十皮法）。可用示波器（或脉冲示波器）测量 t_r。

（3）测量实验数据填入表 3.5.1 ~ 3.5.4 中。

表 3.5.1　实际电路中的各参数值

参数	R_1	R_2	R_3	R_4	R_5	C_1	C_2	C_3	R_p
实际值									

表 3.5.2　方波信号测量数据

参数	频率	峰峰值	有效值	绘制实际波形
测量值				

表 3.5.3　三角波信号测量数据

参数	频率	峰峰值	有效值	绘制实际波形
测量值				

表 3.5.4　正弦波信号测量数据

参数	频率	峰峰值	有效值	绘制实际波形
测量值				

【实验报告要求】

（1）实验目的。

（2）实验原理。

（3）根据给定的指标要求，计算元件参数。

（4）绘出设计的电路图，并标明元件的数值。

（5）实验数据处理，作出各点的波形图。

（6）对实验结果进行分析。

【预习要求】

（1）简述三角波发生器的工作原理。

（2）根据技术指标计算出函数发生器的各参数值，记入表 3.5.5 中。

表 3.5.5　函数发生器各参数数值

参数	R_1	R_2	R_3	R_4	R_5	C_1	C_2	C_3	R_P
计算值									

（3）根据设计参数，用 Multisim14 仿真，验证设计，记入表 3.5.6 中。

表 3.5.6　验证设计参数

	三角波	方波	正弦波
幅值			
频率			

实验 6　直流稳压电源的设计

【实验目的】

（1）掌握小功率直流稳压电源的设计与调试方法。
（2）掌握小功率直流稳压电源有关参数的测试方法。

【设计方法】

1. 稳压电源的组成

小功率稳压电源由电源变压器、整流电路、滤波电路和稳压电路四个部分组成，如图 3.6.1 所示。

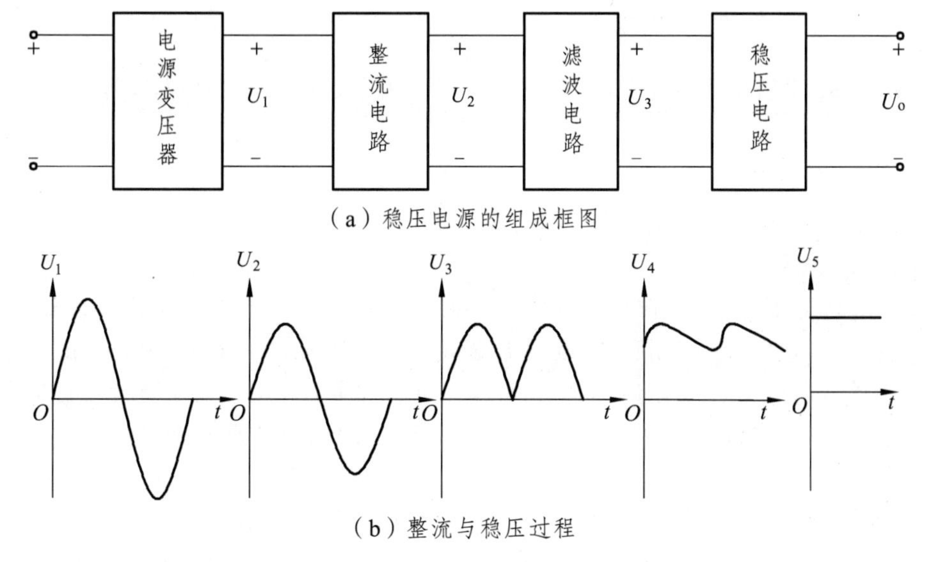

（a）稳压电源的组成框图

（b）整流与稳压过程

图 3.6.1　稳压电源的组成框图及整流与稳压过程

（1）电源变压器。

电源变压器的作用是将来自电网的 220 V 交流电压 U_1 变换为整流电路所需要的交流电压 U_2。电源变压器的效率为

$$\eta=\frac{P_2}{P_1} \tag{3.6.1}$$

其中，P_2 是变压器副边的功率，P_1 是变压器原边的功率。一般小型变压器的效率如表 3.6.1 所示。

表 3.6.1　小型变压器的效率

副边功率 P_2	<10 V·A	10～30 V·A	30～80 V·A	80～200 V·A
效率 η	0.6	0.7	0.8	0.85

因此，当算出了副边功率 P_2 后，就可以根据上表算出原边功率 P_1。

（2）整流和滤波电路。

在稳压电源中一般用四个二极管组成桥式整流电路，整流电路的作用是将交流电压 U_2 变换成脉动的直流电压 U_3。滤波电路一般由电容组成，其作用是把脉动直流电压 U_3 中的大部分纹波加以滤除，以得到较平滑的直流电压 U_i。U_i 与交流电压 U_2 的有效值 U_2 的关系为

$$U_i=(1.1\sim1.2)U_2 \tag{3.6.2}$$

在整流电路中，每只二极管所承受的最大反向电压为

$$U_{RM}=\sqrt{2}U_2 \tag{3.6.3}$$

流过每只二极管的平均电流为

$$I_D=\frac{I_R}{2}=\frac{0.45U_2}{R} \tag{3.6.4}$$

其中：R 为整流滤波电路的负载电阻，它为电容 C 提供放电通路，放电时间常数 RC 应满足

$$RC>\frac{(3\sim5)T}{2} \tag{3.6.5}$$

其中：T=20 ms，是 50 Hz 交流电压的周期。

（3）稳压电路。

由于输入电压 U_1 发生波动、负载和温度发生变化时，滤波电路输出的直流电压 U_i 会随着变化。因此，为了维持输出电压 U_i 稳定不变，还需加一级稳压电路。稳压电路的作用是当外界因素（电网电压、负载、环境温度）发生变化时，能使输出直流电压不受影响，而维持稳定的输出。稳压电路一般采用集成稳压器和一些外围元件所组成。采用集成稳压器设计的稳压电源具有性能稳定、结构简单等优点。

集成稳压器的类型很多，在小功率稳压电源中，普遍使用的是三端稳压器。按输出电压类型可分为固定式和可调式，此外又可分为正电压输出或负电压输出两种类型。

① 固定电压输出稳压器。

常见的有 CW78××（LM78××）系列三端固定式正电压输出集成稳压器；CW79××（LM79××）系列三端固定式负电压输出集成稳压器。三端是指稳压电路只有输入、输出和接地三个接地端子。型号中最后两位数字表示输出电压的稳定值，有 5 V、6 V、9 V、15 V、18 V 和 24 V。稳压器使用时，要求输入电压 U_i 与输出电压 U_o 的电压差 $U_i-U_o \geq 2$ V。稳压器的静态电流 I_o=8 mA。当 U_o=5 ~ 18 V 时，U_i 的最大值 $U_{i\max}$=35 V；当 U_o=18 ~ 24 V 时，U_i 的最大值 $U_{i\max}$=40 V。

② 可调式三端集成稳压器。

可调式三端集成稳压器是指输出电压可以连续调节的稳压器，有输出正电压的 CW317 系列（LM317）三端稳压器；有输出负电压的 CW337 系列（LM337）三端稳压器。在可调式三端集成稳压器中，稳压器的三个端是指输入端、输出端和调节端。稳压器输出电压的可调范围为 U_o=1.2 ~ 37 V，最大输出电流 I_{omax}=1.5 A。输入电压与输出电压差的允许范围为 U_i-U_o=3 ~ 40 V。

2. 稳压电源的设计方法

稳压电源的设计，是根据稳压电源的输出电压 U_o、输出电流 I_o、输出纹波电压 $\Delta U_{op\text{-}p}$ 等性能指标要求，正确地确定出变压器、集成稳压器、整流二极管和滤波电路中所用元器件的性能参数，从而合理的选择这些器件。

稳压电源的设计可以分为以下三个步骤：

（1）根据稳压电源的输出电压 U_o、最大输出电流 I_{omax}，确定稳压器的型号及电路形式。

（2）根据稳压器的输入电压 U_i，确定电源变压器副边电压 U_2 的有效值 U₂；根据稳压电源的最大输出电流 I_{omax}，确定流过电源变压器副边的电流 I_2 和电源变压器副边的功率 P_2；根据 P_2，从表 3.6.1 查出变压器的效率 η，从而确定电源变压器原边的功率 P_1。然后根据所确定的参数，选择电源变压器。

（3）确定整流二极管的正向平均电流 I_D、整流二极管的最大反向电压 U_{RM} 和滤波电容的电容值和耐压值。根据所确定的参数，选择整流二极管和滤波电容。

【例 3.6.1】设计一个直流稳压电源，性能指标要求为：$U_o = +3 \sim +9$ V，$I_{o\max} = 800$ mA，纹波电压的有效值 $\Delta U_o \leqslant 5$ mV，稳压系数 $S_v \leqslant 3\times10^{-3}$。

设计步骤：

（1）选择集成稳压器，确定电路形式。

集成稳压器选用 CW317，其输出电压范围为：$U_o = 1.2 \sim 37$ V，最大输出电流 $I_{o\max}$ 为 1.5 A。所确定的稳压电源电路如图 3.6.2 所示。

图 3.6.2 中，取 C_1=4700 μF，C_2=0.1 μF，C_3=10 μF，C_4=10 μF，二极管用 IN4001，和 R_W 组成输出电压调节电路，输出电压 $U_o \approx 1.25(1+R_W/R_1)$，$R_1$ 取 120 ~ 240 Ω，流过 R_1 的电流为 5 ~ 10 mA。取 $R_1 = 240\ \Omega$，则由 $U_o = 1.25(1+R_W/R_1)$，可求得：$R_{W\min} = 210\ \Omega$，$R_{W\max} = 930\ \Omega$，故取 R_W 为 2 kΩ 的精密线绕电位器。

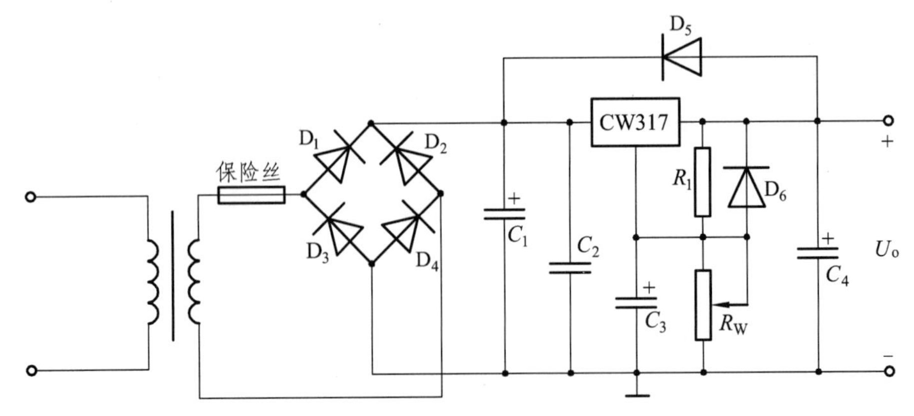

图 3.6.2　输出电压可调的稳压电源

（2）选择电源变压器。

由于 CW317 的输入电压与输出电压差的最小值$(U_i - U_o)_{min} = 3\ V$，输入电压与输出电压差的最大值$(U_i - U_o)_{max} = 40\ V$，故 CW317 的输入电压范围为

$$U_{o\max} + (U_i - U_o)_{\min} \leqslant U_i \leqslant U_{o\min} + (U_i - U_o)_{\max}$$

即

$$9\ V + 3\ V \leqslant U_i \leqslant 3\ V + 40\ V$$

$$12\ V \leqslant U_i \leqslant 43\ V$$

$$U_2 \geqslant \frac{U_{i\min}}{1.1} = \frac{12}{1.1} = 11\ V，取 U_2 = 12\ V$$

变压器副边电流：$I_2 > I_{o\max} = 0.8\ A$，取$I_2 = 1\ A$，

因此，变压器副边输出功率：$P_2 \geqslant I_2 U_2 = 12\ W$

由于变压器的效率$\eta = 0.7$，所以变压器原边输入功率$P_1 \geqslant {P_2}/{\eta} = 17.1\ W$，为留有余地，选用功率为 20 W 的变压器。

（3）选用整流二极管和滤波电容 C_1。

由于：$U_{RM} > \sqrt{2}U_2 = \sqrt{2} \times 12 = 17\ V$，$I_{o\max} = 0.8\ A$。

IN4001 的反向击穿电压$U_{RM} \geqslant 50\ V$，额定工作电流$I_D = 1\ A > I_{o\max}$，故整流二极管选用 IN4001。

根据$U_o = 9\ V$，$U_i = 12\ V$，$\Delta U_{op\text{-}p} = 5\ mV$，$S_v = 3 \times 10^{-3}$，和公式

$$S_v = \frac{\Delta U_o}{U_o} \bigg/ \frac{\Delta U_i}{U_i} \Bigg|_{T=常数}^{I_o=常数}$$

可求得 $\Delta U_i = \dfrac{\Delta U_{op\text{-}p} U_i}{U_o S_v} = \dfrac{0.005 \times 12}{9 \times 3 \times 10^{-3}} = 2.2（V）$

所以，滤波电容为

$$C_1 = \frac{I_c t}{\Delta U_i} = \frac{I_{o\max} \cdot \frac{T}{2}}{\Delta U_i} = \frac{0.8 \times \frac{1}{50} \times \frac{1}{2}}{2.2} = 0.003\,636（F）= 3\,636（\mu F） \quad （3.6.6）$$

电容的耐压要大于$\sqrt{2}U_2=\sqrt{2}\times12=17$ V，故滤波电容C_1取容量为4 700 μF，耐压为25 V的电解电容。

3. 稳压电源的安装与调试

按图3.6.3所示安装集成稳压电路，然后从稳压器的输入端加入直流电压$U_i\leqslant12$ V，调节R_W，若输出电压也跟着发生变化，说明稳压电路工作正常。

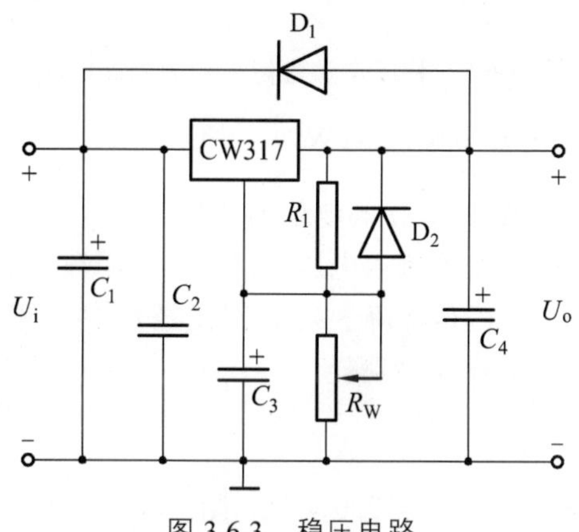

图3.6.3　稳压电路

用万用表测量整流二极管的正、反向电阻，正确判断出二极管的极性后，按图3.6.3所示先在变压器的副边接上额定电流为1A的保险丝，然后安装整流滤波电路。安装时要注意，二极管和电解电容的极性不要接反。经检查无误后，才将电源变压器与整流滤波电路连接，通电后，用示波器或万用表检查整流后输出电压U_i的极性，若U_i的极性为负，（其中：D_5、D_6为IN4001型二极管，则说明整流电路没有接对，此时若接入稳压电路，C_1=0.1 μF，C_2=10 μF，C_0=1 μF）就会损坏集成稳压器。因此确定U_i的极性为正后，断开电源，按图3.6.4所示将整流滤波电路与稳压电路连接起来。然后接通电源，调节R_W的值，若输出电压满足设计指标，说明稳压电源中各级电路都能正常工作，此时就可以进行各项指标的测试。

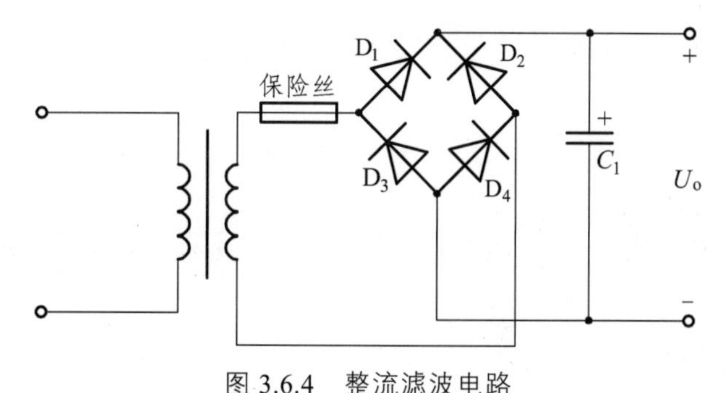

图3.6.4　整流滤波电路

4. 稳压电源各项性能指标的测试

1. 输出电压与最大输出电流的测试

测试电路如图3.6.5所示。一般情况下，稳压器正常工作时，其输出电流I_o要小于最

大输出电流 I_{omax}，取 $I_o = 0.5\text{ A}$，可算出 R_L=18 Ω，工作时 R_L 上消耗的功率为

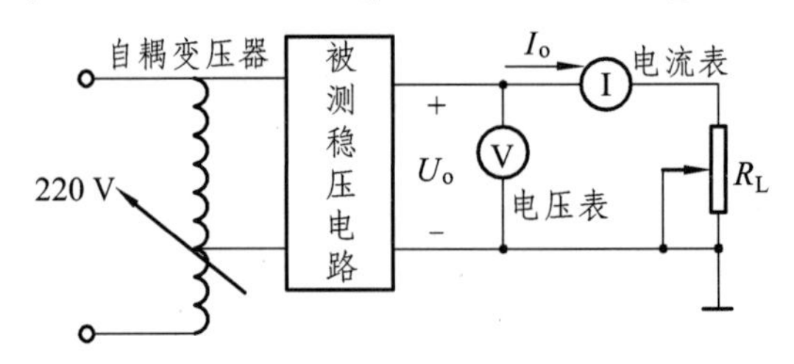

图 3.6.5　稳压电源性能指标的测试电路

$$P_L = U_o I_o = 9 \times 0.5 = 4.5\text{（W）}$$

故 R_L 取额定功率为 5 W，阻值为 18 Ω 的电位器。

测试时，先使 $R_L = 18\,\Omega$，交流输入电压为 220 V，用数字电压表测量的电压值就是 U_o。然后慢慢调小 R_L，直到 U_o 的值下降 5%，此时流经 R_L 的电流就是 I_{omax}，记下 I_{omax} 后，要马上调大 R_L 的值，以减小稳压器的功耗。

2. 稳压系数的测量

按图 3.6.5 所示连接电路，在 $U_1 = 220\text{ V}$ 时，测出稳压电源的输出电压 U_o。然后调节自耦变压器使输入电压 $U_1 = 242\text{ V}$，测出稳压电源对应的输出电压 U_{o1}；再调节自耦变压器使输入电压 $U_1 = 198\text{ V}$，测出稳压电源的输出电压 U_{o2}。则稳压系数为

$$S_v = \frac{\dfrac{\Delta U_o}{U_o}}{\dfrac{\Delta U_1}{U_1}} = \frac{220}{242-198} \cdot \frac{U_{o1} - U_{o2}}{U_o}$$

3. 输出电阻的测量

按图 3.6.5 所示连接电路，保持稳压电源的输入电压 $U_1 = 220\text{ V}$，在不接负载 R_L 时测出开路电压 U_{o1}，此时 I_{o1}=0，然后接上负载 R_L，测出输出电压 U_{o2} 和输出电流 I_{o2}，则输出电阻为

$$R_o = -\frac{U_{o1} - U_{o2}}{I_{o1} - I_{o2}} = \frac{U_{o1} - U_{o2}}{I_{o2}}$$

4. 纹波电压的测试

用示波器观察 U_o 的峰-峰值，（此时 Y 通道输入信号采用交流耦合 AC），测量 $\Delta U_{op\text{-}p}$ 的值（约几毫伏）。

5. 纹波因数的测量

用示波器测出稳压电源输出电压交流分量的有效值，用万用表的直流电压挡测量稳压电源输出电压的直流分量。则纹波因数为

$$\gamma = \frac{\text{输出电压交流分量的有效值}}{\text{输出电压的直流分量}}$$

【实验内容及步骤】

（1）设计一个输出电压连续可调的稳压电源，性能指标为：

① 输出电压 U_o=（+3～+12 V）；最大输出电流 $I_{o\max}=100$ mA。

② 负载电流 $I_o=80$ mA

③ 纹波电压 $\Delta U_{op\text{-}p}\leqslant 5$ mV

④ 稳压系数 $S_v\leqslant 5\times10^{-3}$

（2）按照教材中所介绍的方法，设计满足以上性能指标的稳压电源，计算出稳压电源中各元件的参数，安装和调试电路。

（3）在保证电路正常工作后，测出稳压电源的性能参数 $U_{o\min}$、$U_{o\max}$、$I_{o\max}$、S_v、R_o、$\Delta U_{op\text{-}p}$ 和 γ。

（4）测量实验数据填入表 3.6.2 中。

表 3.6.2　输出电压测量数据

参数	输出电压 U_o	输出电流 I_o	纹波电压	稳压系数
测量值				

【实验报告要求】

（1）实验目的。

（2）列出设计题目和技术指标要求。

（3）列出设计步骤和电路中各参数的计算结果。

（4）画出标有元件值的电路图。

（5）列出性能指标的测试过程。

（6）整理实验数据，并与理论值进行比较。

【预习要求】

（1）根据直流稳压电源的技术指标要求设计稳压电源，并绘制电路。

（2）根据设计方案，写出安装调试流程。

（3）根据设计参数，用 Multisim14 仿真，验证设计，记入表 3.6.3 中。

表 3.6.3　验证设计参数

参数	输出电压 U_o	输出电流 I_o	纹波电压	稳压系数
仿真值				

第 4 章　模拟电路综合设计型实验

综合设计型实验要求学生根据题目的指标要求，查阅有关的参考资料，在教师的指导下进行方案设计，通过论证与选择，确定出总体方案，然后对方案中的单元电路进行选择与计算，包括选用元器件和计算电路参数，最后画出总体电路原理图和布线图。学生的设计方案经指导教师审查通过后，才能进行电路的安装、调试和测试，实验完毕后要写出设计性总结报告。

实验 1　模拟集成运算放大器组成万用电表的设计

【任务和要求】

（1）直流电压测量范围：$(5\sim15\ \text{V})\pm5\%$。

（2）直流电流测量范围：$(0\sim10\ \text{mA})\pm5\%$。

（3）交流电流测量范围及频率范围：有效值 $(0\sim5\ \text{V})\pm5\%$，50 Hz ~ 1 kHz。

（4）交流电流测量范围：有效值 $(0\sim10\ \text{mA})\pm5\%$。

（5）欧姆表测程：$0\sim1\ \text{k}\Omega$。

（6）要求自行设计 V_{CC} 和 $-V_{EE}$ 直流稳压电源（不含整流与滤波电路）。

（7）要求采用模拟集成电路。

（8）采用 50 μA 或 100 μA 直流表，要求测试出其内阻 R_M 数值。

【设计与调试提示】

用运放组成电流表电路，能够减小普通电流表电路的等效内阻；组成电压表电路，能够提高普通电压表电路的等效输入电阻。在交流电量测量中，可以大大减小由于二极管伏安特性的非线性和管压降所造成的测量误差。

（1）万用表的直流电压挡。

图 4.1.1 为同相输入万用表的直流电压挡电路。图中 $R_f = R + R_M$。

在理想条件下，I 与被测电压有如下关系：

$$I = U_i / R_1\text{。}$$

表头中通过的电流 I 与 R_f 无关，只要改变 R_1 值就可以实现量程切换。

电压表输入电阻 R_i 为：$R_i \approx R_P + A_{uo}F_uR_{id}$，式中 A_{uo} 为运放开环放大倍数、R_{id} 为差模输入电阻、$F_u = R_1/(R_1+R_f)$、$R_P = R_1//R_fR$。显然，采用集成运放大大提高了电压表 R_i。

应当指出：图 4.1.1 电路仅适用于测量与运放共地的直流电压；当被测电压较高时，运放输入端应设置衰减器，同时应考虑直流平衡问题。

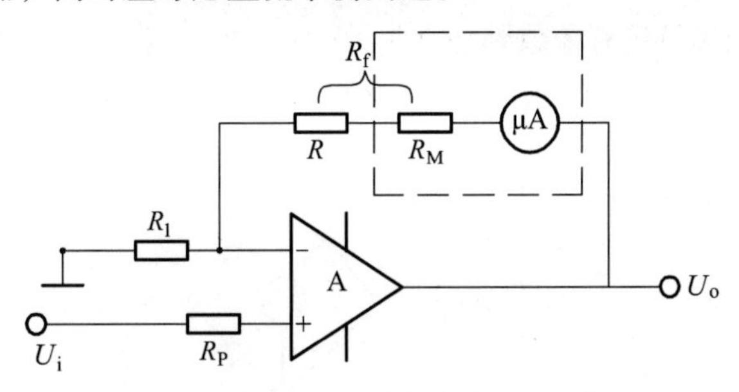

图 4.1.1　同相输入万用表的直流电压挡电路

（2）直流电流表。

图 4.1.2 为直流电流表电路。

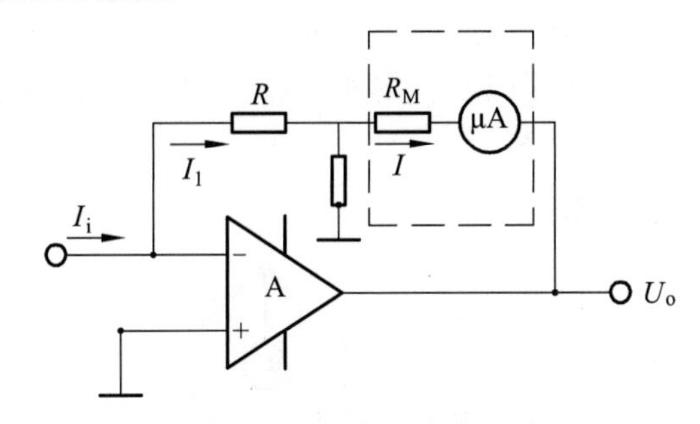

图 4.1.2　直流电流表电路

在理想条件下：$-I_iR_1=(I_i-I)R_2$ 即 $I=(1+R_1/R_2)I_i$

可见，改变（R_1/R_2）的比值即可调节通过表头的电流，以提高灵敏度。

图中 a、b 两点间等效电阻为 R_f，则

$$I_iR_f=I_i+R_1+R_M$$

将 $I=(1+R_1/R_2)I_i$ 代入上式，得

$$I_iR_f=I_iR_1+(1+R_1/R_2)I_iR_M$$

所以

$$R_f=R_1+R_M(1+R_1/R_2)$$

应用密勒定理将 R_f 折算到 a 点对地的电阻（即直流电流表内阻，记为 R_I'），则

$$R_i=R_f/(1+A_{uo})$$

可见，使用运放后，电流表电路的内阻比普通电流表电路的内阻减小了 $1+A_{uo}$ 倍。

应当指出：图 4.1.2 电路仅适用于测量与运放共地电路中的电流。若被测电流回路无接地点，则应把运放的 V_{CC}、V_{EE} 对地悬浮起来；如被测电流较大时，应给表头设置分流电阻。

（3）交流电压表。

图 4.1.3 电路为同相输入放大器电路，故有很高的输入电阻；把二极管桥路和表头接

在运放反馈回路中，以减小二极管非线性的影响。在理想条件下，$I = U_i / R_1$，I 全部流过桥路，其值仅与 U_i / R_1 有关，与桥路和表头无关。I 与 U_i 的全波整流平均值成正比，当输入正弦波信号时，表头可按有效值刻度。

被测电压的上限频率 f_H 取决于运放的带宽 BW 和转换速率 S_R。

交流电压表的输入电阻 $R_i \approx A_{uo} F_u R_{id}$。

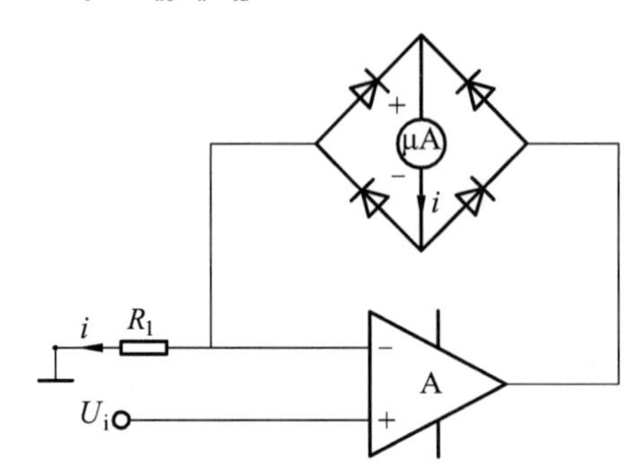

图 4.1.3　交流电压表电路

（4）交流电流表。

图 4.1.4 为交流电流表电路。

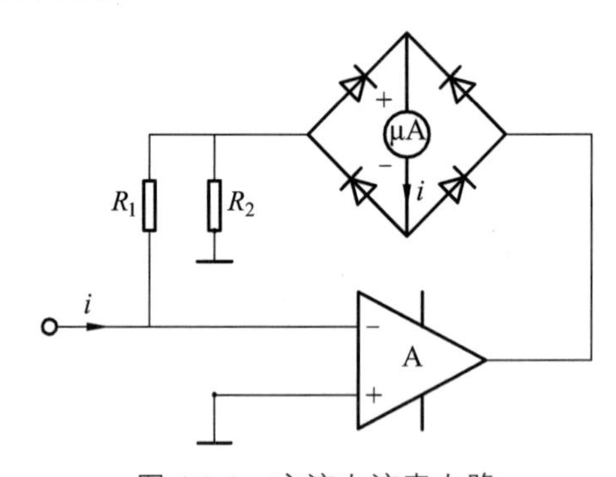

图 4.1.4　交流电流表电路

在理想情况下，$I = 1 + (R_1 / R_2) I_i$，显然表头读数仅由被测交流电流全波整流平均值 I_i 和 (R_1 / R_2) 比值决定，与二极管和表头参数无关。

同样，可应用密勤定理将反馈支路电阻折算到输入端，可证明，交流电流表内阻为

$$R_i = R_1 / (1 + A_{uo})$$

特别地，上述电路为不平衡输入式，若测量浮地回路电流，需将运放电源悬浮。

（5）欧姆表电路。

图 4.1.5 为欧姆表电路。

被测电阻 R_x 跨接在运放反馈回路中。运放同相端加基准电压 U_{REF}。在理想条件下：

$$U_N = U_p = U_{REF}$$

$$I_1 = I_x$$

故得：$R_x = (U_o - U_{REF}) R_2 / R_{REF}$

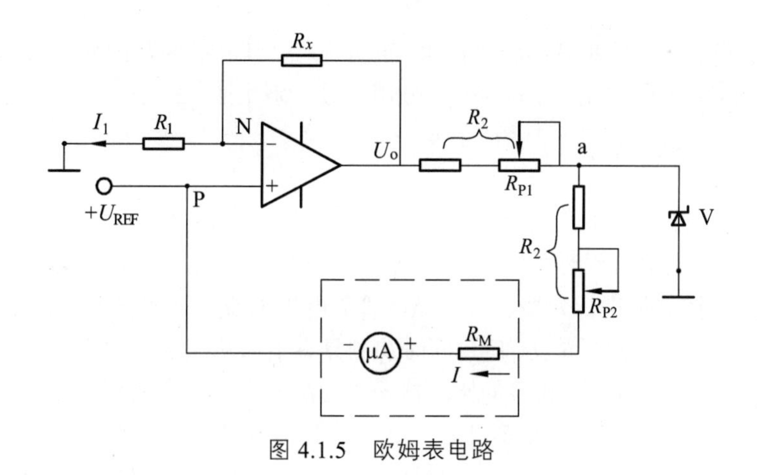

图 4.1.5 欧姆表电路

流经表头的电流为：

$$I=(U_o-U_{REF})/(R_2+R_3)$$

即：$I=U_{REF}R_x/(R_1(R_2+R_3))$

可见，电流 I 与被测电阻 R_x 成正比，而且表头具有线性刻度，改变 R_1 即可改变欧姆表量程。这个欧姆表能自动调零，因为当 R_x=0 时，电路为电压跟随器 $U_V=U_{REF}$，I 必为零。稳压管 V 起保护作用，例如，当 $R_x=\infty$ 即测量端开路时，U_o 趋于电流电压，如无 V，则表头过载，有了 V，可将图中 a 点钳位，表头就不会过载。当 R_x 为正常量程内的阻值时，因 a 点电位不能使 V 反向击穿，故 V 不影响电表读数。调节 R_{P2} 使超量程时的表头电流略高于满刻度值，但又不损坏表头。R_{P1} 用于满量程调节。

最后，需要强调指出：电表电路是多种多样的，设计中不一定照搬“提示”中所介绍的电路。

（6）在调试过程中，当被测量为零时（或输入端短路），指示用微安表也可能指示出较高值或满偏，甚至超量程。这种现象多半是由于运放直流平衡严重失调所致，这时在输入端需外接调零电路。

【参考文献】

[1] 王定国. 电子电路集锦[M]. 上海：上海翻译出版公司，1989.

[2] 童诗白，徐振英. 现代电子学及应用[M]. 北京：高等教育出版社，1994.

实验 2　晶体管 β 值自动测量分选仪

【任务和要求】

（1）设计一自动测量分选仪，对低频小功率硅晶体管的直流电流放大系数 β 进行分档选出。

（2）用数码管显示被测晶体管的档次。共分五档，其 β 值的范围分别为 50 ~ 80，80 ~ 120，120 ~ 180，180 ~ 270，270 ~ 400。分档编号分别是 1，2，3，4，5。

【总体方案设计】

要测量晶体管的电流放大系数 β，必须给晶体管以合适的静态偏置，若 I_B 一定，则 I_C 正比于 β，使晶体管处在线性放大状态，则有 $I_C=\beta I_B$。

要将晶体管按 β 值进行分档，可将晶体管集电极电流 I_C 转换成相应的电压 U_o 输出，U_o 的大小正比于 β 值，然后将 U_o 信号同时加到具有不同基准电压的比较器的输入端进行比较，对应某一定 U_o 值，则相应的比较器输出为高电平，其余的比较器输出为低电平。例如分成五档分选，则用五个电压比较器，五个比较器的输出便形成 5 位二进制代码，将 5 位二进制代码进行分段式译码，便可驱动分段式显示数码管显示相应档次代号。

① 分选仪的原理框图如图 4.2.1 所示。

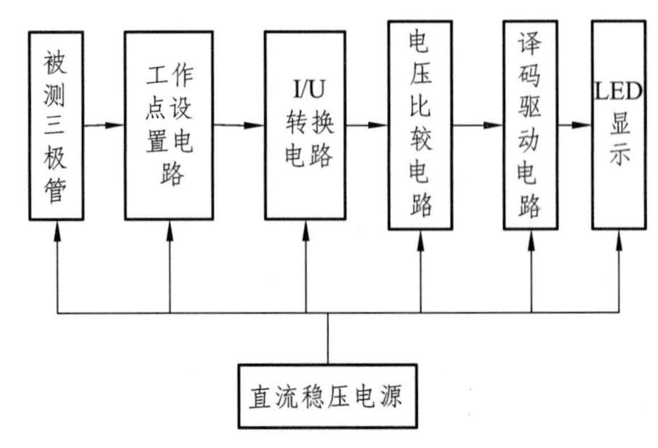

图 4.2.1　分选仪的原理框图

（1）为了使晶体管有合适的静态工作点，设置三种不同的基极偏置电阻（R_{b1}、R_{b2}，R_{b3}）供选用。为了便于 I/U 转换，设 U_{CE} 为定值，采用集成运算放大器组成反相输入负反馈放大电路，放大器的输出电压 $U_o = I_C R_f$。以 NPN 管为例，参考电路如图 4.2.2 所示。

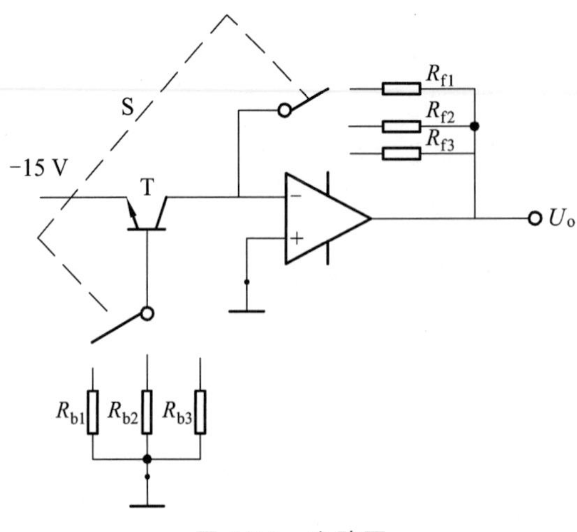

图 4.2.2　电路图

图中，S 采用联动开关，可选择三组不同的 R_b 与 R_f 值中的一组，并使

$$R_{f1} / R_{b1} = R_{f2} / R_{b2} = R_f / R_b = k$$

则 $U_o = I_C R_f = \beta I_B R_F = \beta(15 - U_{BE}) R_f / R_b = \beta k(15 - U_{BE})$

可见，U_o 正比于 β。

（2）设运算放大器的正电源为 15 V，为使运放工作在线性区，最大输出电压应小于 13 V，若设计 β=400，U_o=12 V，β=50 ~ 80 时，U_o=1.5 ~ 2.4 V；β=80 ~ 120 时，U_o=2.4 ~ 3.6V；β 值在电压范围时的 U_o 值范围如表 4.2.1 所示。

表 4.2.1 U_o 与 β 值的对应值

80	120	
2.4	3.6	

将表 4.2.1 中对应的电压值分别作为六个比较器的基准电压 U_{REF}，六个比较器的输出分别为 U_1 ~ U_6，$\beta < 50$ 和 $\beta > 400$ 时，LED 显示 0，β 在各分选挡时，LED 分别显示 0 ~ 5。

（3）将六个比较器的输出信号作为译码器的输入信号，可得分段式译码器的真值表，如表 4.2.2 所示。

表 4.2.2 译码器的真值表

输入						输出							数码管显示字符
U_6	U_5	U_4	U_3	U_2	U_1	a	b	c	d	e	f	g	
0	0	0	0	0	0								
0	0	0	0	0	1								
0	0	0	0	1	1								
0	0	0	1	1	1								
0	0	1	1	1	1								
0	1	1	1	1	1								
1	1	1	1	1	1								

【参考文献】

[1] 童诗白. 模拟电子技术基础[M]. 修订 2 版. 北京：高等教育出版社，1998.

[2] 童诗白，徐振英. 现代电子学及应用[M]. 北京：高等教育出版社，1994.

实验 3 多路防盗报警器

【任务和要求】

（1）设计一种防盗报警器，适用于仓库、住宅等防盗报警。

功能要求：

① 防盗路数可根据需要任意设定。

② 在同一地点（值班室）可监视多处的安全情况，一旦出现偷盗，用指示灯显示相应的地点，并通过扬声器发出报警声响。

③ 设置不间断电源，当电网停电时，备用直流电源自动转换供电。

④ 本报警器可用于医院住院病人有线“呼叫”。

（2）设计本报警器所需的直流稳压电源。

【总体方案设计】

防盗报警的关键部分是报警控制电路，由控制电路控制声、光报警信号的产生。控制电路可采用运算放大器、双稳态触发器或者逻辑门等部件进行控制。较简单的办法是采用晶体管控制，无偷盗情况时，使晶体管处在截止状态，则被控制的声、光信号产生电路不工作；一旦有偷盗情况，立即使晶体管导通，被控制的声、光产生电路产生声、光报警信号，呼叫值班人员采取相应措施。

电网正常供电时，通过电源变压器降压后整流、滤波及稳压得报警器所需直流电压，为防止电网停电，在控制的输入端设置有备用电源，保证报警器在停电时能正常工作。

报警器的原理框图如图 4.3.1 所示。

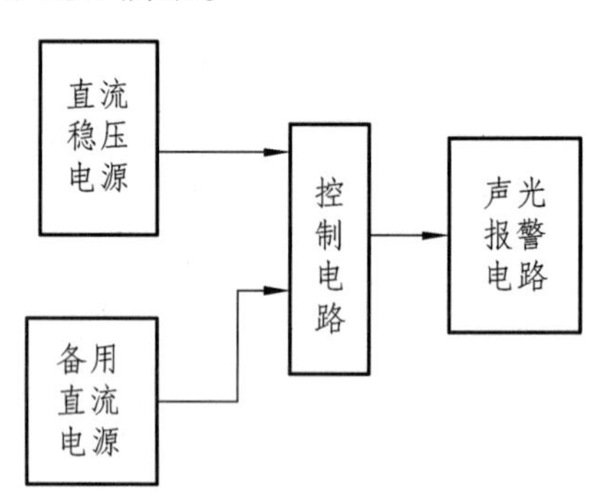

图 4.3.1　报警器的原理框图

（1）控制电路由晶体管 T、电阻 R 和稳压二极管 D_Z 组成，如图 4.3.2 所示。

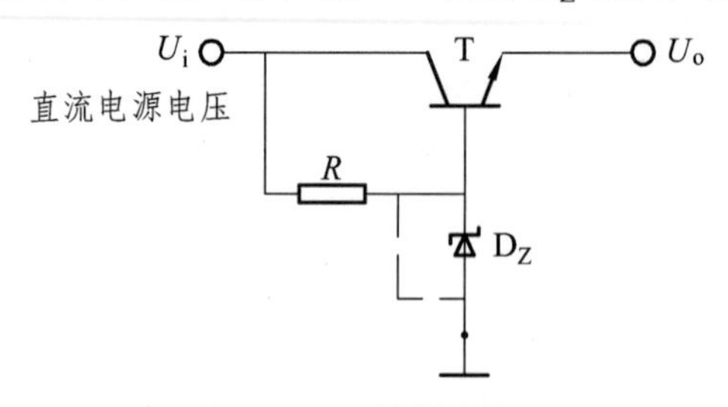

图 4.3.2　控制电路

电源电压 U_i 通过 R、D_Z 给 T 提供基极直流偏置，同时在 D_Z 两端并接设防线使 T 基极对地短路，这时 T 处于截止状态，输出端 U_o 无信号输出。一旦防线破坏，D_Z 击穿稳压，T 迅速导通，U_o 输出信号使报警电路工作，发出声、光报警信号。

（2）电网电压通过电源变压器降压后，经二极管整流，电容器滤波，集成稳压器稳压后供给控制电路，同时将备用直流电源通过二极管并入控制电路的输入端。电网电压正常供电时，二极管截止，一旦电网停电，二极管导通，备用电源自动供电。

（3）指示灯可采用发光二极管 LED 显示，控制电路输出信号 U_o 使其发光。显示可按不同设防地点进行编号。采用 NE555 时基电路和阻容元件组成音调振荡器，控制器输出信号 U_o 控制其工作，NE555（3）脚输出音频信号使扬声器发声报警。

【参考文献】

[1] 康华光. 电子技术基础：模拟部分[M]. 4 版. 北京：高等教育出版社，1999.

[2] 金有锁. 新颖多功能防盗报警器[J]. 电子科学技术，1987（8）.

实验 4　集成运算放大器简易测试仪

集成运算放大器性能、参数测试的方法和设备有多种，采用简单电路实现对运放性能好坏的测试，供学生和业余爱好者使用。

【任务和要求】

（1）设计一种集成运算放大器简易测试仪，能用于判断集成运放放大功能的好坏。

（2）设计本测试仪所需的直流稳压电流。

【总体方案设计】

测试集成运算放大器放大功能的好坏，可以采用交流放大法，其原理电路如图 4.4.1 所示。

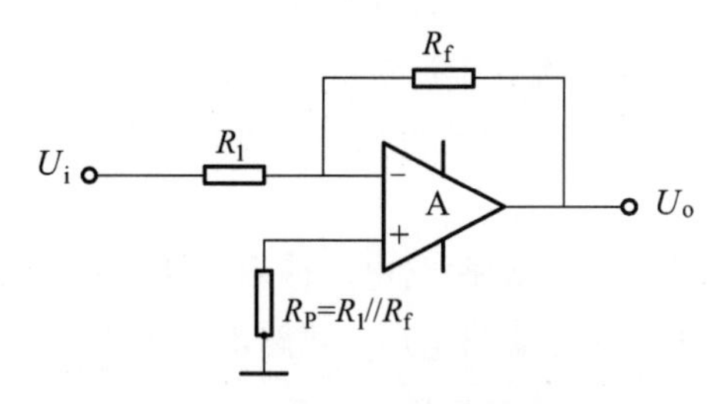

图 4.4.1　交流放大法原理电路

被测运放 A 接成反相放大器，其闭环放大倍数 $A_u = R_F / R_1$，若取 R_F=510 kΩ，R_1=5.1 kΩ，则 A_u=−100。输入信号取 70 mV 时，其输出幅度应为 7 V 左右，若无输出或输出幅度偏小，则说明运放损坏或者性能不好。利用这一直观方法，可方便地判断运放的好坏。为此，需要有产生正弦信号 U_1 的波形产生电路，而且还需要对被测运放输出信号电压进行计量，即需要有示波器。

测试仪原理框图如图 4.4.2 所示。

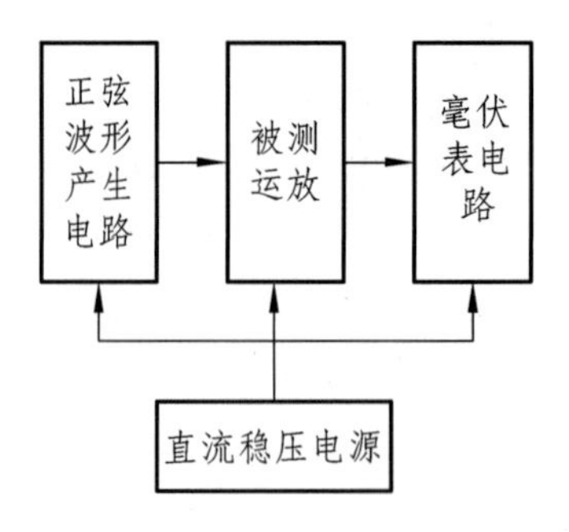

图 4.4.2　测试仪原理框图

（1）正弦波产生器可采用文氏桥正弦振荡电路或者 *RC* 移相式正弦产波信号产生电路。例如，采用三节 *RC* 网络和运算放大器构成 *RC* 移相式弦波产生电路，将双向稳压管接于反馈支路起稳压作用，可获得一定频率、幅度稳定、失真较小的正弦波信号输出。

（2）毫伏表可用集成运放、整流电桥和电流表组成，使流过电流表的电流值正比于输入电压值，其原理电路如图 4.4.3 所示。

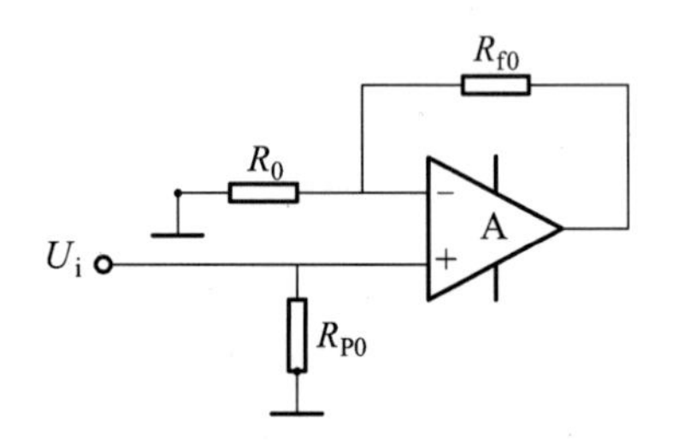

图 4.4.3　毫伏表原理电路

毫伏表输入信号通过阻容耦合（电阻可用开关 S 改变不同档次）加到集成运放的同相输入端，其输出信号通过整流电桥、电流表反馈到反相输入端，整流二极管和电流表的电阻可等效为反馈电阻 R_{f0}。由于运放开环增益、输入电阻很高，则其同相端电压与反相端电压近似相等，流过 R_{f0} 的电流等于流过 R_0 的电流，则 $I_{f0}=U_i/R_0$。可见流过表头的电流 i 与 U_i 成正比，且与 R_{f0} 无关，因此可构成线性良好的示波器。R_0 可用电位器 R_W 代替，用来调整表头满量程。

（3）直流稳压电源：要求有±15 V 两路电压输出，可采用跟踪式正负输出集成稳压器 SW1568，该稳压器具有±15 V 对称输出电压，每路电流大于 50 mA，并有过流保护电路。

【参考文献】

[1] 童诗白. 模拟电子技术基础[M]. 修订 2 版. 北京：高等教育出版社，1988.
[2] 杨柏钧. 集成化多用信号源、稳压源、毫伏表[J]. 电子科学技术，1984（4）.

实验 5　温度测量与控制器

【任务与要求】

在工农业生产或科学研究中，需要对系统的温度进行测量，并能自动地控制、调节该系统的温度。设计并制作对系统的温度进行测量与控制的电路。

要求：

（1）被测量温度和控制温度均可数字显示。

（2）测量温度范围 0 ~ 120 °C，精度±0.5 °C。

（3）控制温度连续可调，精度±1 °C。

（4）温度超过额定值时，产生声、光报警信号。

【总体方案设计】

（1）对温度进行测量、控制并显示，首先必须将温度的度数（非电量）转换成电量，然后采用电子电路实现课题要求。可采用温度传感器，将温度变化转电换成相应的电信号，并通过放大、滤波后送 A/D 转换器变成数字信号，然后进行译码显示。

（2）恒温控制：将要控制的温度所对应的电压值作为基准电压 U_{REF}，用实际测量值 U_1 与 U_{REF}，进行比较，比较结果（输出状态）自动地控制、调节系统温度。

（3）报警部分：设定被控温度对应的最大允许值 U_{max}，当系统实际温度达到此对应值 U_{max} 时，发生报警信号。温度显示部分采用转换开关控制，可分别显示系统温度、控制温度对应值 U_{REF} 和报警温度对应值 U_{max}。

【参考文献】

[1] 童诗白. 模拟电子技术基础[M]. 2 版. 北京：高等教育出版社，1988.

[2] 方佩敏. 发酵罐的温度测量与控制[J]. 电子技术应用，1990（10）.

[3] 彭介华. 电子技术课程设计指导[M]. 北京：高等教育出版社，1997.

实验 6　电子配料称

【任务与要求】

在工业生产中，需要将不同物料按一定重量比例配置进行混合加工，现设计一种加料重量计量装置，用于配料生产的自动控制系统。

要求：

（1）配料精度优于百分之一。

（2）配料重量连续可调，料满自动停止加料。

（3）工作稳定可靠。

（4）设计电路所需的直流电源。

【总体方案设计】

（1）该装置主要功能是用电子电路实现对物料重量的计量，故首先应将物料重量（非电量）转换成电量。被称物料可通过支撑料斗的负重传感器，实现将重量信号转换成电信号，电量数值大小与物料的重量成比例。

（2）根据预先设定的配料重量，来确定基准电压（类似于天平的砝码），其值大小可以调节。

（3）将表示物料重量的电信号与基准电压进行比较，其比较结果（输出状态）来控制执行机构完成预定的动作。

【参考文献】

[1] 康华光. 电子技术基础：模拟部分[M]. 3 版. 北京：高等教育出版社，1988.

[2] 史志平.. 电子配料称[J]. 电子科学技术，1984（8）.

[3] 彭介华. 电子技术课程设计指导[M]. 北京：高等教育出版社，1997.

实验 7　扩音机的设计

【任务与要求】

（1）设计一台输出功率 5 W 的双声道扩音机。

技术指标：

① 不失真功率：5 W。

② 频率响应：20 Hz ~ 20 kHz。

③ 输入阻抗：>50 kΩ。

④ 输入电压：<5 mV。

⑤ 音调控制范围：低音（100 Hz）±12 dB；高音（10 kHz）±12 dB。

（2）根据技术指标要求，认真查阅有关资料，设计电路并计算电路中元件的有关参数。画出标有元件值的完整电路，写出预习报告，根据设计的电路图，组装、调试与测量扩音机的性能参数。

（3）根据实验结果与预习报告，写出设计与调试总结报告。

【参考文献】

[1] 李铃远，刘时进，李忠明，等. 电子技术基础教程（实验部分）[M]. 长沙：湖北科学技术出版社，2000.

[2] 谢自美. 电子电路设计·实验·测试[M]. 华中理工大学出版社，1994.
[3] 朱耀国. 模拟电子电路实验[M]. 北京：高等教育出版社，1996.
[4] 陆延璋，宋万年，马建江. 模拟电子电路实验[M]. 上海：复旦大学出版社，1990.
[5] 陆坤，奚大顺，李之权，等. 电子设计技术[M]. 成都：电子科技大学出版社，1997.
[6] 彭介华. 电子技术课程设计指导[M]. 北京：高等教育出版社，1997.

实验 8　电压/频率变换器的设计

【任务与要求】

（1）设计并制作一台电压/频率变换器。

性能指标：

① 输入直流电压 U_i（控制信号），输出频率为 f_o 的矩形脉冲，而且 $f_o \propto U_i$。

② U_i 的变化范围为：0 ~ 10 V。

③ f_o 的变化范围为：0 ~ 10 kHz。

④ 转换精度<1%。

（2）根据技术指标要求，认真查阅有关资料，设计电路并计算电路中元件的有关参数，画出标有元件值的完整电路，写出预习报告，根据设计的电路图，组装与调试电路。

（3）根据实验结果与预习报告，写出设计与调试总结报告。

【参考文献】

[1] 彭介华. 电子技术课程设计指导[M]. 北京：高等教育出版社，1997.
[2] 康华光. 电子技术基础[M]. 修订 3 版. 北京：高等教育出版社，1988.
[3] 施良驹. 集成电路应用集锦[M]. 北京：电子工业出版社，1988.

第 5 章　Multisim14 在模拟电路实验中的应用

Multisim14 是美国国家仪器（NI）有限公司推出的电路仿真工具，适用于板级的模拟/数字电路板的设计工作。利用 Multisim14 提供的大量仿真分析法，可以为电路设计提供许多有效的方法。

工程师们可以使用 Multisim14 交互式地搭建电路原理图，并对电路进行仿真。Multisim14 提炼了 SPICE 仿真的复杂内容，这样工程师无需懂得深入的 SPICE 技术就可以很快地进行捕获、仿真和分析新的设计，这也使其更适合电子学教育。通过 Multisim14 和虚拟仪器技术，PCB 设计工程师和电子学教育工作者可以完成从理论到原理图捕获与仿真再到原型设计和测试这样一个完整的综合设计流程。

在模拟电子线路分析与设计过程中，经常需要选择合适的元器件。如果在设计过程中，每换一个元件就进行一次测试，工作量非常大。

Multisim14 作为一种电子技术的实验和训练平台，具有界面直观、操作方便等优点。用户可以采用图形输入方式创建电路，选用元件和测试仪器均可以直接从屏幕图形中选取。测试和仿真方法也简便实用，可以大大提高电路分析和设计的效率。通过它构造的虚拟工作环境，不仅可以弥补由于实验经费不足使实验仪器、元器件缺乏的问题，而且排除了实际材料消耗和仪器损坏等现象。使用它可以帮助学生更快、更好地掌握课堂讲授的内容，加深对电子电路概念和原理的理解，弥补课堂理论教学的不足。并且通过仿真，可以熟悉常用电子仪器的使用和测量方法，进一步培养学生的综合分析能力和开发创新能力。Multisim14 特别适合于高校电工电子类课程的教学和实验应用，受到高校师生的欢迎。

本章将利用 Multisim14 所提供的仿真元器件库、仪器仪表库，对模拟电子电路中的一些常见实验进行分析和测试，旨在帮助模拟电路设计者更好地学习模拟电路设计实验，掌握模拟电路的仿真设计方法。

实验 1　Multisim14 电路仿真软件的使用入门

【实验目的】

（1）熟悉 Multisim14 仿真软件的环境及主要操作。

（2）搭建 *RC* 电路实例，掌握 Multisim14 的使用。

【实验内容】

1. Multisim14 的主界面及菜单介绍

进入 Multisim14 后，可看到如图 5.1.1 的主窗口界面。

其主窗口界面主要由系统菜单、设计工具栏、仿真开关按钮、仪表工具栏、状态栏、元件工具栏、电路绘制窗口组成。

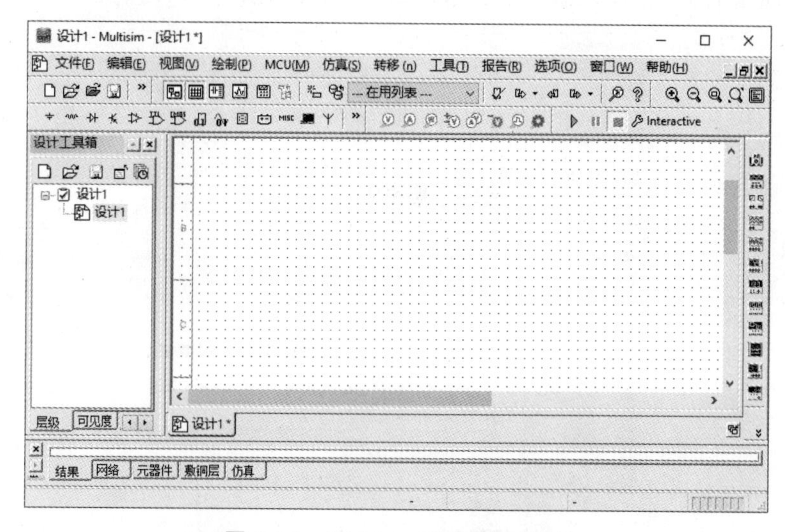

图 5.1.1　Multisim14 主窗口界面

2. *RC* 滤波电路仿真实例

本实验以一个 *RC* 滤波电路为例，介绍 Multisim14 使用。包括元器件的放置，电路的连接，虚拟仪表的使用和电路分析方法等内容。

RC 滤波电路如图 5.1.2 所示。

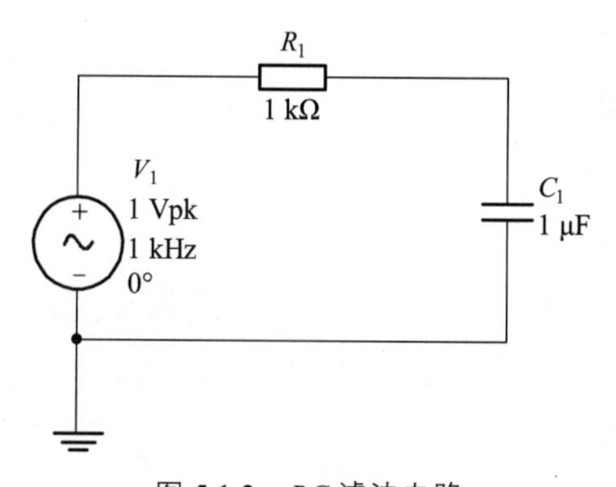

图 5.1.2　*RC* 滤波电路

Multisim14 已将精心设计的若干元器件模型分门别类地放置在元件工具栏的元件库中，这些元器件模型是进行电路仿真设计的基础。在进行电路仿真设计的第一步就是要考虑如何选择与放置所需元器件。

（1）放置电阻、电容。

选择菜单中的“绘制”，点击后，出现下拉菜单，选择“元器件”，如图 5.1.3 所示：

图 5.1.3　放置元器件操作

点击“元器件”，出现元器件工具箱，如图 5.1.4 所示。

图 5.1.4　元器件工具箱

在元器件工具箱中选择“Basic”，再选择“Resistor”，如图 5.1.5 所示。

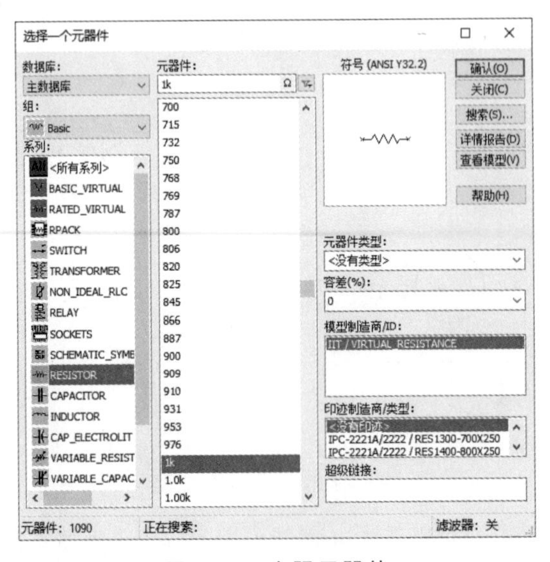

图 5.1.5　电阻元器件

选择 1 kΩ 电阻放置于窗口。再在元器件工具箱内选择“Capacitor”，选择 1 μF 电容，放置于窗口中，如图 5.1.6 所示。

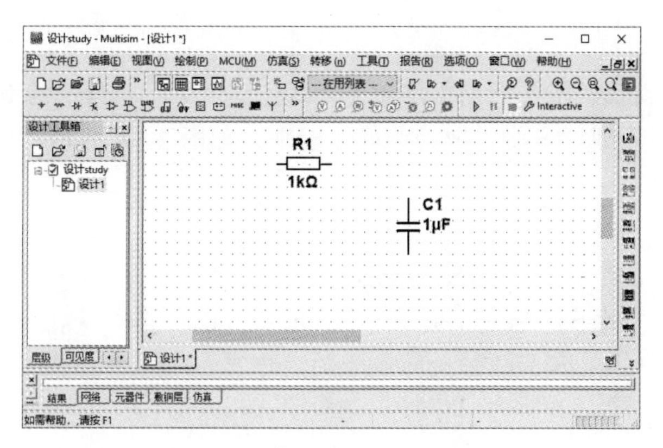

图 5.1.6　放置 R、C 元器件

（2）放置交流电压源、参考地。

同样打开元器件工具箱，选择“Source”，再选择“Signal_voltage_source”，再选择“Ac_voltage”，确认后，放置交流信号源于窗口中，如图 5.1.7 所示。

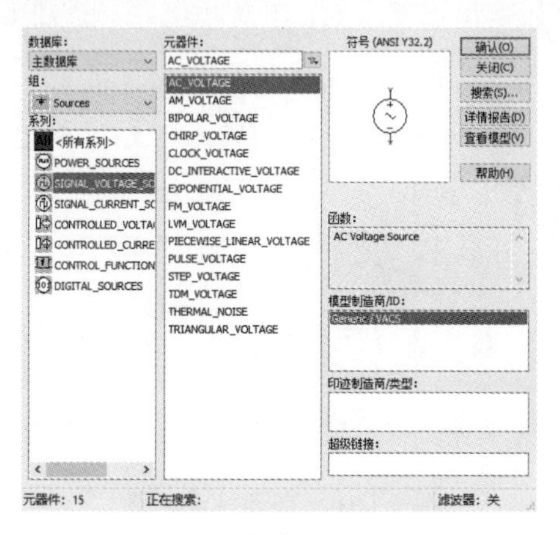

图 5.1.7　交流电压源选择

电路仿真中，一定要放置参考地。在元器件工具箱中，选择“Souce”后，选择“Power_source”后，选择“Ground”，确定后，放置参考地于窗口中，如图 5.1.8 所示。

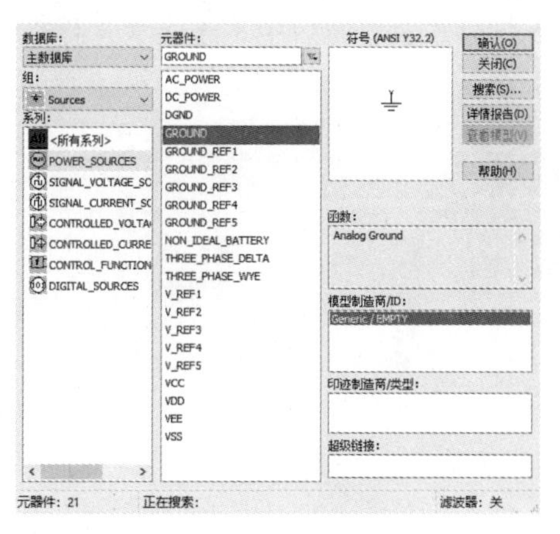

图 5.1.8　放置参考地

（3）连线。

元器件放置完成后，需要把元器件通过导线连接起来。选择“绘制”，在下拉菜单中选择“导线”，选择后即可连线，把元器件连起来，如图 5.1.9 所示。

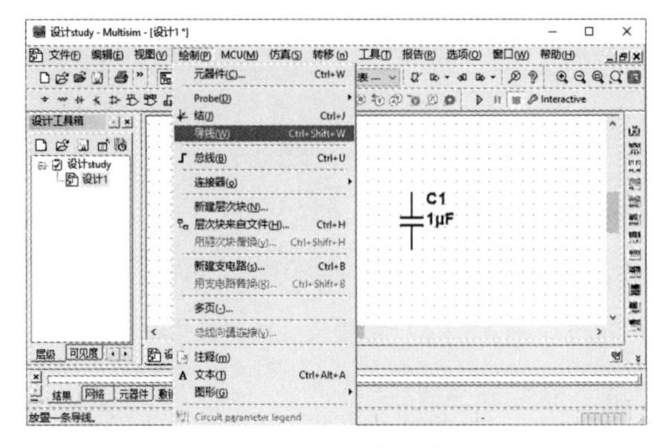

图 5.1.9 连线选择

把所有元器件连接好后，出现如图 5.1.10 所示电路，搭建电路完成。

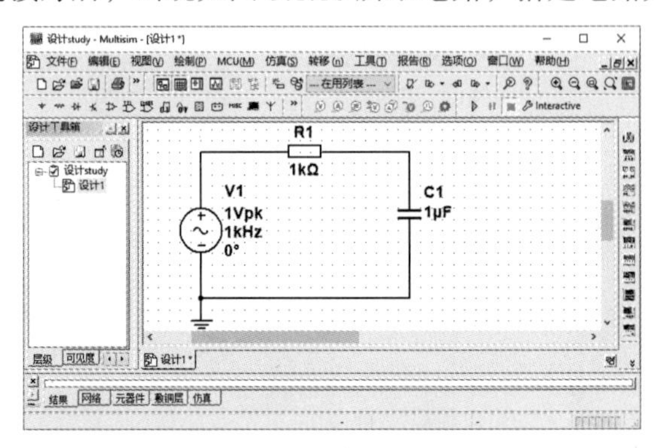

图 5.1.10 搭建完成电路

（4）增加示波器。

在主界面的右边有常用仪器仪表供电路测试使用。用万用表、示波器、信号发生器、功率计、频率计、逻辑分析仪等。

点击示波器图标，把示波器放置于窗口中，连接示波器的 A、B 端口与电路中的相应测试点，如图 5.1.11 所示。

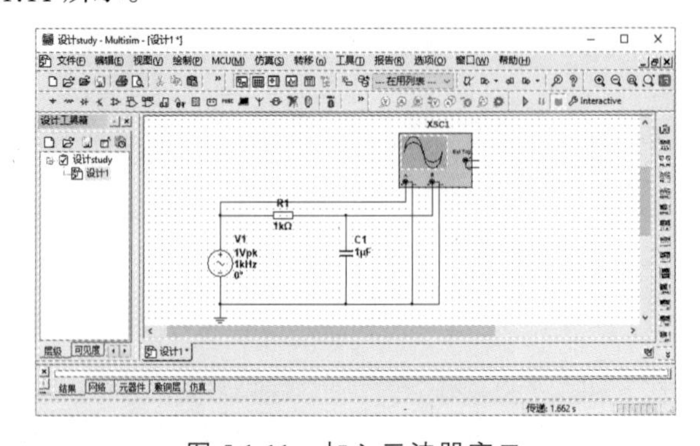

图 5.1.11 加入示波器窗口

（5）点击运行仿真，查看仿真结果。

选择菜单中的“仿真”，再点击“运行”，即可开始仿真运行，也可直接选择主界面的运行按键，如图 5.1.12 所示。

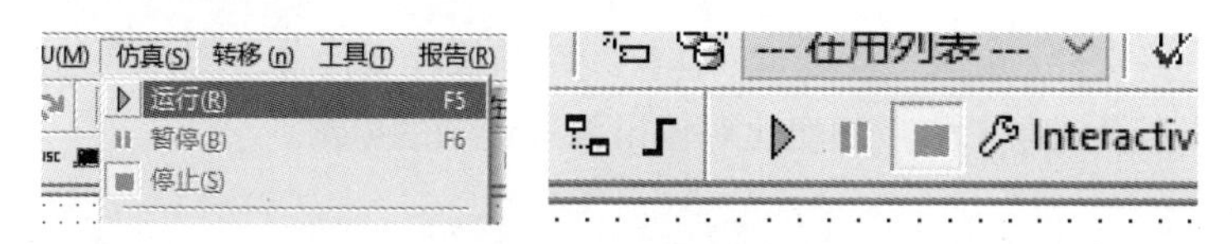

图 5.1.12　运行按键

在运行的状态下，双击电路窗口中的示波器图标，即可开启示波器板面，如图 5.1.13 所示。

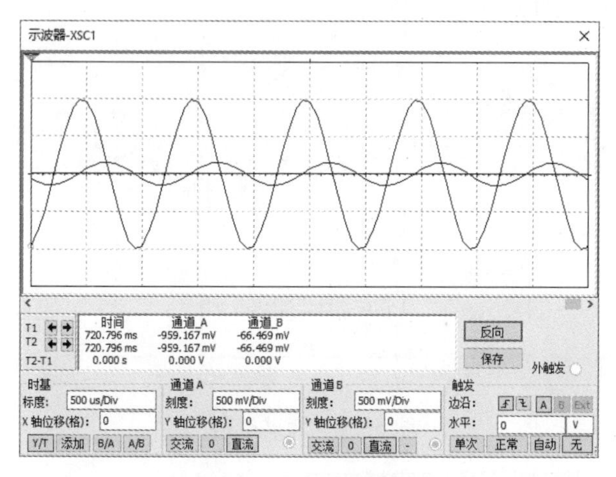

图 5.1.13　示波器运行

示波器的界面与实验室里常用的示波器面板很相似。运行后，示波器屏幕上就产生输入、输出两个波形，为了看到较清晰的波形，需适当调节示波器界面上的 Timebase（时基）和 Channel A、B（A、B 两通道）中的 Scale 值，这里设置时基的 Scale 值为 500 μs/div，A、B 两通道的 Scale 分别为 500 mV/div 和 500 mV/div，仿真结果如图 5.1.13 所示。

通过改变示波器对应通道探头连线颜色来改变示波器上波形的颜色。示波器显示的底色通常为黑色，可以通过“反向”键直接点击后，变为白色。

实验 2　晶体管单管放大电路的测量

【实验目的】

（1）熟悉 Multisim14 仿真软件的环境及主要操作。

（2）学会使用 Multisim14 软件进行实际电路的仿真测试。

（3）用 Multisim14 软件测量晶体管单管放大电路的工作点及交流性能指标。

【实验内容】

1. 编辑原理图

通过建立电路文件、放置电路元件、连接线路和保存文件等步骤，建立如图 5.2.1 所示的测试静态工作点及观察工作点的变化对输出波形影响的电路。

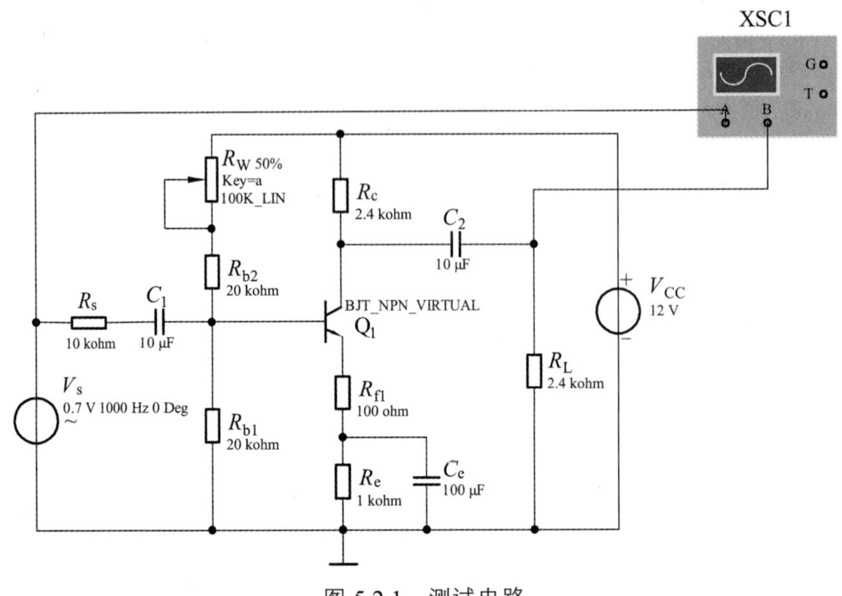

图 5.2.1　测试电路

2. 借助示波器，调整电位器确定静态工作点

双击电路窗口中的示波器图标，即可开启示波器面板，如图 5.2.2 所示。

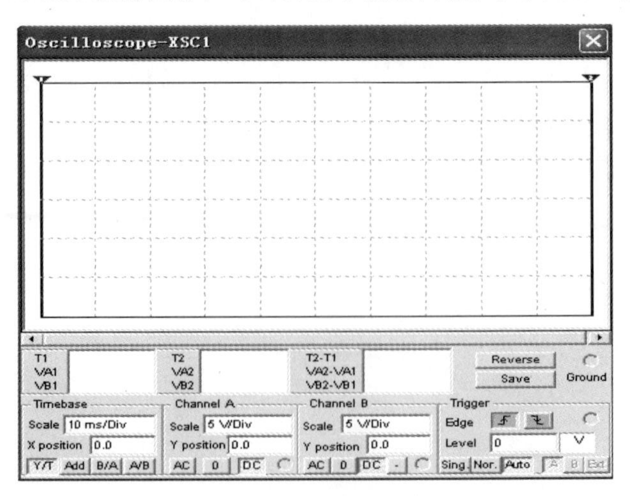

图 5.2.2　示波器面板

从图 5.2.2 中看出，该示波器的界面与实验室里常用的示波器面板很相似，其基本操作方法也差不多。启动电路窗口右上角的电路仿真开关，示波器窗屏幕上将产生输入和

输出两个波形。为了看到较清晰的波形，需适当调节示波器界面上的时基（Timebase）和A、B两通道（Channel）中的Scale值，这里设置时基的Scale值为200 Hz/div，A、B两通道的Scale值为1 V/div。电位器R_W旁标注的文字“Key=a”表明按动键盘上A键，电位器的阻值按5%的速度减少；若要增加，按动Shift+A键，阻值将以5%的速度增加。电位器变动的数值大小直接以百分比的形式显示在一旁。

3. 观察工作点的变化对输出波形影响

启动仿真开关，反复按键盘上的A键，观察示波器波形变化。随着一旁显示的电位器阻值百分比的减少，输出波形产生饱和失真越来越重。当数值百分比调到35%时，在同一坐标轴中，记录此时V_s、V_o的波形。

反之，反复按Shift+A键，观察示波器波形变化。随着一旁显示的电位器阻值百分比的增加，输出波形产生饱和失真逐渐减小。当数值百分比为70%～80%时，输出波形已不见失真，电路真正处于放大状态，在同一坐标轴中，记录此时V_s、V_o的波形记录波形。

如再按Shift+A键，继续增大电位器的阻值，从示波器中可观察到输出波形产生截止失真，记录数值百分比为90%时的失真波形。在同一坐标轴中，记录此时V_s、V_o的波形。

4. 放大电路静态工作点测量

取电位器数值百分比为75%来确定静态工作点。在Multisim14的环境下，可以用万用表的直流电压挡和直流电流表来测定静态工作点，但利用直流工作点分析法会更方便快捷。

启动Simulate菜单中Annlyses子菜单下的DC Operating Point...命令，打开如图5.2.3所示的DC Operating Point Analysis对话框。

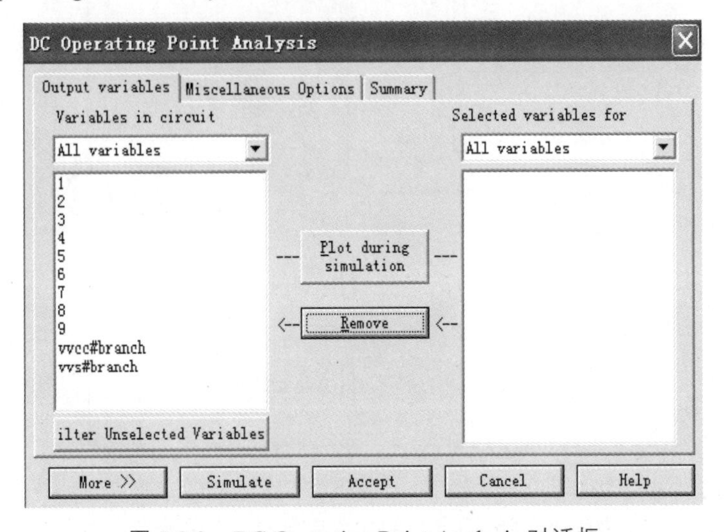

图5.2.3　DC Operating Point Analysis 对话框

在Output variables页中，选择需要用来仿真的变量。可供选择的变量一般包括所有节点的电压和流经电压源的电流，全部列在variables in circuit栏中。先选中需要仿真的变量，点击Plot during simulating按钮，则将这些变量移到右边栏中。如要删除已移入右边的变量，也只需先选中，再点击 Remove 按钮，即可把不需要仿真的变量返回到左边栏中。对于本实验，把所有的变量都选中，然后点击 Simulate 按钮，系统自动显示出运算的结果，记录数据，填入表 5.2.1。

表 5.2.1　放大电路静态工作点测量数据记录

V_B/V	V_C/V	V_{CE}/V	V_{BE}/V	$I_E = I_C = \frac{V_{CC} - V_C}{R_c}$

4. 放大电路交流性能指标的测量

（1）分析电路的频率响应。

启动 Simulate 菜单中的 AC Analysis...命令，打开 AC Analysis 对话框，所需设置如下：Output variables：8（负载 R_L 的输出电压），其余各项保持其默认值。记录晶体管放大电路的幅频和相频特性曲线的仿真结果。

电路的频率特性也可以用波特图仪来测定，请自行测量分析。

（2）确定电路的放大倍数、输入和输出电阻。

放大电路在某个频率下的放大倍数、输入和输出电阻，可直接在电路的输入和输出端口接上电压表和电流表（注意：要设置成交流 AC），测出此电压和电流的有效值再相除求得。

① 测量放大倍数、输入电阻。电压表、电流表与电路的连接如图 5.2.4 所示。

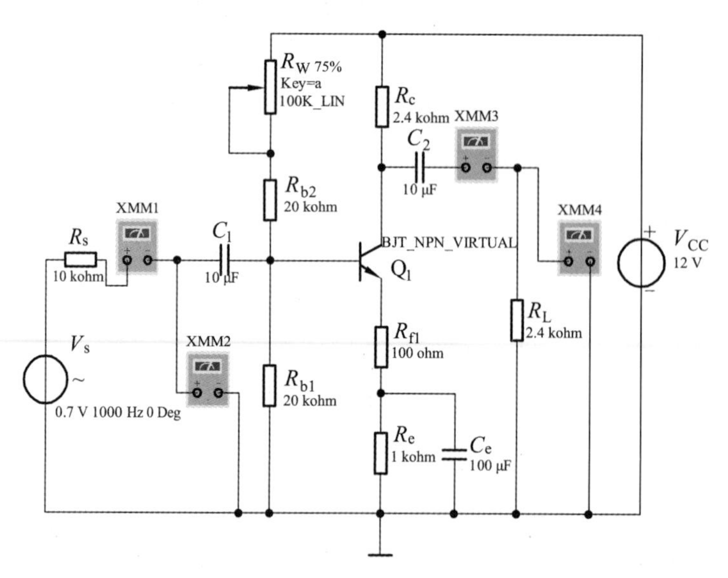

图 5.2.4　测量放大倍数和输入电阻时电压表、电流表与电路的连接

图中的 XMM1、XMM3 应选为交流电流表，XMM2、XMM4 应选为交流电压表。运行仿真开关，记下此时电压表和电流表的读数，填入表 5.2.2 中。

② 测量输出电阻。电压表、电流表与电路的连接如图 5.2.5 所示。

表 5.2.2　测量放大倍数输入电阻数据记录

XMM1	XMM2	XMM3	XMM4	A_u	R_i

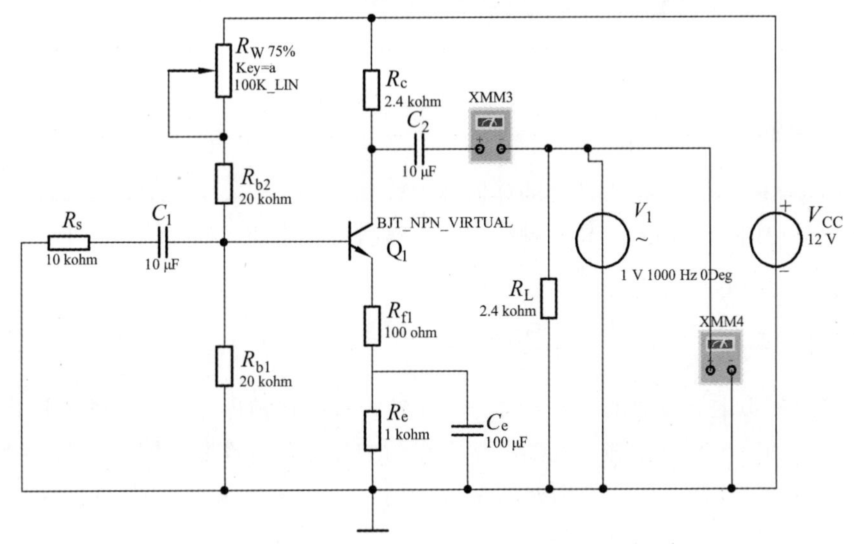

图 5.2.5　测量输出电阻，电压表、电流表与电路的连接

图中的 XMM3 应选为交流电流表，XMM4 应选为交流电压表。运行仿真开关，记下此时电压表和电流表的读数，填入表 5.2.3 中。

表 5.2.3　测量输出电阻数据记录

XMM3	XMM4	R_o

【实验报告要求】

（1）实验目的。

（2）整理实验数据，并进行分析。

（3）回答下列问题：

① 电路的频率响应中幅频和相频曲线各有什么特点？

② 如果晶体管选用实际的晶体管，其频率响应曲线如何？实际仿真观察并记录其特性曲线。

（4）讨论实验中发生的问题及解决办法。

【预习要求】

（1）单管共射放大电路的工作点及交流性能指标的内容。

（2）单管共射放大电路工作点及交流性能指的测量方法。

（3）单管共射放大电路的工作点的不同对输出波形的影响。

实验 3　晶体管输出特性曲线的测量

【实验目的】

（1）熟悉 Multisim14 仿真软件的环境及主要操作。
（2）学会使用 Multisim14 软件进行实际电路的仿真测试。
（3）用 Multisim14 软件测量晶体管输出特性曲线。

【实验内容】

晶体管是模拟电子技术的核心器件。为了能设计好模拟电路，工程师通常希望能得到晶体管曲线的输出特性曲线。在实验室有专门的晶体管特性曲线图示仪来直接测量。如果没有晶体管特性图示仪，常用如图 5.3.1 所示的测试电路来逐点测出输出特性曲线。

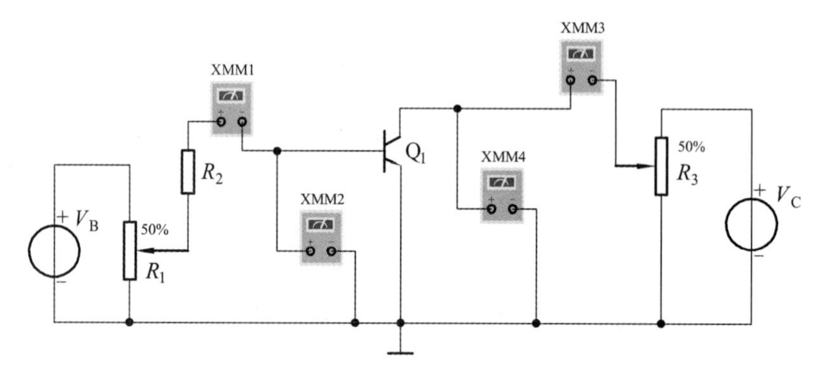

图 5.3.1　逐点测量法电路

这种方法称为逐点测量法。其中 XMM1、XMM3 选择电流表挡，XMM2、XMM4 选择电压表挡。在 Multisim14 元件库中也存在着大量的晶体管仿真模型，因为 Multisim14 仪表栏中没有晶体管特性曲线图示仪，在调用这些晶体管元件时，如要获知它们的输出特性曲线，可采用如图 5.3.1 所示的测试电路进行测定。但这种测试太烦琐，需要测出一大堆数据后才能画出其特性曲线。其实在 Multisim14 环境下，完全没有必要这样做，可利用该软件提供的 DC Sweep 分析功能与后处理器配合，直接得出晶体管的输出特性曲线。

测试电路如图 5.3.2 所示。这里以 NPN 晶体管为例来说明测试的过程，对于现实晶体管元件可做同样的处理。

1. 编辑原理图

晶体管的输出特性曲线测试电路如图 5.3.2 所示。由于本实验的电路非常简单，编辑原理图也很容易。只需注意电流源 I_b 和电压源 V_{ce} 在原理图上的数值可不必专门设置，具体的数值在进行 DC Sweep 分析时设定。

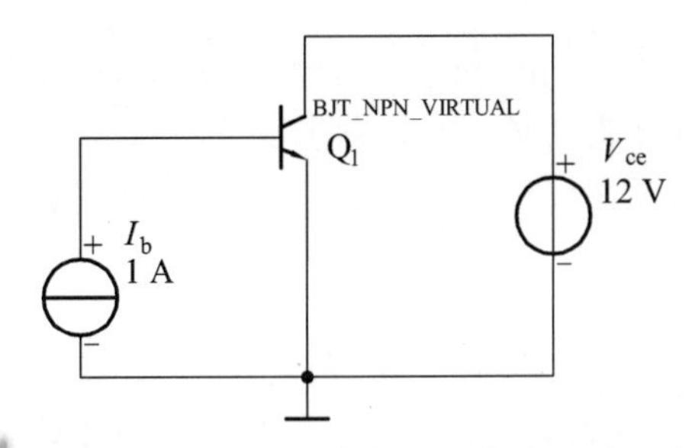

图 5.3.2　晶体管的输出特性曲线测试电路

2. DC Sweep 分析

启动 Simulate 菜单中 Analyses 下的 DC Sweep Analysis 命令，打开的 DC Sweep Analysis 对话框，如图 5.3.3 所示。

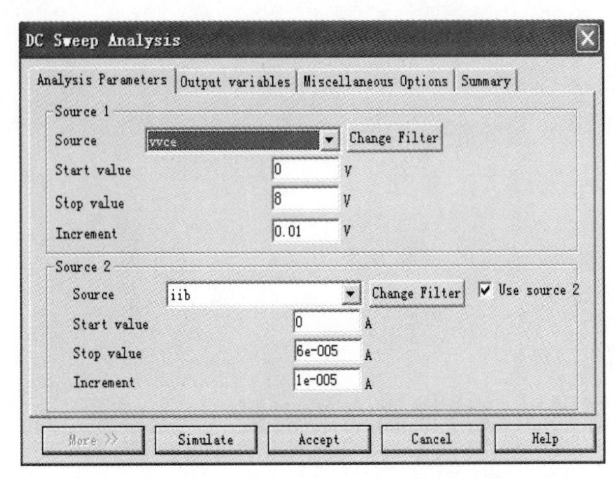

图 5.3.3　DC Sweep Analysis 对话框

有关参数设置如下：

Source1 中：

Source：vvce（这是电压源 V_{ce} 的电压，也是集电极 c 和发射极 e 之间的电压，由于需要将 V_{ce} 作为输出特性曲线的横坐标，故要选择 V_{ce} 作为 Source1 来设置）。

Start value：0V。

Stop value：8V（该值对不同的晶体管有可能不同，具体数值需通过几次仿真试验来逐渐调整）。

Increment：0.01V（该值取得越小，其显示出的曲线越平滑，但仿真速度会变慢）。

Source2 中：

Source：iib（这是晶体管的基极电流）。

Start value：0A

Stop value：0.0006A（同样，该值对不同的晶体管有可能不同，具体数值需通过几次仿真试验来逐渐调整）。

Increment：0.0001A（该值也是取得越小，显示出的曲线就越平滑，但仿真速度会变慢）。

Output variables：选择 vvce#branch，这是流过电压源 V_{ce} 的电流。在本测试电路中也

就是晶体管集电极的电流$-I_c$。这里用$-I_c$是因为 vvce#branch 的正方向定义的是从电压源正极流入，负极流出，而习惯上对 NPN 管来说 I_c 定义的正方向是流进集电极 c，故 vvce#branch=$-I_c$。点击该对话框上的 Simulate 按钮，仔细观察并记录此时的仿真结果。

3. 使用后处理器

由于仿真所得到的曲线图存在这样的问题：一是纵坐标不是电流而是标以电压；二是曲线向负的方向变化而不是向正方向变化。这里的纵坐标实质上是 vvce#branch，即$-I_c$坐标，这不太符合正常习惯，所以仍需要通过后处理器来解决。具体的操作方法这里就不再叙述了。

【实验报告要求】

（1）实验目的。
（2）整理实验数据，并进行分析。
（3）画频率响应曲线。
（4）讨论实验中发生的问题及解决办法。

【预习要求】

晶体管特性曲线以及相应的测量方法。

实验 4　有源滤波器特性曲线的测量

【实验目的】

（1）熟悉 Multisim14 仿真软件的环境及主要操作。
（2）学会 Multisim14 软件中波特图仪的使用方法。
（3）用 Multisim14 软件仿真测量有源滤波器的特性曲线。

【实验原理】

由 *RC* 元件与运算放大器组成的滤波器称为 *RC* 有源滤波器，其功能是让一定频率范围内的信号通过，抑制或急剧衰减此频率范围以外的信号。可用在信息处理、数据传输、抑制干扰等方面，但因受运算放大器频带限制，这类滤波器主要用于低频范围。根据对频率范围的选择不同，可分为低通（LPF）、高通（HPF）、带通（BPF）与带阻（BEF）等四种滤波器，它们的幅频特性如图 5.4.1 所示。

具有理想幅频特性的滤波器是很难实现的，只能用实际的幅频特性去逼近理想的。一般来说，滤波器的幅频特性越好，其相频特性越差，反之亦然。滤波器的阶数越高，幅频特性衰减的速率越快，但 *RC* 网络的节数越多，元件参数计算越烦琐，电路调试越困难。任何高阶滤波器均可以用较低的二阶 *RC* 有滤波器级联实现。

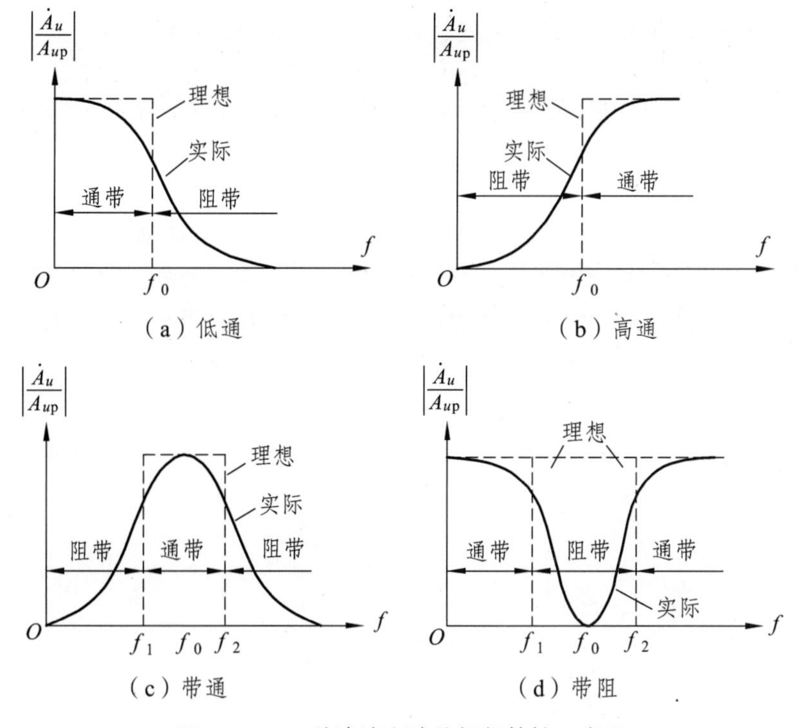

图 5.4.1　四种滤波电路的幅频特性示意图

1. 低通滤波器（LPF）

低通滤波器是用来通过低频信号衰减或抑制高频信号。

如图 5.4.2（a）所示，为典型的二阶有源低通滤波器。它由两级 RC 滤波环节与同相比例运算电路组成，其中第一级电容 C 接至输出端，引入适量的正反馈，以改善幅频特性。图 5.4.2（b）为二阶低通滤波器幅频特性曲线。

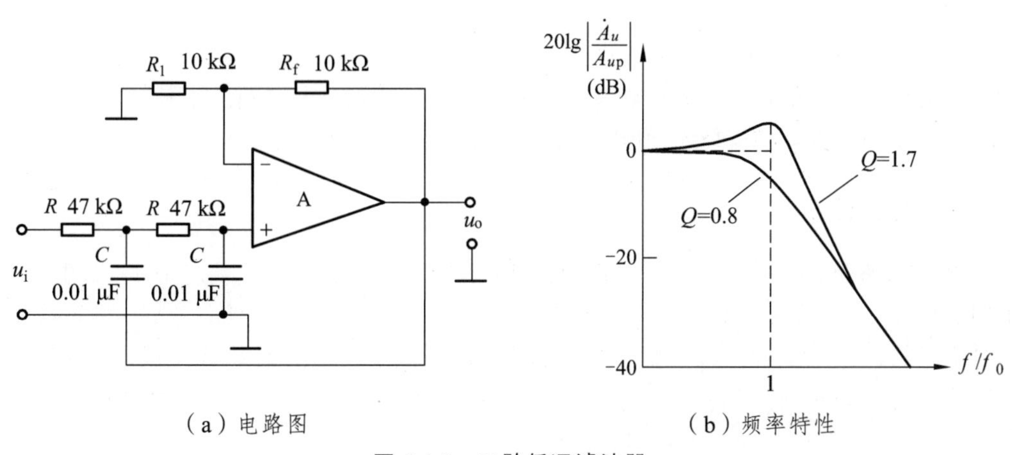

图 5.4.2　二阶低通滤波器

电路性能参数

$A_{up}=1+\frac{R_f}{R_1}$ 二阶低通滤波器的通带增益。

$f_0=\dfrac{1}{2\pi RC}$ 截止频率，它是二阶低通滤波器通带与阻带的界限频率。

$Q=\dfrac{1}{3-A_{up}}$ 品质因数，它的大小影响低通滤波器在截止频率处幅频特性的形状。

2. 高通滤波器（HPF）

与低通滤波器相反，高通滤波器用来通过高频信号，衰减或抑制低频信号。

只要将图 5.4.2 低通滤波电路中起滤波作用的电阻、电容互换，即可变成二阶有源高通滤波器，如图 5.4.3（a）所示。高通滤波器性能与低通滤波器相反，其频率响应和低通滤波器是“镜像”关系，仿照 LPH 分析方法，不难求得 HPF 的幅频特性。

电路性能参数 A_{up}、f_0、Q 各量的含义同二阶低通滤波器。

图 5.4.3（b）为二阶高通滤波器的幅频特性曲线，可见，它与二阶低通滤波器的幅频特性曲线有“镜像”关系。

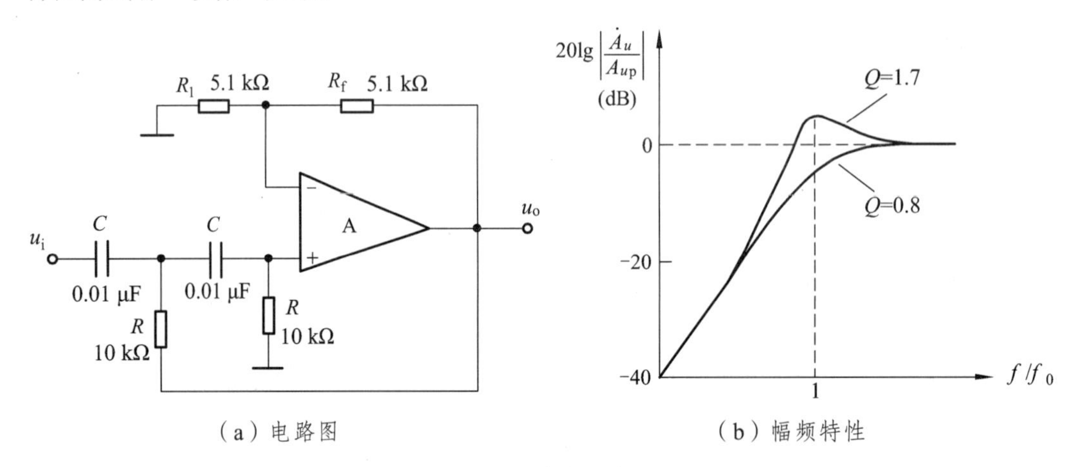

（a）电路图　　（b）幅频特性

图 5.4.3　二阶高通滤波器

3. 带通滤波器（BPF）

这种滤波器的作用是只允许在某一个通频带范围内的信号通过，而比通频带下限频率低和比上限频率高的信号均加以衰减或抑制。

典型的带通滤波器可以从二阶低通滤波器中将其中一级改成高通而成。如图 5.4.4（a）所示。

电路性能参数为

通带增益 $A_{up}=\dfrac{R_4+R_f}{R_4R_1CB}$

中心频率 $f_0=\dfrac{1}{2\pi}\sqrt{\dfrac{1}{R_2C^2}\left(\dfrac{1}{R_1}+\dfrac{1}{R_3}\right)}$

通带宽度 $B=\dfrac{1}{C}\left(\dfrac{1}{R_1}+\dfrac{2}{R_2}-\dfrac{R_f}{R_3R_4}\right)$

选择性 $Q=\dfrac{\omega_0}{B}$

此电路的优点是改变 R_f 和 R_4 的比例就可改变频宽而不影响中心频率。

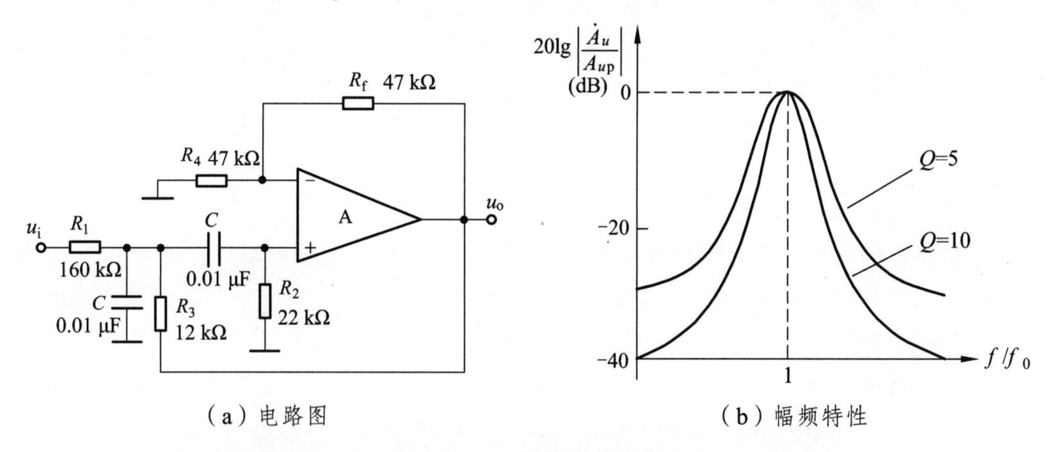

（a）电路图　　　　（b）幅频特性

图 5.4.4　二阶带通滤波器

4. 带阻滤波器（BEF）

如图 5.4.5（a）所示，这种电路的性能和带通滤波器相反，即在规定的频带内，信号不能通过（或受到很大衰减或抑制），而在其余频率范围，信号则能顺利通过。

在双 T 网络后加一级同相比例运算电路就构成了基本的二阶有源 BEF。

电路性能参数：

通带增益 $A_{up}=1+\dfrac{R_f}{R_1}$

中心频率 $f_0=\dfrac{1}{2\pi RC}$

带阻宽度 $B=2(2-A_{up})f_0$

选择性 $Q=\dfrac{1}{2(2-A_{up})}$

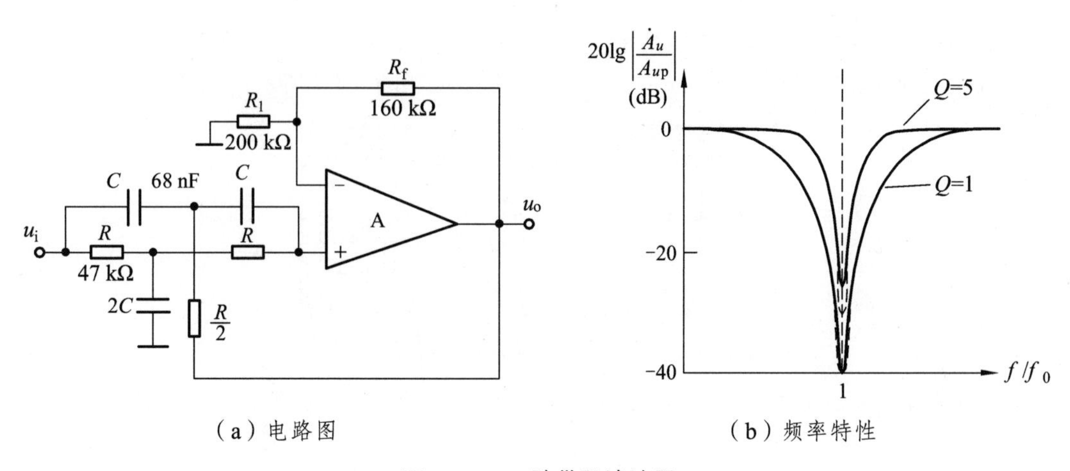

（a）电路图　　　　（b）频率特性

图 5.4.5　二阶带阻滤波器

【实验内容】

1. 波特图仪

波特图仪（Bode Plotter）用来测量和显示一个电路、系统或放大器幅频特性和相频特性的一种仪器，类似于实验室的频率特性测试仪（或扫描仪）。

连接及面板操作如下。

波特图仪的图标包括 4 个接线端（见图 5.4.6），左边 in 是输入端口，其 V_+、V_-分别与电路输入端的正负端子相接；右边 out 是输出端口，其 V_+、V_-分别与电路输出端的正负端子相接。由于波特图仪本身没有信号源，所以在使用波特图仪时，必须在电路的输入端口示意性地接入一个交流信号源（或函数信号发生器），且无需对其参数进行设置。

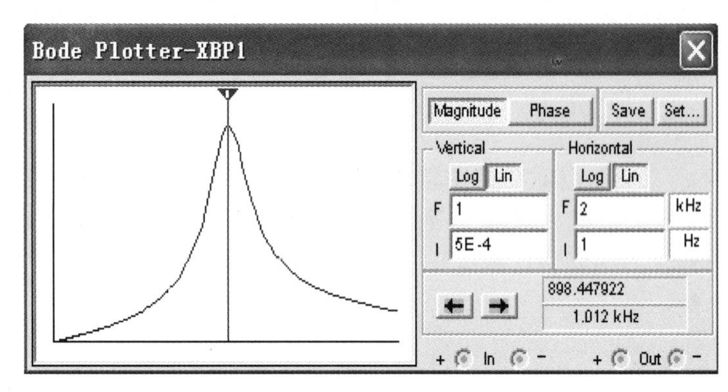

图 5.4.6　是波特图仪的图标和面板

波特图仪地面板及其操作如下。

（1）右上排按钮功能。

Magnitude：选择左边显示屏里显示幅频特性曲线。

Phase：选择左边显示屏里显示相频特性曲线。

Save：以 BOD 格式保存测试结果。

Set：设置扫描分辨率，点击该按钮后，屏幕出现如图 5.4.7 所示的对话框。

图 5.4.7　设置扫描分辨率对话框

（2）在 Resolution Points 栏中选定扫描的分辨率，数值越大读数精度越高，但将增加运行时间，默认值是 100。

（3）Vertical 区：设定 Y 轴的刻度类型。

测量幅频特性时，若点击 Log（对数）按钮后，Y 轴刻度的单位是 dB（分贝），标尺刻度为 20Log$A(f)$，其中 $A(f)=V_o(f)/V_i(f)$；当点击 Lin（线性）按钮后，Y 轴是线性刻度。一般情况下采用线性刻度。

测量相频特性时，Y 轴坐标表示相位，单位是度，刻度是线性的。该区下面的 F 栏用以设置最终值，而 I 栏则用以设置初始值。需要指出的是，若被测电路是无源网络（谐振电路除外），由于 $A(f)$的最大值为 1，所以 Y 轴坐标的最终值坐标设置为 0 dB，初始值设为负值。对于含有放大环节的网络（电路），$A(f)$值可大于 1，最终值设为正值（+dB）为宜。

（1）Horizontal 区：确定波特图仪显示的 X 轴频率范围。

选择 Log，则标尺用 Log$f$ 表示；若选择 Lin，则坐标标尺是线性的。当测量信号的频范围较宽时，用 Log 标尺为宜，I 和 F 分别是 Initial（初始值）和 Final（最终值）的缩写。为了清楚显示某一频率范围的频率特性，可将 X 轴频率范围设定的小一些。

（2）测量读数：利用鼠标拖动（或点击读数指针移动按钮）读数指针，可测量某个频率处的幅值和相位，其读数在面板右下方显示。

2. 编辑原理图

通过建立电路文件、设计电路界面、放置电路元件、连接线路、编辑处理及保存文件等步骤分别建立四种类型的有源滤波器进行幅频特性曲线测量。

（1）二阶低通滤波器：在 Multisim14 环境下画出仿真测量实验电路如图 5.4.8 所示，启动仿真开关，在波特图仪中观察其特性曲线，并记录此时的仿真结果。改变相应的参数（Q 值）观察特性曲线的变化情况。

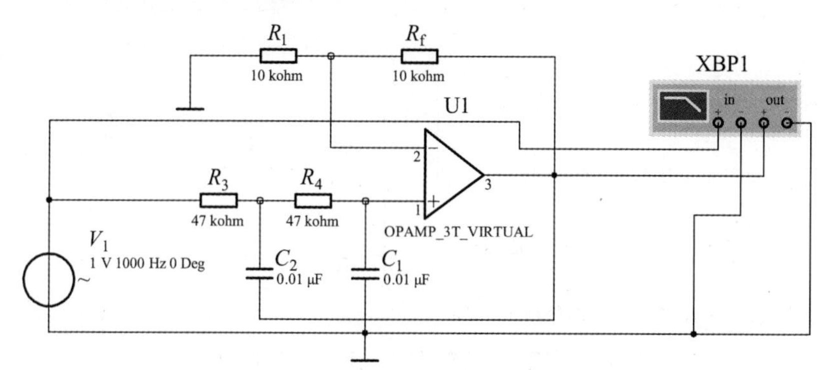

图 5.4.8　二阶低通滤波器仿真测量实验电路

（2）二阶高通滤波器：在 Multisim14 环境下画出仿真测量实验电路如图 5.4.9 所示，启动仿真开关，在波特图仪中观察其特性曲线，并记录此时的结果。改变相应的参数（Q 值）观察特性曲线的变化情况。

（3）带通滤波器：在 Multisim14 环境下画出仿真测量实验电路如图 5.4.10 所示，启动仿真开关，在波特图仪中观察其特性曲线，并记录此时的仿真结果。改变相应的参数（Q 值）观察特性曲线的变化情况。

（4）带阻滤波器：在 Multisim14 环境下画出仿真测量实验电路如图 5.4.11 所示，启动仿真开关，在波特图仪中观察其特性曲线，并记录此时的仿真结果。改变相应的参数（Q 值）观察特性曲线的变化情况。

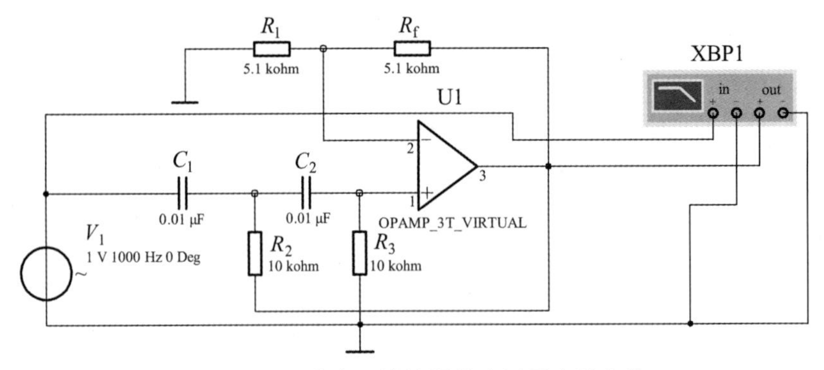

图 5.4.9　二阶高通滤波器仿真测量实验电路

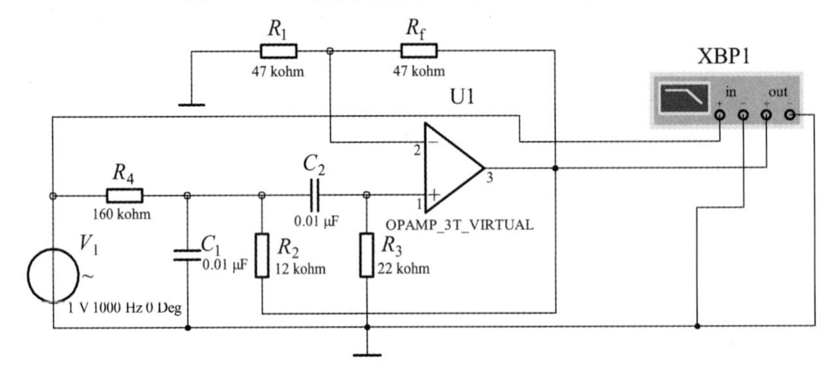

图 5.4.10　带通滤波器仿真测量实验电路

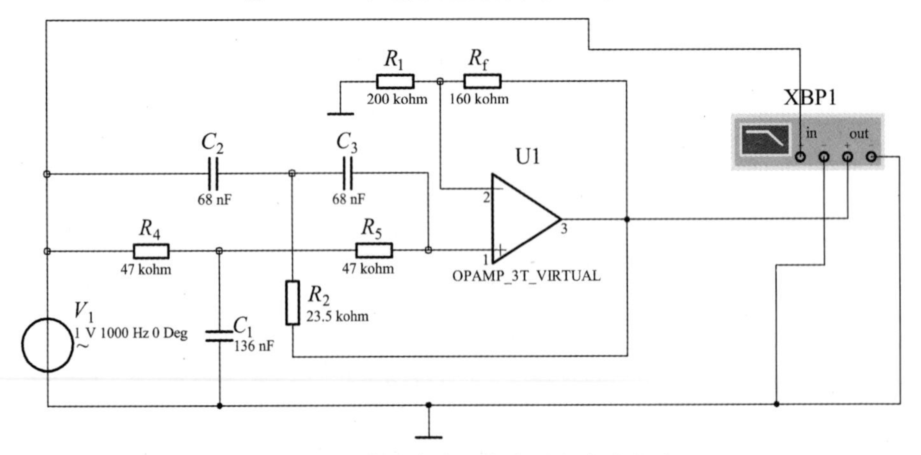

图 5.4.11　带阻滤波器仿真测量实验电路

【实验报告要求】

（1）实验目的。

（2）整理实验数据，并进行分析。

（3）回答下列问题：

① 电路的频率响应中幅频和相频曲线各有什么特点？

② 如果通过改变电路中的 Q 值，幅频特性曲线将如何变化？请实际仿真观察并记录其特性曲线。

（4）讨论实验中发生的问题及解决办法。

【预习要求】

（1）有源滤波器的类型及其特性曲线的内容。

（2）Multisim14 软件中波特图仪的使用方法。

实验 5　集成运放的参数测试

【实验目的】

（1）了解运算放大器参数的意义及测试方法。
（2）加深理解运算放大器参数的定义。

【实验内容】

1. 输入失调电压 U_{IO} 的测量

在 Multisim14 的电路仿真软件中，建立如图 5.5.1 所示的 U_{IO} 测量电路。

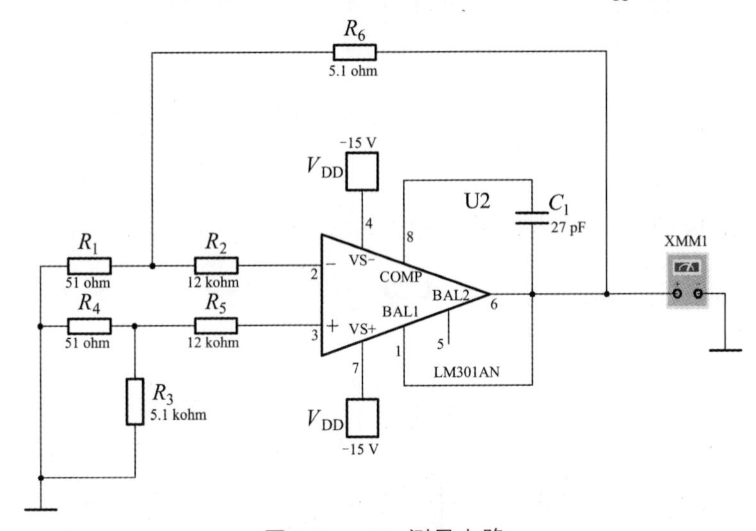

图 5.5.1　U_{IO} 测量电路

（1）测量输入失调电压 U_{IO}。

单击仿真开关进行仿真分析，记录电压表所显示的电压值 V_o。用公式计算集成运放的失调电压 U_{IO}。

（2）建立实验电路。

在 Multisim14 电路仿真软件中，建立如图 5.5.2 所示的 RC 桥式正弦波振荡电路。按开关 K 的键盘控制键（Space），使开关 K 闭合，构成带有稳幅电路的 *RC* 桥式正弦波振荡电路。用示波器观察电路输出电压 V_o 和集成运放同相输入端的电压 V_+ 的波形。

如图 5.5.2 为带有稳幅电路的 *RC* 桥式正弦波振荡电路。

（3）观察输出波形。

单击仿真开关进行仿真分析，双击示波器符号，打开示波器面板，调节示波器面板上的参数，观察电路的输出电压 V_o 和集成运放同相输入端电压 V_+ 的波形，注意观察输出电压 V_o 由小变大的过程。用电位器 W 的键盘控制键调节 W 上、下端电阻的阻值 R_4、R_5，使输出正弦波电压 V_o 的波形无明显失真。对 R_5 来说，按 A 键减少阻值，按 Shift+A 键增加阻值，而 R_4=100 kΩ−R_5。当输出信号稳定后，关闭仿真开关，记录输出电压 V_o 和同相输入端电压 V_o 的波形。并利用测量游标测量 V_o 和 V_+ 的幅值和频率 f_0。

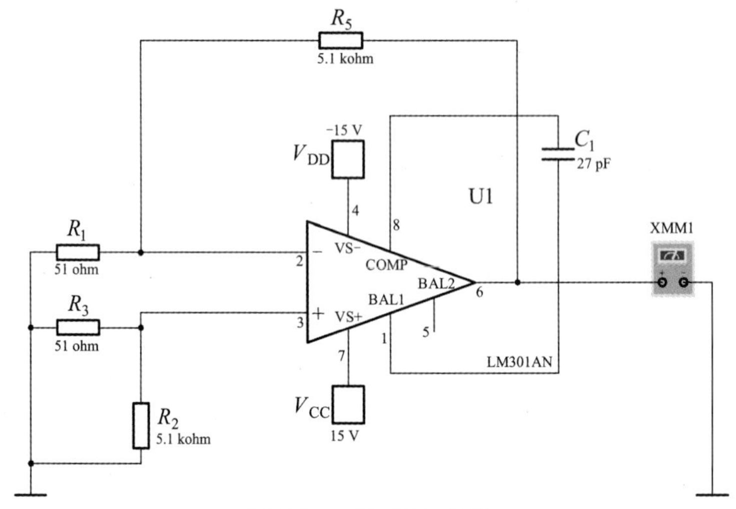

图 5.5.2　U_{IO} 测量电路

2. 输入失调电压 I_{IO} 的测量

在 Multisim14 的电路仿真软件中，建立如图 5.5.3 所示的 I_{IO} 测量电路。

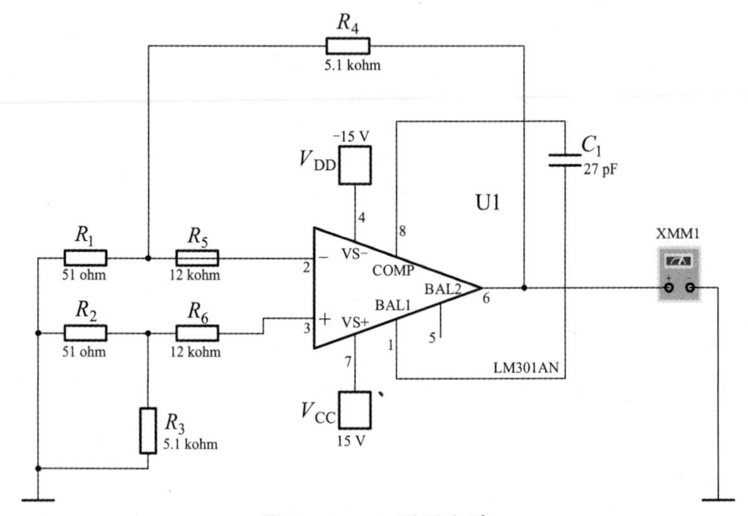

图 5.5.3　I_{IO} 测量电路

单击仿真开关进行仿真分析，记录电压表所显示的电压值 V_o。用公式 $I_{IO}=(V_o-V_o')/(1+R_f/R_1)R_2$ 来计算失调电流 I_{IO}。其中 V_o 为测量输入失调电压时的 V_o。

3. 开环电压增益 A_{od} 的测量

在 Multisim14 的电路仿真软件中，建立如图 5.5.4 所示的 A_{od} 测量电路。

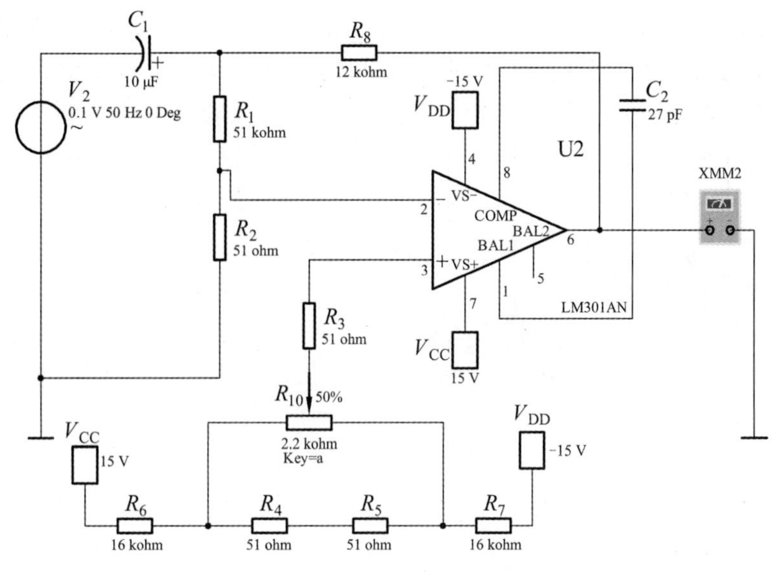

图 5.5.4　A_{od} 测量电路

正弦波信号源 V_i=100 mV，f=50 Hz。

（1）测量开环电压增益 A_{od}。

首先双击正弦波信号源符号，打开信号源的属性对话框，在 Value 页的 Voltage 栏内设置正弦波信号的幅值为 0，按确定按钮退出对话框，则 V_i=0V，或者直接将输入端接地。单击仿真开关进行仿真分析，双击示波器符号，打开示波器面板，调节示波器面板上的参数（示波器输入方式为 DC 方式），观察输出直流信号，并利用测量游标测量输出直流电压 V_o。调节电位器 R_W，使输出电压为 0 V，即 V_o=0 V。然后向电路输入 f=50 Hz 的正弦波信号（双击正弦波信号源符号，打开信号源的属性对话框，在 Value 页的 Frequencey 栏内设置正弦波信号的频率为 50 Hz，按确定按钮退出对话框）。

单击仿真开关进行仿真分析，双击示波器符号，打开示波器面板，调节示波器面板上的参数，观察输出信号波形。在正弦波信号源属性对话框的 Value 页的 Voltage 栏调整输入正弦波信号 V_i 的幅值，使输出交流信号幅值为 4 V，即 V_{op}=4 V，记录此时的输入信号电压幅值 V_{ip}。画出电压波形。

用公式 $A_{od}=V_{op}/V_{ip}=[(R_1+R_2)/R_1](V_{op}/V_{ip})$ 计算开环电压增益 A_{od}。

4. 共模抑制比 $CMRR$ 的测量

在 Multisim14 的电路仿真软件中，建立如图 5.5.5 所示的 CMRR 测量电路。正弦波信号源 V_i=4 V，f=50 Hz。

（1）测量共模抑制比 $CMRR$。

单击仿真开关进行仿真分析。双击示波器符号，打开示波器面板，调节示波器面板上的参数，观察输出信号波形。关闭仿真开关，利用测量游标记录输出电压峰值 V_{op}。用公式 $CMMR=(R_f/R_1)/(V_{op}/V_{ip})$ 计算共模抑制比 $CMRR$。

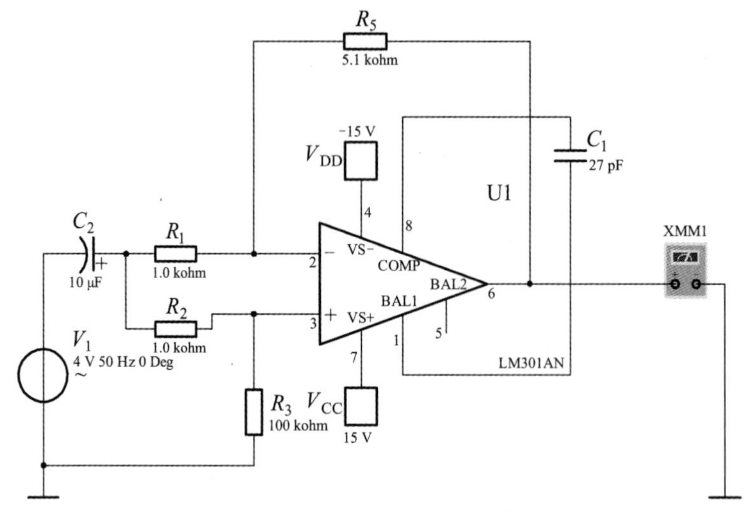

图 5.5.5　*CMRR* 测量电路

5. 实验数据

实验数据记入表 5.5.1 中。

表 5.5.1　集成运放参数测试

U_{IO}	I_{IO}	A_{od}	$CMRR$

【实验报告要求】

（1）实验目的。

（2）记录实验中电路各参数的值。

（3）实验数据分析与处理。

【预习要求】

集成运放各参数的意义及其测量原理。

实验 6　*RC* 桥式正弦波振荡电路

【实验目的】

（1）集成运算放大器在振荡电路方面的应用。

（2）了解 RC 桥式振荡电路的工作原理。

（3）掌握 RC 桥式振荡电路的设计方法。

（4）掌握由集成运算放大器构成的 RC 桥式振荡电路的调整方法，以及振荡频率和输出幅度的测量方法。

【实验内容】

1. 带稳幅电路的 RC 桥式正弦波振荡电路的测量

（1）建立实验电路。

在 Multisim14 电路仿真软件中，建立如图 5.6.1 所示的 RC 桥式正弦波振荡电路。按开关 K 的键盘控制键（Space），使开关 K 闭合，构成带有稳幅电路的 RC 桥式正弦波振荡电路。用示波器观察电路输出电压 V_o 和集成运放同相输入端的电压 V_+ 的波形。

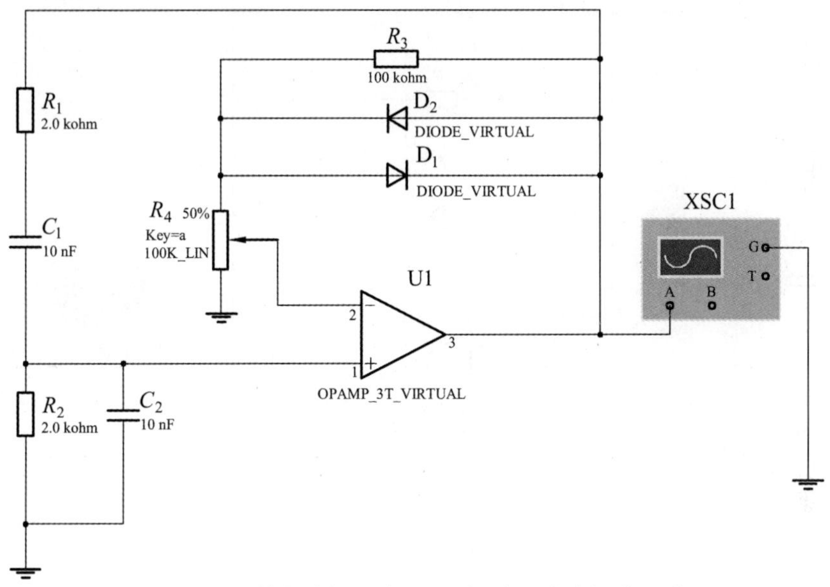

图 5.6.1　带有稳幅电路的 RC 桥式正弦波振荡电路

（2）观察输出波形。

单击仿真开关进行仿真分析。双击示波器符号，打开示波器面板，调节示波器面板上的参数，观察电路的输出电压 V_o 和集成运放同相输入端电压 U_+ 的波形，注意观察输出电压 V_o 由小变大的过程。使电位器 W 的键盘控制键调节 W 上下端电阻的阻值 R_4、R_5，使输出正弦波电压 U_o 的波形无明显失真。对 R_5 来说，按 A 键减少阻值，按 Shift+A 键增加阻值，而 R_4=100 kΩ−R_5。

当输出信号稳定后，关闭仿真开关，记录输出电压 V_o 和同相输入端电压 V_i 的波形。并利用测量游标测量 V_o 和 V_+ 的幅值和频率 f_o。

根据测得的 V_o 和 V_+ 的电压值，用公式 $F_+ = V_+ / V_o$ 计算电路的正反馈系数 f_+。

（3）测量负反馈系数。

如图 5.6.2 所示，保持电位器 W 不变，在电路中加入电压表和电流表，测量电阻 R_3 与二极管 D_1、D_2 并联电路的交流电压 V_3 和交流电流 I_3。电压表、电流表的取用方法参见实验 1。

双击电压表，打开电压表的属性对话框，在 MODE 栏中选择 AC（交流）方式，则电压表显示为被测交流电压的有效值。同样，双击电流表，在电流表属性对话框的 MODE 栏中选择 AC（交流）方式，则电流表显示为被测交流电流的有效值。

单击仿真开关进行仿真分析。当电路稳定以后，记录电压表和电流表的读数 V_3 和 I_3，用公式 $R_3' = V_3 / I_3$ 计算电阻 R_3 与二极管 D_1、D_2 并联电路的动态电阻 R_3。

电位器 W 的下端电阻值 R_5=100 kΩ*（电位器 W 旁显示的百分数 35%），上端电阻值 R_4=100 kΩ−R_5。根据得到的 R_3、R_4、R_5 的阻值，用公式 $f_- = V_- / V_o = R_5 / (R_3 + R_4 + R_5)$ 计算电路的负反馈系数 f。

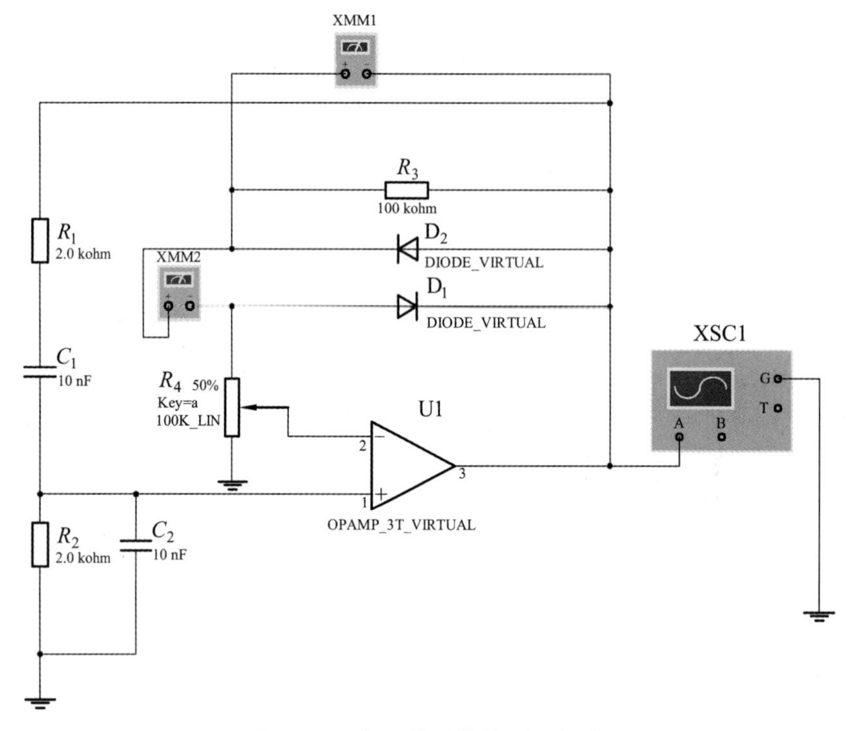

图 5.6.2　负反馈系数的测量电路

（4）测量输出电压 V_o 的变化范围。

单击仿真开关进行仿真分析。双击示波器符号，打开示波器面板，调节示波器面板上的参数，观察电路输出电压 V_o 的波形。调节电位器 W，测量在无明显失真条件下输出正弦波电压 V_o 的变化范围。

2. 无稳幅电路的 RC 桥式正弦波振荡电路的测量

（1）建立实验电路。

在 Multisim14 电路仿真软件中，建立如图 5.6.3 所示的 RC 桥式正弦波振荡电路。按开关 K 的键盘控制键（Space），使开关 K 断开，构成无稳幅电路的 RC 桥式正弦波振荡电路。用示波器观察电路输出电压 V_o。

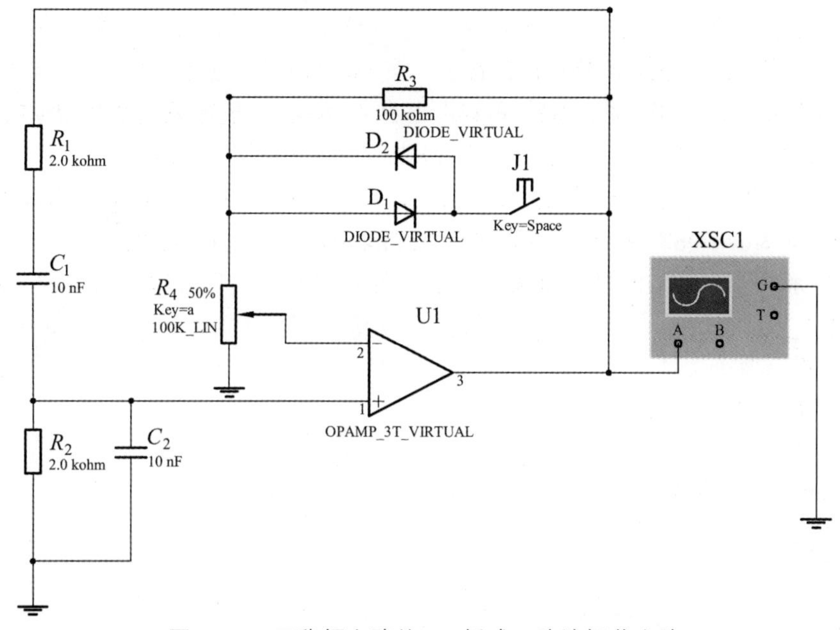

图 5.6.3　无稳幅电路的 RC 桥式正弦波振荡电路

（2）观察输出波形

单击仿真开关进行仿真分析。双击示波器符号，打开示波器面板，调节示波器面板上的参数，观察电路的输出电压 V_o 波形。

如果电位器 W 下端 R_5 的阻值过小，则电路的输出电压出现失真，如果 R_5 的阻值过大，则振荡电路无法起振，电路的输出电压为零。

按电位器 W 的键盘控制键调节 R_5 的阻值（按 A 键减少阻值，按 Shift+A 键增加阻值），先减少 R_5 使电路起振，注意观察输出电压 V_o 由小变大的过程。当 V_o 幅值适中进，略微增大 R_5，使输出电压 V_o 稳定。如果输出电压 V_o 出现失真，则增大 R_5，使输出电压 V_o 的失真消失。

当输出信号稳定后，关闭仿真开关，记录输出电压 V_o，并利用测量游标测量 V_o 的幅值。

3. 选频网络参数对振荡频率的影响

（1）$R_1=R_2=20\ \text{k}\Omega$，$C_1=C_2=0.01\ \mu\text{F}$。

在图 5.6.3 所示的带有稳幅电路的 RC 桥式正弦波振荡电路中，保持电容 $C_1=C_2=0.01\ \mu\text{F}$ 不变，将电阻 R_1 和 R_2 的阻值改为 20 kΩ。如果 R_1 和 R_2 为虚拟电阻，则分别双击电阻 R_1 和 R_2，在其属性对话框的 Value 页的 Resistance 栏中将阻值改为 20 kΩ，单击确定按钮退出对话框即可。如果 R_1 和 R_2 为真实电阻，则分别双击电阻 R_1 和 R_2，在其属性对话框中按左下角的 Replace 按钮，从打开的 Component Browser 对话框中重新选择 20 kΩ 的电阻，按 OK 按钮退出对话框即可。单击仿真开关进行仿真分析。双击示波器符号，打开示波器顺板，调节示波器面板上的参数，观察电路的输出电压 V_o 的波形。

按电位器 W 的键盘控制键调节 R_4 的阻值，使输出正弦波电压 V_o 的波形无明显失真。当输出信号稳定后，关闭仿真开关，利用测量游标测量 V_o 的频率 f_0。

（2）$R_1=R_2=2\ \text{k}\Omega$，$C_1=C_2=0.022\ \mu\text{F}$。

在图 5.6.3 所示的带稳幅电路的 RC 桥式正弦波振汇电路中，保持电阻 $R_1=R_2=2\ \text{k}\Omega$ 不变，将电容 C_1 和 C_2 的容值改为 0.022 μF。

如果 C_1 和 C_2 为虚拟电容，则分别双击电容 C_1 和 C_2，在其属性对话框的 Value 页的 Capacitance 栏中将容值改为 0.022 μF，单击确定按钮退出对话框即可。如果 C_1 和 C_2 为真实电容，则分别双击电容 C_1 和 C_2，在其属性对话框中按左下角的 Replace 按钮，从打开的 Component Browseer 对话框中重新选择 0.022 μF 的电容，按 OK 按钮退出对话框即可。

重复实验内容（1），测量 V_o 的频率 f_0。

【实验报告要求】

（1）实验目的。

（2）记录实验数据及波形。

（3）分析实验数据与处理。

【预习要求】

（1）模拟电路中关于 RC 振荡电路的知识，说明产生振荡的条件。

（2）电路设计无误，安装也没有问题，但通电后电路也不起振，该调整哪些元件？为什么？

（3）若振荡输出波形出现上下削波，该如何调整电路？为什么？

实验 7　直流稳压电源的设计和调测

【实验目的】

（1）掌握串联型直流稳压电源的工作原理和设计方法。

（2）根据给定的电路方案和技术指标，能进行元器个的参数设计及选择。

（3）掌握稳压电源的调整方法及技术指标的测试方法。

【实验内容】

给定直流稳压电源电路图 5.7.1，根据下述的技术指标设计直流稳压电源中的各元件的参数。直流稳压电源的主要技术指标：

直流稳压电源的次级电压 V：2×15 V。

直流输出电压 V_o 的调节范围：+11 ~ +13 V。

输出最大电流 I_{omax}：1 A。

电网电压变化±10%时，稳压系数 S_r：≤0.07。

电源内阻 R≤0.1 Ω。

输出纹波电压：$U \leqslant 5$ mV。

（1）计算出整流管、调整管、放大管的电路参数。

（2）查手册选择并确定整流管、调整管、放大管和稳压管的型号。

（3）测量设计电路的输出电压、最大输出电流、内阻、稳压系数、输出纹波电压性能指标。

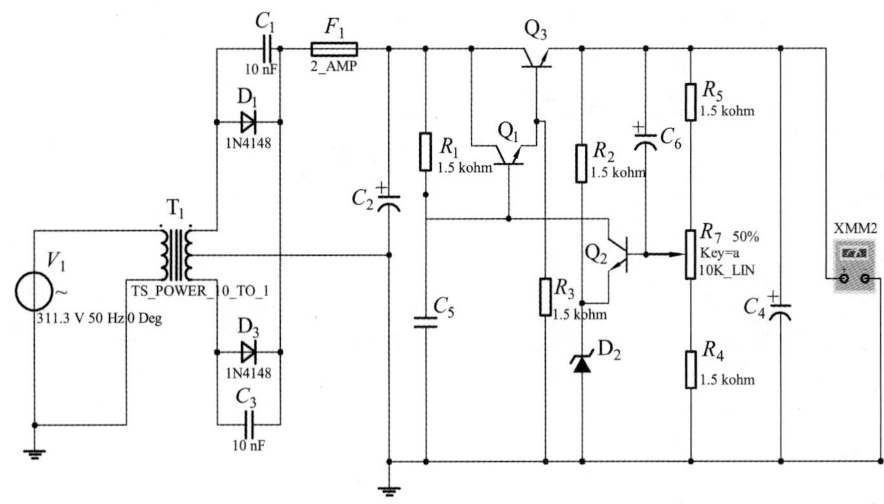

图 5.7.1　直流稳压电源电路图

1. 建立实验电路

在 Multisim14 电路仿真软件中，建立如图 5.7.1 的直流稳压电源电路，根据计算出来的电路中元件的参数确定各元器件。

2. 测量输出电压

在电路输出端空载的情况下，用万用表的直流电压挡测量电路的输出电压 V_o。

单击仿真开关进行仿真分析。当电路稳定以后，根据电压表显示的数据，记录输出电压 V_o。调节电位器 W（按 A 键或 Shift+A 键调节 W），根据电压表显示的数据测量输出电压 V_o 的变化范围。

调节电位器 W，在 V_o=12 V 时，关闭仿真开关。执行 Simulate/Analysis/DC Operating Point…命令，打开 DC Operating Point Analysis（静态工作点分析）对话框，在 Output variable 页，将待测节点（V_i，V_o）等，左边的 Variables in circuit 栏选至右边的 Selected variables for analysis 栏中，按下 Simulate 按钮，即可得到各级工作电压值。

3. 测量最大输出电流 I_{omax}

在电路的输出端接负载 R_l（R_l 的初始值为 50 Ω），并用万用表的直流电压挡监测输出电压 V_o，在输出端接直流电流表测量各负载电流 I_o。

单击仿真开关进行仿真分析。首先调节电位器 W（按 A 键或 Shift+A 键调节 W），使输出电压 V_o=12 V。然后，调节负载 R_l（按 B 键减少阻值，按 Shift+B 键增大阻值），将 R_l 由 50 Ω 逐渐减小，同进注意观察电压表的读数。当输出电压 V_o 减小 0.05 V（即 V_o=11.95 V）时，根据电流表的读数，记录此时的负载电流 I_o，即为最大输出电流 I_{omax}。

4. 测量内阻 R_o

在图 5.7.2 所示电路中，执行 Simulate\Analysis\Transfer Function...命令，在弹出的 Transfer Function Analysis（传递函数分析）对话框的 Analysis Parameters 页中按表 5.7.1 进行设置。设置完毕后，按下 Simulate 按钮进行仿真分析。在分析结果的第二项 Input impedance 和第三项 Output impedance at V（V_o，0）分别列出了电路的输入电阻和输出电阻，直流稳压电源电路的输出电阻即为电源的内阻 R_o。

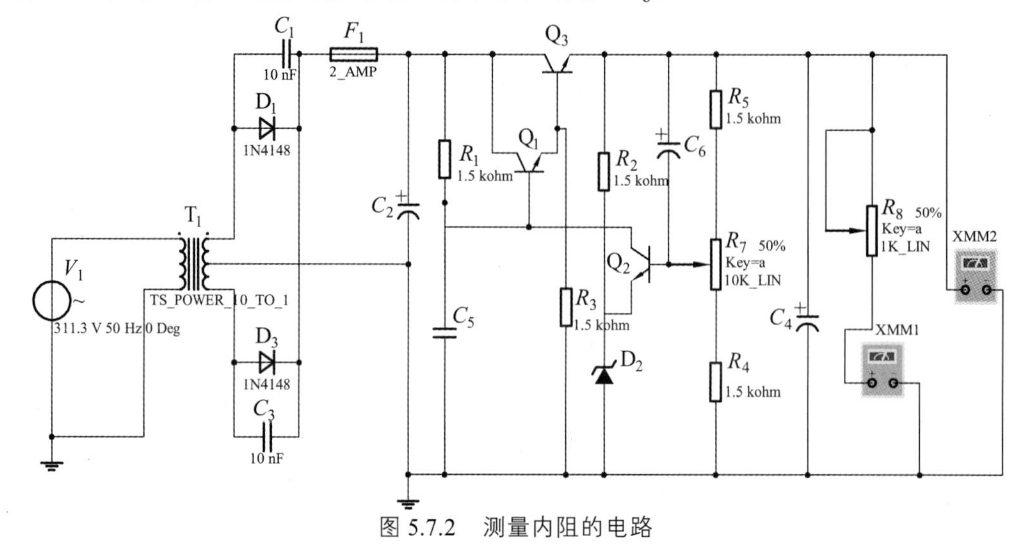

图 5.7.2　测量内阻的电路

表 5.7.1　Analysis Parameters 页中参数设置

页名	栏目名称	参数
Analysis Parameters	Input Source	vvi
	Output Nodes/Source	Voltage
	Output Node	V_o（输出节点）
	Output Reference	0

5. 测量稳压系数 S_r

如图 5.7.2 所示，在直流电压源的输出端接负载 R_l，并用万用表的直流电压挡测量输出电压 V_o 和稳压电路输入电压 V_i，用直流电流表测量负载电流 I_o。

单击仿真开关进行仿真分析。调节负载电阻 R_l 和稳压电路的电位器 W，同时注意观察电流表的读数。当输出负载电流 I_o=1 A 进，根据电压表的读数，记录此时的输出电压 V_o 和稳压电路输入电压 V_i。关闭仿真开关，双击正弦波信号源，在打开的属性对话框中将信号电压的有效值改为 198V（即 220*90%）。

单击仿真开关进行仿真分析。当电路输出电压稳定以后，根据电压表的读数，记录此时的输出电压 V'_o 和稳压电路输入电压 V'_i。

再次关闭仿真开关，双击正弦波信号源，在打开的属性对话框中将信号电压的有效值改为 242 V（即 220*110%）。

单击仿真开关进行仿真分析。当电路输出电压稳定以后，根据电压表的读数，记录

此时的输出电压 V''_o 和稳压电路输入电压 V''_i。

用公式 $S_r=[(V''_o-V'_o)/V_o]/[(V''_i-V'_i)/V_i]=(V_o/V_i)(V_i/V_o)$，计处稳压系数 S_r。

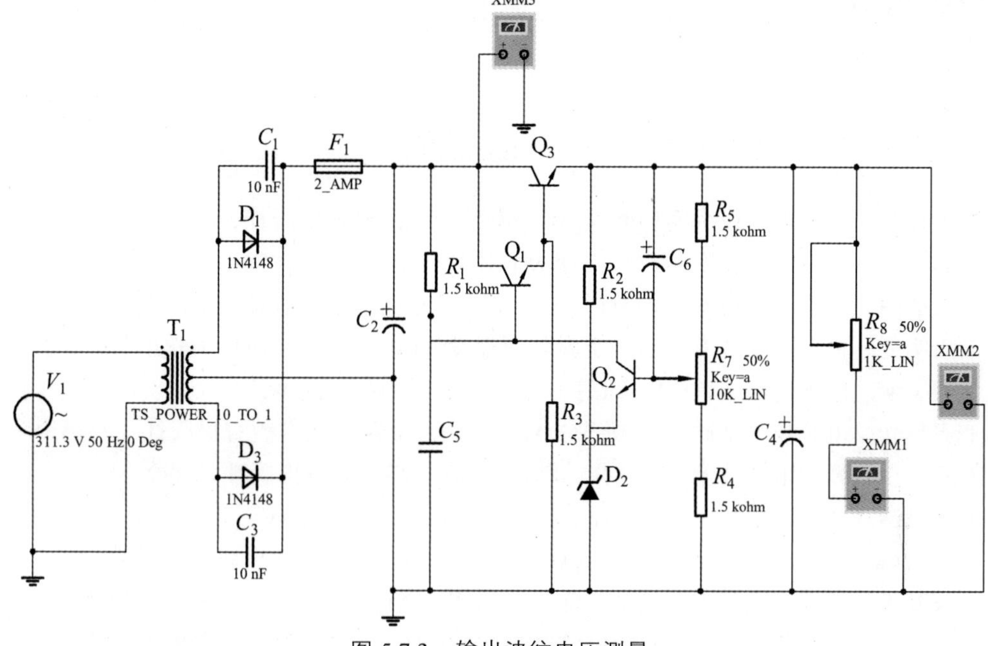

图 5.7.3　输出波纹电压测量

6. 测量输出纹波电压

建立图 5.7.3 所示的输出纹波电压测量电路。双击电压表，在打开的属性对话框中，将电压表的工作方式由 DC 直流方式改为 AC 交流方式。

单击仿真开关进行仿真分析。调节电位器 W（按 A 键或 Shift+A 键调节 W）和负载 R_1（按 B 键或 Shift+B 键调节 R_1），使输出电压 V_o=12 V，输出负载电流 I_o=1 A，根据交流电压表显示的数据，记录输出纹波电压。

【实验报告要求】

（1）实验目的。

（2）对实验数据进行分析。

（3）回答以下问题：

① 如何进一步提高改善稳压系数 S_r、减少电源内阻 R_o？

② 整流、滤波后的电压 V_i 是否随负载电流的变化而变化？为什么？

【预习要求】

（1）直流稳压电源的原理。

（2）根据设计要求，计算出各元器件的参数值。

参考文献

[1] 钟化兰．模拟电子技术实验教程[M]．南昌：江西科技出版社，2009.

[2] 郭锁利．模拟电子技术实验与仿真[M]．北京：北京理工大学出版社，2009.

[3] 周淑阁．模拟电子技术实验教程[M]．南京：东南大学出版社，2008.

[4] 唐明良．模拟电子技术仿真、实验与课程设计[M]．重庆：重庆大学出版社，2016.

[5] 高文焕．电子电路实验[M]．北京：清华大学出版社，2008.

[6] 康华光．电子技术基础：模拟部分[M]．6 版．北京：高等教育出版社，2013.

[7] 童诗白．模拟电子技术基础[M]．4 版．北京：高等教育出版社，2006.

[8] 关惠铭．模拟电子技术实验[M]．北京：地震出版社，2004.

[9] 荆西京．模拟电子电路实验技术[M]．北京：第四军医大学出版社，2004.

[10] 宋万年，王勇，孔庆生．模拟与数字电路实验[M]．上海：复旦大学出版社，2006.

[11] 孔庆生，俞承芳．模拟与数字电路基础实验[M]．上海：复旦大学出版社，2006.

[12] 李万臣．模拟电子技术基础设计、仿真、编程与实践[M]．哈尔滨：哈尔滨工程大学出版社，2005.

[13] 邵舒渊，于海勋．模拟电子技术基础实验[M]．西安：西北工业大学出版社，2000.

[14] 李东生．EDA 仿真与虚拟仪器技术[M]．北京：高等教育出版社，2004.

[15] 张新喜．Multisim14 电子系统仿真与设计[M]．北京：机械出版社，2017.